82

代数基础：
模、范畴、同调代数与层
（修订版）

■ 陈志杰

中国教育出版传媒集团

高等教育出版社·北京

图书在版编目（CIP）数据

代数基础：模、范畴、同调代数与层 / 陈志杰编著
. -- 修订版 . -- 北京：高等教育出版社，2024.5
（现代数学基础）
ISBN 978-7-04-062106-8

Ⅰ.①代… Ⅱ.①陈… Ⅲ.①高等代数 Ⅳ.① O15

中国国家版本馆 CIP 数据核字（2024）第 082835 号

代数基础
Daishu Jichu

| 策划编辑 | 吴晓丽 | 责任编辑 | 吴晓丽 | 封面设计 | 张 楠 | 版式设计 | 杨 树 |
| 责任校对 | 张 薇 | 责任印制 | 沈心怡 | | | | |

出版发行	高等教育出版社	网　址	http://www.hep.edu.cn
社　址	北京市西城区德外大街4号		http://www.hep.com.cn
邮政编码	100120	网上订购	http://www.hepmall.com.cn
印　刷	河北环京美印刷有限公司		http://www.hepmall.com
开　本	787mm×1092mm 1/16		http://www.hepmall.cn
印　张	14		
字　数	240 千字	版　次	2024 年 5 月第 1 版
购书热线	010-58581118	印　次	2024 年 5 月第 1 次印刷
咨询电话	400-810-0598	定　价	59.00 元

本书如有缺页、倒页、脱页等质量问题，请到所购图书销售部门联系调换
版权所有　侵权必究
物 料 号　62106-00

修订版前言

本次修订重印时, 除了纠正原版的一些录入错误外, 还做了少量修改补充. 编者特别要感谢在本书修订过程中提出许多宝贵建议的上海交通大学章璞教授和华东师范大学林磊副教授.

编者

2023 年 5 月

第一版前言

从 1986 年秋天开始, 华东师范大学数学系开始为研究生开设代数、几何、分析等公共基础课程, 让他们对数学的各方面有更全面的了解. 这就是我们开设 "代数基础" 这门课的初衷.

代数基础课的教学目的是让各个方向的研究生都能学习一些现代代数学的基本思想与方法, 掌握一些在今后的研究工作中有可能用到的代数工具, 因此内容的选择很重要. 经过调研后, 我们感到随着现代数学的研究问题不断从局部向整体拓展, 同调代数的方法已经渗入数学的许多分支, 成为被广泛使用的代数工具. 为了学习同调代数, 需要模与范畴的基础知识, 因此我们最终把代数基础的内容框定为模、范畴与同调代数. 考虑到代数基础课的主要对象是非代数方向的研究生, 他们已经具有的代数知识可能仅限于一学期的近世代数课所能学到的内容, 经过几年搁置后已经所剩无几. 因此我们在引进模的概念与基本性质时, 既注意多举实例, 又利用这个机会复习群与环的性质, 尤其是同态基本定理. 本书模论的核心内容是两个函子——Hom 函子与张量积函子, 以及四类模——自由模、投射模、内射模与平坦模. 在范畴论方面, 我们要让学生学习数学抽象的方法, 把模论里学到的具体的概念抽象成一般范畴里的概念——如自由对象、积、余积等, 从而使学生领会为什么群、环、模的积都有类似的构造方法以及性质, 最后建立 Abel 范畴作为同调代数的基础. 我们认为对大多数学生来讲, 范畴理论只要知道一点就可以了. 第三章同调代数是本书的核心, 为了降低难度, 我们只在模的范畴里讨论. 为了让学生对同调代数的背景有一点直观的体验, 我们特地从单形剖分的同调群引入, 让学生认识到同调群实际上就是几何物体中所含有的 "孔" 的度量, 而物体有没有 "孔" 当然是一个整体的性质. 也就是说, 同调代数的量往往能刻画研究对象的整体性质, 因此让学生计算一些具体图形的同调群是有好处的. 同调代数的主体内容——导出函子与长正合列颇为抽象乏味, 为了让学生具体体验这些概念, 最好的方法是以 Abel 群为例做些计算. 在学习 Ext 时, 最好能讲一下模的扩张问题, 因为这对理解 Ext 的含义十分重要. 由于课时所限, 代数的上同调只能放弃了. 最后在成书时, 我们加了第四章, 介绍层的概念. 层也是涉及局部 — 整体性质的重要概念, 国内出版的教材很少涉及, 我们放在这里供有兴趣的学生参考, 因为一学期的课是讲不到这些内容的.

根据我们所设定的读者对象, 本书的内容以实用为主, 不追求理论的完备或一般化. 例如导出函子只对左正合或右正合的函子定义, 尽管它也可以对一般的函子定义. 希望任课的老师也要顾及听课对象的情况, 不要讲得太抽象、太深奥.

本书是在原有讲义的基础上整理修改而成的, 林磊和芮和兵副教授在教学过程中提出了许多修改意见, 尤其是林磊副教授担任了本书的审校工作, 又发现了许多潜在的问题, 并且提供了他编写的习题解答作为本书附录的素材. 使用本书的教师如需要习题解答作为教学参考, 请直接与林磊副教授联系 (E-mail: llin@math.ecnu.edu.cn). 本书在编写、出版过程中得到了上海市研究生教育专项经费以及华东师范大学教材出版基金的资助, 在此表示衷心的感谢. 由于编者的水平所限, 错误之处在所难免, 恳请使用本书的教师与读者指正 (编者的 E-mail 地址为: zjchen@math.ecnu.edu.cn).

编者

2001 年 3 月

目 录

第一章　模

---

§1.1　模的定义及基本性质

让我们先回忆一下实数域 $\mathbb{R}$ 上向量空间 V 的概念. V 内向量的加法是一个代数运算, 它满足结合律和交换律, 使得 V 关于向量加法构成一个 Abel 群 (即交换群), 零向量就是这个群的单位元. 此外在实数与 V 的向量之间还定义了一个称为 "纯量乘法" 的运算, 即对于纯量 $\lambda \in \mathbb{R}$ 以及向量 $x \in V$ 可以确定一个向量 $\lambda x \in V$, 其几何意义就是向量 x 的缩放. 这个纯量乘法与向量加法以及实数域 $\mathbb{R}$ 的加法和乘法之间是相容的, 也就是说对于 $\lambda, \mu \in \mathbb{R}$ 以及 $x, y \in V$ 有以下等式:

$$\lambda(x + y) = \lambda x + \lambda y, \quad (\lambda + \mu)x = \lambda x + \mu x,$$
$$(\lambda\mu)x = \lambda(\mu x), \quad 1x = x.$$

向量空间的概念很容易被推广到任意域 F 上. 如果再把域 F 放宽到任意的环 R, 就有以下的 R 模的概念. 为简便起见, 我们以后涉及的环都是有单位元的环, 并且把环 R 的单位元记为 1_R, 当不会引起混淆时, 简记为 1. 凡是环同态总是把单位元映到单位元.

定义 1.1　设 R 是一个环, M 是一个 Abel 群, 如果存在一个映射

$$R \times M \longrightarrow M,$$
$$(a, x) \longmapsto ax,$$

满足以下性质:

(1) $a(x + y) = ax + ay,$

(2) $(a + b)x = ax + bx,$

(3) $(ab)x = a(bx),$

(4) $1x = x,$

其中 $x, y \in M$, $a, b, 1 \in R$, 则称 M 是一个 R **左模** (*left R-module*).

类似地, 我们可定义 R 右模.

定义 1.2 设 R 是一个环, M 是一个 Abel 群. 如果存在一个映射

$$M \times R \longrightarrow M,$$
$$(x, a) \longmapsto xa,$$

满足以下性质:

(1) $(x + y)a = xa + ya$,

(2) $x(a + b) = xa + xb$,

(3) $x(ab) = (xa)b$,

(4) $x1 = x$,

其中 $x, y \in M$, $a, b, 1 \in R$, 则称 M 是一个 R **右模** (*right R-module*).

显然关于 R 左模的性质略加改变后就能得到 R 右模的相应性质. 因此我们以后只考虑 R 左模, 并且简称为 R **模** (*R-module*). 如果 R 是交换环, 那么 R 左模和 R 右模完全是同一概念. 这是因为, 设 M 是 R 左模, 我们可定义以下的映射:

$$M \times R \longrightarrow M,$$
$$(x, a) \longmapsto xa = ax.$$

不难看出, 从定义 1.1 的 4 条性质能推出定义 1.2 的相应性质 (但当 R 不是交换环时, 定义 1.2 的性质 (3) 不一定成立). 因此 M 成为一个 R 右模. 反之亦然.

本书以后在不特别说明时总是假设 R **是一个带有单位元** 1 **的交换环**, 并不再区分左模与右模.

下面我们看一些例子.

例 1.1 域 F 上的向量空间 V 就是一个 F 模. 反之, 任意一个 F 模都是域 F 上的向量空间.

例 1.2 任一 Abel 加群 M 是一个 $\mathbb{Z}$ 模 ($\mathbb{Z}$ 是整数环). 当 $x \in M$, m 是正整数时, 我们定义

$$mx = \underbrace{x + \cdots + x}_{m \uparrow}.$$

当 $m \in \mathbb{Z}$, $m < 0$ 时, 定义 $mx = (-m)(-x)$, 再定义 $0x = 0$, 不难看出定义 1.1

的 4 条性质都被满足. 把 Abel 群看作 $\mathbb{Z}$ 模的好处是我们可把模论的许多结论应用到 Abel 群上. 事实上, 模的概念也可以看成是 Abel 群概念的推广.

例 1.3 设 V 是域 F 上的向量空间, T 是 V 上的线性变换, 我们把 x 在 T 作用下的像 $T(x)$ 简写为 Tx, 则对任意的 $x, y \in V$ 以及 $a \in F$, 根据线性变换的定义有

$$T(x + y) = Tx + Ty,$$
$$T(ax) = aTx.$$

设 λ 是 F 上的不定元, $F[\lambda]$ 是多项式环. 对于 $f(\lambda) = a_0 + a_1\lambda + \cdots + a_m\lambda^m$, 我们可如下定义一个映射

$$F[\lambda] \times V \longrightarrow V,$$
$$(f(\lambda), x) \longmapsto f(\lambda)x \stackrel{\text{def}}{=} f(T)x = a_0 x + a_1 Tx + \cdots + a_m T^m x,$$

不难验证定义 1.1 的 4 条性质都被满足, 因此 V 成为一个 $F[\lambda]$ 模, 这样我们也可从模论的角度导出有限维向量空间的单个线性变换的理论.

例 1.4 对任何一个环 R, 我们可把 M 取成 R 的加群 $(R, +, 0)$. 这时定义 ax 为 R 的乘法, 则 R 自己成为一个 R 模. 又若 S 是 R 的子环, 则 R 也可看成 S 模, 但 S 不一定是 R 模. (为什么?) 特别地, R 上的多元多项式环 $R[x_1, \cdots, x_n]$ 和 R 上的**形式幂级数环** (*ring of formal power series*)

$$R[[x]] = \{a_0 + a_1 x + \cdots + a_m x^m + \cdots \mid a_m \in R, m \in \mathbb{N}\}$$

都是 R 模.

例 1.5 设 R 和 S 都是环, $\psi : R \longrightarrow S$ 是环同态, M 是一个 S 模. 则对 $a \in R, x \in M$, 定义 $ax = \psi(a)x$, 就可使 M 成为 R 模.

设 M 是 R 模, 则由定义立即可知, 对任意的 $a, a_i \in R, x, x_i \in M$, 有以下等式:

$$
\begin{array}{ll}
a0 = 0, & 0x = 0, \\
a(-x) = -ax, & (-a)x = -ax, \\
a(\sum x_i) = \sum ax_i, & (\sum a_i)x = \sum a_i x.
\end{array}
\tag{1.1}
$$

注意, 这里的和式是有限项之和.

例 1.6 设 $M = \{0\}$ 是零 Abel 群, 则令 $a0 = 0$ 即可得到一个 R 模, 称为零模, 记为 0. 从 (1.1) 可知零模的模结构是唯一的.

定义 1.3 设 M 是 R 模, N 是 M 的非空子集. 如果 N 是 M 的子群, 而且对所有的 $a \in R$, $x \in N$, 都有 $ax \in N$, 就称 N 是 M 的**子模** (*submodule*).

命题 1.1 R 模 M 的非空子集 N 是 M 的子模的充要条件是:

(1) 当 $y_1, y_2 \in N$ 时, $y_1 + y_2 \in N$;

(2) 当 $a \in R, y \in N$ 时, $ay \in N$.

证明: 必要性是显然的, 只需证充分性. 由性质 (2) 以及 (1.1) 可知 $0y = 0 \in N$, 当 $y \in N$ 时, 有 $-y = (-1)y \in N$, 所以 N 是子加群, 再由 (2) 可知 N 是子模. $\square$

例 1.7 设 M 是 $\mathbb{Z}$ 模, 则 N 是 M 的子模的充要条件是 N 是 M 的子加群.

例 1.8 设 V 是域 F 上的向量空间, 则 N 是 V 的子模当且仅当 N 是 V 的子空间.

例 1.9 设 V 是域 F 上的有限维向量空间, T 是 V 上的线性变换, 把 V 看作 $F[\lambda]$ 模, 则 V 的 $F[\lambda]$ 子模 W 就是 T 的不变子空间, 即满足 $TW \subseteq W$ 的子空间. (为什么?)

例 1.10 把环 R 看作 R 模时, R 的子模就是它的理想. (为什么?)

例 1.11 若 $\{N_i \mid i \in I\}$ 是 M 中的一族子模, 则 $\bigcap_{i \in I} N_i$ 也是一个子模. (为什么?)

例 1.12 单独一个零元素构成的集合 $\{0\}$ 也是 M 的子模, 称为零子模, 简记为 0.

例 1.13 对于 R 模 M 的元素 x 可以定义 x 的**零化子** (*annihilator*) $\mathrm{Ann}_R(x) = \{a \in R \mid ax = 0\}$, 它是 R 的一个理想. 如果 $\mathrm{Ann}_R(x) \neq 0$, 则称 x 是一个**扭元** (*torsion element*). 如果 R 是整环, 则 M 的所有扭元的集合 $T(M)$ 是 M 的一个子模, 称为 M 的**扭子模** (*torsion submodule*). 当 $M = T(M)$ 时, 称 M 是**扭模**. 例如把有限 Abel 群看成 $\mathbb{Z}$ 模时都是扭模. 例 1.3 的 $F[\lambda]$ 模 V 也是扭模.

定义 1.4 如果非零 R 模 M 的子模只有 M 及 0, 则称 M 为**单模** (*simple module*). 单模又称**不可约模** (*irreducible module*).

设 $X \subseteq M$ 是 R 模 M 的一个子集, $S \subseteq R$ 是环 R 的一个子集, 则 M 中形如

$$s_1 x_1 + \cdots + s_n x_n = \sum_{i=1}^{n} s_i x_i, \quad s_i \in S, x_i \in X, 1 \leqslant i \leqslant n,$$

的元素被称为 X 的 S 线性组合 (*S-linear combination of* X). 我们用 SX 记 X 的所有 S 线性组合所构成的集合.

命题 1.2 设 X 是 R 模 M 的一个非空子集, 则 RX 是 M 的一个子模, 称为**由 X 生成的子模** (*submodule generated by* X), 记为 (X).

证明: X 的 R 线性组合显然关于加法是封闭的, 因而满足命题 1.1 的条件 (1). 又对任意的 $a \in R$, 有

$$a(r_1 x_1 + \cdots + r_n x_n) = (a r_1) x_1 + \cdots + (a r_n) x_n \in RX,$$

故命题 1.1 的条件 (2) 也被满足. □

根据模的定义, 如果 M 的子模 $N \supseteq X$, 则 N 必包含 X 的所有 R 线性组合, 即 $N \supseteq RX$. 因此有

$$RX \subseteq \bigcap_{\substack{X \subseteq N \\ N\text{是子模}}} N.$$

反之, 由命题 1.2 知道 RX 也是一个包含 X 的子模, 因此

$$\bigcap_{\substack{X \subseteq N \\ N\text{是子模}}} N \subseteq RX.$$

这样就有

$$(X) = RX = \bigcap_{\substack{X \subseteq N \\ N\text{是子模}}} N.$$

也就是说我们可以定义 (X) 为 M 中包含 X 的所有子模的交集. 实际上 (X) 就是包含 X 的最小子模.

定义 1.5 如果 $M = RX$, 则称 X 是 M 的**生成元集**, X 的元素称为 M 的**生成元** (*generator*). 如果 X 是一个有限集, 则称 M 是**有限生成的** (*finitely generated*). 如果 $M = (x)$, 则称 M 是**循环模** (*cyclic module*).

特别地, 当 $\{N_i \mid i \in I\}$ 是一族子模时, 我们有

$$\left(\bigcup_{i \in I} N_i \right) = \left\{ y_{i_1} + \cdots + y_{i_k} \mid y_{i_j} \in N_{i_j}, i_j \in I, k \text{ 为正整数} \right\}.$$

我们把这个子模记为 $\sum_{i \in I} N_i$, 当 N_i 只有有限个时, 也把 $\sum N_i$ 写成 $N_1 + \cdots + N_m$.

设 K 是 R 模 M 的一个子模, 则 K 的陪集的集合

$$M/K = \{x + K \mid x \in M\}$$

关于自然定义的加法和模的乘法

$$(x + K) + (y + K) = (x + y) + K, \quad a(x + K) = ax + K$$

成为一个 R 模, 称为**商模** (*factor module*), 仍记为 M/K. 商模中的零元和负元分别为

$$K = 0 + K \quad 及 \quad -(x + K) = (-x) + K.$$

我们常常把 x 的陪集记为

$$\overline{x} = x + K.$$

请注意, 由 $\overline{x} = \overline{y}$ 不能得到 $x = y$, 而只能得出 $x - y \in K$.

说明　模的概念至少可以追溯到 19 世纪 60 年代至 80 年代 R. Dedekind (Julius Wilhelm Richard Dedekind, 1831—1916, 中译名戴德金) 和 L. Kronecker (Leopold Kronecker, 1823—1891, 中译名克罗内克) 对代数数域与函数域的算术的研究工作中. 最早的模理论是作为环中理想的理论而提出来的. 此后, 在 E. Noether (Amalie Emmy Noether, 1882—1935, 中译名诺特) 和 W. Krull (Wolfgang Krull, 1899—1971, 中译名克鲁尔) 的工作中, 人们看到用模的语言来表述和证明许多结果比仅仅用理想的语言更为方便. 20 世纪 40 年代发展起来的同调代数, 更以模作为其主要研究对象.

习题 1.1

1.1　设 $V = \mathbb{R}^n$ 是实数域 $\mathbb{R}$ 上的 n 维向量空间, T 是 V 的线性变换, 定义为

$$x = (x_1, \cdots, x_n) \longmapsto Tx = (0, x_1, \cdots, x_{n-1}).$$

按照例 1.3 所述, 可以把 V 看成 $\mathbb{R}[\lambda]$ 模, 试计算

(1) λx;

(2) $(\lambda^2 + 2)x$;

(3) $(\lambda^{n-1} + \lambda^{n-2} + \cdots + 1)x$.

又满足 $\lambda^2 x = 0$ 的 x 是怎样的?

1.2　给出一个例子, 说明当 S 是 R 的子环时, S 不一定是 R 模.

1.3　试举一例, 说明 R 模 M 的子群 N 不一定是 M 的子模.

1.4 设 N, K 是 R 模 M 的子模, 定义

$$(N : K) = \{a \in R \mid aK \subseteq N\}.$$

证明: $(N : K)$ 是 R 的理想. 特别地,

$$\mathrm{Ann}(M) = (0 : M) = \{b \in R \mid bx = 0, \; x \in M\}$$

称为 M 的**零化子**. 如果 $C \subset \mathrm{Ann}(M)$ 也是 R 的理想, 证明: 定义 $(a + C)x = ax$ 可使 M 成为 R/C 模.

1.5 证明: 对于 R 模 M 的子模 N, K, 有

(1) $\mathrm{Ann}(N + K) = \mathrm{Ann}(N) \cap \mathrm{Ann}(K)$;

(2) $(N : K) = \mathrm{Ann}((K + N)/N)$.

1.6 对于习题 1.1 中的 $\mathbb{R}[\lambda]$ 模 V, 确定习题 1.4 中定义的 $\mathrm{Ann}(V)$.

1.7 证明当 R 是整环时例 1.13 中定义的 $T(M)$ 确实是 M 的子模. 试举一例说明当 R 不是整环时 $T(M)$ 可能不是子模.

1.8 设 M 是非零有限 Abel 群, 问 M 能成为 $\mathbb{Q}$ 模吗? 这里 $\mathbb{Q}$ 是有理数域.

1.9 对于习题 1.1 中的 $\mathbb{R}[\lambda]$ 模 V, 令 $e_1 = (1, 0, \cdots, 0)$, 证明 $V = \mathbb{R}[\lambda]e_1$, 从而 V 是一个循环模.

1.10 试证非零模 M 为单模当且仅当 M 是由它的任一非零元素生成的循环模.

1.11 当 $n > 1$ 时, 试判定习题 1.1 中的 $\mathbb{R}[\lambda]$ 模 V 是否是单模, 并说明理由.

1.12 试举一例以说明有限生成 R 模不一定是有限生成 Abel 群.

§1.2 模的同态

定义 2.1 设 M 和 M' 都是 R 模. 若 $f : M \longrightarrow M'$ 是加群同态, 并且有

$$f(ax) = af(x), \quad \forall a \in R, x \in M,$$

则称 f 是 R **模同态** (*R-module homomorphism*), 简称为 R **同态**或**同态**.

定义 2.2 如果 R 模同态 $f : M \longrightarrow M'$ 是单的, 也就是说从 $f(x) = f(y)$ 必能得出 $x = y$, 则称 f 是**单同态** (*monomorphism*). 如果 f 是满的, 也就是说对任意的 $y \in M'$ 必能找到 $x \in M$ 使得 $f(x) = y$, 则称 f 是**满同态** (*epimorphism*). 如果 f 既是单同态又是满同态, 则称 f 是 R 模**同构** (*isomorphism*), 称 R 模 M 和 M' 是**同构的** (*isomorphic*), 记为 $M \cong M'$.

如果 K 是 M 的子模, 则加群同态

$$\nu : M \longrightarrow M/K,$$
$$x \longmapsto \overline{x} = x + K,$$

也是 R 模同态, 称为 M 到它的商模 M/K 上的**自然同态** (*natural homomorphism*). 自然同态是一个满同态.

类似于群的同态, 我们也可定义 R 模同态 $f : M \longrightarrow M'$ 的核、像、余核和余像.

定义 2.3 R 模同态 $f : M \longrightarrow M'$ 的**核** (*kernel*) 及**像** (*image*) 为

$$\operatorname{Ker} f = f^{-1}(0) = \{x \in M \mid f(x) = 0\},$$
$$\operatorname{Im} f = \{f(x) \in M' \mid x \in M\}.$$

R 模同态 f 的**余核** (*cokernel*) 及**余像** (*coimage*) 为

$$\operatorname{Coker} f = M'/\operatorname{Im} f, \quad \operatorname{Coim} f = M/\operatorname{Ker} f.$$

不难验证 $\operatorname{Ker} f$ 是 M 的子模, $\operatorname{Im} f$ 是 M' 的子模.

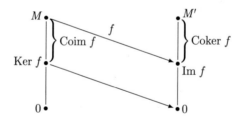

把 M 的所有元素都映到零的同态 $0 : x \longmapsto 0 \in M'$, $\forall x \in M$, 称为**零同态** (*zero homomorphism*), 也记为 0. 这样, 符号 0 既代表零元素, 又代表零模和零同态, 一般是不会混淆的. 但对初学者来说则要注意区分. 由同态的定义, 零模到任何一个模的同态都是零同态, 而且是单同态. 任何一个模到零模的同态也都是零同态, 这时是满同态. 零模之间通过零同态互相同构, 因此我们认为零模是唯一的.

命题 2.1 设 $f : M \longrightarrow M'$ 是 R 模同态, 则下列条件是等价的:

(1) f 是单同态;

(2) $\operatorname{Ker} f = 0$;

(3) 对任意的 R 模 K 以及 R 模的同态 $g, h : K \longrightarrow M$, 从 $fg = fh$ 可以得出 $g = h$ (即 f 可被左消去);

(4) 对任意的 R 模 K 以及 R 模的同态 $g: K \longrightarrow M$, 从 $fg = 0$ 可以得出 $g = 0$.

证明: (1)⇔(2) 以及 (1)⇒(3) 都是显然的. 注意到 $fg = 0 = f0$, 取 $h = 0$ 即可从 (3) 推出 (4).

(4)⇒(2): 取 $K = \operatorname{Ker} f$, 则嵌入同态 $i: K \longrightarrow M$ 满足 $fi = 0$, 由 (4) 可得 $i = 0$, 即 $K = \operatorname{Im} i = 0$. □

命题 2.2 设 $f: M \longrightarrow M'$ 是 R 模同态, 则下列条件是等价的:

(1) f 是满同态;

(2) $\operatorname{Im} f = M'$;

(3) 对任意的 R 模 K 以及 R 模的同态 $g, h: M' \longrightarrow K$, 从 $gf = hf$ 可以得出 $g = h$ (即 f 可被右消去);

(4) 对任意的 R 模 K 以及 R 模的同态 $g: M' \longrightarrow K$, 从 $gf = 0$ 可以得出 $g = 0$.

证明: (1)⇔(2), (1)⇒(3) 以及 (3)⇒(4) 都是显然的.

(4)⇒(2): 取 $I = \operatorname{Im} f$, 则自然同态 $\nu: M' \longrightarrow M'/I = \operatorname{Coker} f$ 满足 $\nu f = 0$, 由 (4) 可得 $\nu = 0$. 由于自然同态是满同态, 因此 $M'/I = 0$, 即 $M' = I = \operatorname{Im} f$. □

命题 2.3 设 M 和 M' 都是 R 模, $f: M \longrightarrow M'$ 是 R 模同态, 则 f 是同构当且仅当存在映射 $g, h: M' \longrightarrow M$ 使得

$$fg = 1_{M'} \quad \text{以及} \quad hf = 1_M.$$

当上述等式成立时, 必有 $g = h$ 是 R 模同构.

证明: 充分性是显然的. 逆映射的唯一性也可如下导出:

$$g = 1_M g = (hf)g = h(fg) = h1_{M'} = h.$$

反之, 如果 f 是同构, 则必存在逆映射 $g: M' \longrightarrow M$ 使得 $fg = 1_{M'}$ 以及 $gf = 1_M$. 最后我们只需验证 g 是 R 模同态, 即验证 g 是 R 线性的. 由以下等式

$$f(ag(x) + bg(y)) = af(g(x)) + bf(g(y)) = ax + by = f(g(ax + by)),$$

以及 f 是单射, 就可得到 $g(ax + by) = ag(x) + bg(y)$, 即 g 是 R 模同态. □

设 M 和 M' 是两个 R 模, 我们把从 M 到 M' 的所有 R 模同态的集合记为 $\mathrm{Hom}_R(M, M')$, 当只涉及一个 R 时, 也可简写为 $\mathrm{Hom}(M, M')$. 回忆向量空间 V 上的所有线性变换的集合上可以定义加法、数乘与乘法, 对于 $f, g \in \mathrm{Hom}_R(M, M')$, 我们可定义一个映射

$$f + g : M \longrightarrow M',$$
$$x \longmapsto f(x) + g(x).$$

显然 $f + g$ 是 R 模同态. (为什么?) 从而 $f + g \in \mathrm{Hom}_R(M, M')$. 请读者验证 $\mathrm{Hom}_R(M, M')$ 关于这样定义的加法成为一个 Abel 群, 其零元素就是零同态. 此外, 可以验证映射

$$R \times \mathrm{Hom}_R(M, M') \longrightarrow \mathrm{Hom}_R(M, M'),$$
$$(a, f) \longmapsto (af : x \longmapsto af(x))$$

满足定义 1.1 的 4 个性质, 从而在 $\mathrm{Hom}_R(M, M')$ 上定义了一个 R 模结构. 以后我们总是把它看成这样定义的 R 模.

当 $M = M'$ 时, 我们可在集合 $\mathrm{Hom}_R(M, M)$ 内定义一个乘法, 它为映射的复合, 即 $(fg)(x) = f(g(x))$. 请读者验证 $\mathrm{Hom}_R(M, M)$ 关于上面定义的加法和乘法构成一个环. 当 M 是单模时, 这还是一个除环 (见习题 2.3).

如果同态 $f : M \longrightarrow M'$ 是两个同态的复合:

$$f = gh,$$

则称 f 通过 g 或 h 分解. 以下的定理说明同态 f 可以唯一地通过一个满同态被分解, 只要这个满同态的核被包含在 f 的核中.

定理 2.4 设 $f : M \longrightarrow M'$ 和 $g : M \longrightarrow N$ 都是 R 模同态, 其中 g 是满同态并且 $\mathrm{Ker}\, g \subseteq \mathrm{Ker}\, f$, 则存在唯一的同态 $h : N \longrightarrow M'$ 使得

$$f = hg.$$

此外, $\mathrm{Ker}\, h = g(\mathrm{Ker}\, f)$, $\mathrm{Im}\, h = \mathrm{Im}\, f$. 所以 h 是单的当且仅当 $\mathrm{Ker}\, g = \mathrm{Ker}\, f$, h 是满的当且仅当 f 是满的.

我们可以把定理 2.4 表示成以下的交换图:

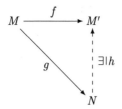

证明: 由于 g 是满的, 对任意的元素 $n \in N$ 必存在 $m \in M$ 使得 $g(m) = n$. 如果又有 $m_1 \in M$ 使得 $g(m_1) = n$, 则 $g(m - m_1) = 0$, 从而 $m - m_1 \in \operatorname{Ker} g \subseteq \operatorname{Ker} f$, 即 $f(m - m_1) = 0$, $f(m) = f(m_1)$. 因此只要规定 $h(n) = f(m)$ 就可定义一个映射 $h : N \longrightarrow M'$ 满足 $hg = f$. 再证 h 是 R 模同态. 对于任意的 $n_1, n_2 \in N$, 取 $m_1, m_2 \in M$ 使得 $g(m_1) = n_1$, $g(m_2) = n_2$. 则对 $a, b \in R$ 有 $g(am_1 + bm_2) = an_1 + bn_2$, 所以

$$h(an_1 + bn_2) = f(am_1 + bm_2) = af(m_1) + bf(m_2)$$
$$= ah(n_1) + bh(n_2).$$

h 的唯一性可从命题 2.2(3) 得到. 其余的结论都是显然的. □

作为上述定理的推论, 我们可以得到以下同构定理.

定理 2.5 (1) 设 $f : M \longrightarrow M'$ 为 R 模满同态, 则

$$M / \operatorname{Ker} f \cong M'.$$

(2) 设 $K \subset N$ 都是 M 的子模, 则

$$M / N \cong (M/K)/(N/K).$$

(3) 设 N 和 K 都是 M 的子模, 则

$$(N + K)/K \cong N/(N \cap K).$$

证明: (1) 取 $N = M/\operatorname{Ker} f$, $g = \nu$ 为自然同态, 由定理 2.4 就可得到同构映射 h.

将 (1) 分别应用于下列满同态:

$$M/K \longrightarrow M/N,$$
$$x + K \longmapsto x + N,$$

以及

$$N \longrightarrow (N + K)/K,$$
$$x \longmapsto x + K,$$

即可证明 (2) 与 (3). □

推论 2.6 设 $f : M \longrightarrow M'$ 是 R 模的满同态, f 的核是 K. 则映射

$$N \longmapsto f(N) = \{f(x) \,|\, x \in N\},$$
$$N' \longmapsto f^{-1}(N') = \{x \in M \,|\, f(x) \in N'\},$$

在 M 的包含 K 的子模集合与 M' 的子模集合之间建立了一一对应的关系. □

利用上面证明的定理和推论, 我们可以得到循环模的结构定理. 设 M 是一个循环模, 则 $M = Rx$. 把 R 看成 R 模 (见例 1.4), 可以定义如下的 R 模同态:

$$\rho_x : R \longrightarrow M,$$
$$r \longmapsto rx.$$

由于 x 是循环模的生成元, ρ_x 是满同态. 而且

$$\mathrm{Ker}\, \rho_x = \{r \in R \,|\, rx = 0\} = \mathrm{Ann}_R(x),$$

根据同构定理 2.5(1), 就可得到以下命题 (注意 R 的商模都由 1 的陪集生成):

命题 2.7 R 模 M 为循环模当且仅当 M 同构于 R 的一个商模. 如果 x 是 M 的一个生成元, 则 $M \cong R/\mathrm{Ann}_R(x)$. M 为单模当且仅当 $\mathrm{Ann}_R(x)$ 是 R 的极大理想. □

定义 2.4 设有一对 R 模的同态:

$$M' \xrightarrow{f} M \xrightarrow{g} M''$$

满足 $\mathrm{Im}\, f = \mathrm{Ker}\, g$, 则称 f 和 g 在 M 处**正合** (*exact*). 对于单独一个同态 $M' \xrightarrow{f} M$ 则认为它在 M' 和 M 处都是正合的. 如果 R 模同态的序列 (有限或无限):

$$\cdots \xrightarrow{f_{n-1}} M_{n-1} \xrightarrow{f_n} M_n \xrightarrow{f_{n+1}} M_{n+1} \longrightarrow \cdots$$

在每个 M_n 处都正合, 即有

$$\mathrm{Im}\, f_n = \mathrm{Ker}\, f_{n+1}$$

对所有有意义的 n 成立, 则称这个序列是**正合**的.

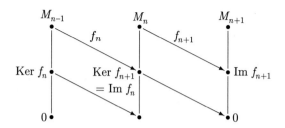

从这个定义立即可得以下命题:

命题 2.8 设 $f: M \longrightarrow N$ 是 R 模同态, 则

(1) $0 \longrightarrow M \xrightarrow{f} N$ 为正合列当且仅当 f 是单同态;

(2) $M \xrightarrow{f} N \longrightarrow 0$ 为正合列当且仅当 f 是满同态;

(3) $0 \longrightarrow M \xrightarrow{f} N \longrightarrow 0$ 为正合列当且仅当 f 是同构. □

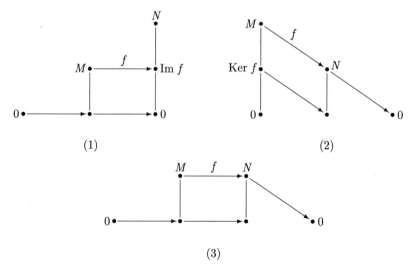

根据核和余核的定义, 可以得到以下正合列:

$$0 \longrightarrow \operatorname{Ker} f \xrightarrow{i} M \xrightarrow{f} N \xrightarrow{\nu} \operatorname{Coker} f \longrightarrow 0.$$

这里 i 是嵌入映射, ν 是自然同态.

类似地, f 为单同态当且仅当以下序列正合:

$$0 \longrightarrow M \xrightarrow{f} N \xrightarrow{\nu} \operatorname{Coker} f \longrightarrow 0,$$

而 f 为满同态当且仅当以下序列正合:

$$0 \longrightarrow \operatorname{Ker} f \xrightarrow{i} M \xrightarrow{f} N \longrightarrow 0.$$

具有以下形式的正合列

$$0 \longrightarrow K \xrightarrow{\;f\;} M \xrightarrow{\;g\;} N \longrightarrow 0$$

被称为**短正合列** (*short exact sequence*). 显然其中的 f 是单同态, g 是满同态. 我们也可以把 K 看成 M 的子模, 把 N 看成 M 的商模. 这个短正合列也称为 N 通过 K 的**扩张** (*extension*).

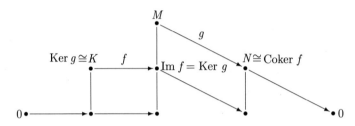

引理 2.9 *在以下的 R 模同态的交换图中*

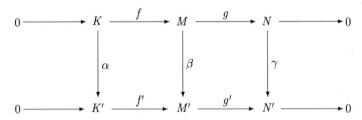

其水平的两行都是正合列, 则

(1) 若 α, γ 都是单同态, 则 β 也是单同态;

(2) 若 α, γ 都是满同态, 则 β 也是满同态;

(3) 若 α, γ 都是同构, 则 β 也是同构.

证明: (1) 设 $m \in M$ 使得 $\beta(m) = 0$, 我们要证 $m = 0$. 由图的交换性可得

$$\gamma g(m) = g'\beta(m) = g'(0) = 0.$$

由于 γ 是单同态可得 $g(m) = 0$. 又因顶上一行在 M 处正合, 可得 $m \in \operatorname{Ker} g = \operatorname{Im} f$, 即存在 $k \in K$ 使得 $f(k) = m$. 由交换性, 有

$$f'\alpha(k) = \beta f(k) = \beta(m) = 0.$$

由于底下一行在 K' 处正合, f' 是单同态, 因而 $\alpha(k) = 0$, 再利用 α 的单性就可得出 $k = 0$, 即 $m = f(k) = 0$.

(2) 设 $m' \in M'$, 则 $g'(m') \in N'$. 由于 γ 是满的, 存在 $n \in N$, 使得 $g'(m') = \gamma(n)$. 由顶上一行的正合性可知 g 是满同态, 因而存在 $m \in M$ 使得 $n = g(m)$. 由图的交换性, 有

$$g'\beta(m) = \gamma g(m) = \gamma(n) = g'(m').$$

再由正合性可得 $\beta(m) - m' \in \operatorname{Ker} g' = \operatorname{Im} f'$, 即存在 $k' \in K'$ 使得 $f'(k') = \beta(m) - m'$. 又因 α 是满同态, 有 $k \in K$ 使 $k' = \alpha(k)$. 现在取 $m - f(k) \in M$, 则

$$\beta(m - f(k)) = \beta(m) - \beta f(k).$$

由交换性可得 $\beta f(k) = f'\alpha(k) = f'(k') = \beta(m) - m'$, 因此

$$\beta(m - f(k)) = \beta(m) - \beta f(k) = m'.$$

这就证得了 β 是满同态.

(3) 是 (1) 和 (2) 的直接推论. □

我们在证明这个引理时使用的方法称为 "图跟踪法", 这在证明有关交换图的论断时往往是很有效的.

引理 2.10 (蛇形引理) 设有如下的 R 模同态的交换图:

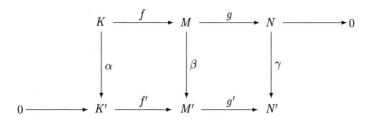

其中水平的两行是正合的, 那么一定存在 R 模同态 $\delta: \operatorname{Ker} \gamma \longrightarrow \operatorname{Coker} \alpha$ 使得下面的序列正合:

$$\operatorname{Ker}\alpha \longrightarrow \operatorname{Ker}\beta \longrightarrow \operatorname{Ker}\gamma \overset{\delta}{\longrightarrow} \operatorname{Coker}\alpha \longrightarrow \operatorname{Coker}\beta \longrightarrow \operatorname{Coker}\gamma.$$

又若 f 是单同态, 则 $\operatorname{Ker}\alpha \longrightarrow \operatorname{Ker}\beta$ 也是单同态. 如果 g' 是满同态, 则 $\operatorname{Coker}\beta \longrightarrow \operatorname{Coker}\gamma$ 也是满同态.

证明: 作出下面的交换图, 其中垂直的列都是正合的. 分成几步来证明.

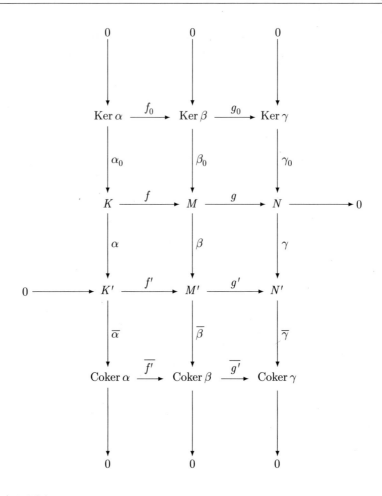

(1) 建立同态 $\delta : \operatorname{Ker} \gamma \longrightarrow \operatorname{Coker} \alpha$.

设 $n \in \operatorname{Ker} \gamma$, 由于 g 是满的, 存在 $m \in M$ 使得 $g(m) = \gamma_0(n)$. 已知 $\gamma\gamma_0 = 0$, $g'\beta(m) = \gamma g(m) = \gamma\gamma_0(n) = 0$. 因此 $\beta(m) \in \operatorname{Ker} g' = \operatorname{Im} f'$, 即存在 $k' \in K'$ 使得 $f'(k') = \beta(m)$. 在这个过程中由于 f' 是单同态, 只有 m 的取值会对 k' 的取值产生影响. 设有 $m_1 \in M$ 也满足 $g(m_1) = \gamma_0(n)$, 则 $m - m_1 \in \operatorname{Ker} g = \operatorname{Im} f$, 因而存在 $k \in K$ 使得 $m - m_1 = f(k)$. 于是 $\beta(m_1) = \beta(m - f(k)) = \beta(m) - \beta f(k) = f'(k' - \alpha(k))$. 可见当 m 变为 m_1 时, k' 变成了 $k' - \alpha(k)$, 但它们被 $\overline{\alpha}$ 映到 $\operatorname{Coker} \alpha$ 里的像都等于 $\overline{\alpha}(k')$. 这说明以下的对应确实是个映射:

$$\delta : \operatorname{Ker} \gamma \longrightarrow \operatorname{Coker} \alpha$$
$$n \longmapsto \overline{\alpha}(k') = \overline{\alpha} {f'}^{-1} \beta g^{-1} \gamma_0(n)$$

请读者验证 δ 是一个同态.

(2) $\operatorname{Ker}\delta = \operatorname{Im}g_0$.

设 $m \in \operatorname{Ker}\beta$, $g_0(m) \in \operatorname{Ker}\gamma$, 则 $\beta g^{-1}\gamma_0(g_0(m)) = \beta\beta_0(m) = 0$, 因此 $\delta(g_0(m)) = \overline{\alpha}(f'^{-1}(0)) = 0$, 说明 $\operatorname{Im}g_0 \subseteq \operatorname{Ker}\delta$. 反之, 设 $n \in \operatorname{Ker}\delta$, 沿用 (1) 的符号, 可知存在 $m \in M$ 及 $k' \in K'$, 使得 $g(m) = \gamma_0(n)$, $f'(k') = \beta(m)$ 及 $\delta(n) = \overline{\alpha}(k')$. 由 $n \in \operatorname{Ker}\delta$ 可知 $k' \in \operatorname{Ker}\overline{\alpha} = \operatorname{Im}\alpha$, 故存在 $k \in K$ 使得 $\alpha(k) = k'$. 于是 $\beta(m) = f'(k') = f'(\alpha(k)) = \beta(f(k))$, 说明 $m - f(k) \in \operatorname{Ker}\beta = \operatorname{Im}\beta_0$, 因而存在 $m_1 \in \operatorname{Ker}\beta$ 使得 $\beta_0(m_1) = m - f(k)$. 即 $\gamma_0(g_0(m_1)) = g(\beta_0(m_1)) = g(m - f(k)) = g(m) = \gamma_0(n)$. 由于 γ_0 是单同态, 即可得到 $n = g_0(m_1) \in \operatorname{Im}g_0$. 所以 $\operatorname{Ker}\delta \subseteq \operatorname{Im}g_0$.

(3) $\operatorname{Ker}\overline{f'} = \operatorname{Im}\delta$.

设 $n \in \operatorname{Ker}\gamma$, 沿用 (1) 的符号有 $\delta(n) = \overline{\alpha}(k')$, $\overline{f'}\overline{\alpha}(k') = \overline{\beta}f'(k') = \overline{\beta}\beta(m) = 0$. 因此 $\operatorname{Im}\delta \subseteq \operatorname{Ker}\overline{f'}$. 反之, 设 $\overline{\alpha}(k') \in \operatorname{Ker}\overline{f'}$, 则 $\overline{\beta}f'(k') = 0$. 由 $f'(k') \in \operatorname{Ker}\overline{\beta} = \operatorname{Im}\beta$ 可知存在 $m \in M$ 使得 $\beta(m) = f'(k')$. 又因 $\gamma g(m) = g'\beta(m) = g'f'(k') = 0$ 可得 $g(m) \in \operatorname{Ker}\gamma$, 所以存在 $n \in \operatorname{Ker}\gamma$ 使得 $g(m) = \gamma_0(n)$. 由 δ 定义即有 $\delta(n) = \overline{\alpha}(k')$, 因此 $\operatorname{Ker}\overline{f'} \subseteq \operatorname{Im}\delta$.

(4) 剩下的证明 $\operatorname{Im}f_0 = \operatorname{Ker}g_0$, $\operatorname{Im}\overline{f'} = \operatorname{Ker}\overline{g'}$, 以及当 f 单或 g' 满时的推论都留给读者去完成. □

如果在下面的两个短正合列之间有一个交换图:

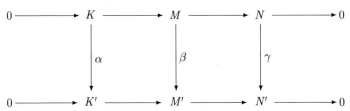

其中 α, β 和 γ 都是同构, 则称这两个短正合列是**同构的**.

习题 1.2

2.1 设 M 是一个 R 模. 试证以下三个论断是等价的:

(1) $M = 0$;

(2) 对任意的 R 模 N 存在唯一的 R 模同态 $M \longrightarrow N$;

(3) 对任意的 R 模 N 存在唯一的 R 模同态 $N \longrightarrow M$.

2.2 设 M 是一个 R 模. 试证以下三个论断是等价的:

(1) M 是单模;

(2) 任意的非零同态 $M \longrightarrow N$ 都是单同态;

(3) 任意的非零同态 $N \longrightarrow M$ 都是满同态.

2.3 (Schur 引理) 证明若 M 和 N 都是单模, 则 M 到 N 的任一非零同态必是同构. 并证明若 M 是单模, 则 $\mathrm{Hom}_R(M, M)$ 是除环.

2.4 设 $f: M \longrightarrow N$ 是 R 模同态. 证明若 f 是单同态, 则有 $\mathrm{Ann}(M) \supseteq \mathrm{Ann}(N)$ (见习题 1.4 的定义); 若 f 是满同态, 则有 $\mathrm{Ann}(M) \subseteq \mathrm{Ann}(N)$.

2.5 设 $f: M \longrightarrow N$ 是 R 模满同态, K 是 M 的一个子模. 证明:

(1) 若 $K \cap \mathrm{Ker}\, f = 0$, 则 $f|_K : K \longrightarrow N$ 是单同态;

(2) 若 $K + \mathrm{Ker}\, f = M$, 则 $f|_K : K \longrightarrow N$ 是满同态.

2.6 证明对 R 模 M, 有 R 模同构 $\mathrm{Hom}_R(R, M) \cong M$.

2.7 设 A 是一个 $\mathbb{Z}$ 模. 把以 n 为模的剩余类环记为 $\mathbb{Z}_n = \mathbb{Z}/(n) = \{\overline{0}, \overline{1}, \cdots, \overline{n-1}\}$. 证明

$$\mathrm{Hom}_{\mathbb{Z}}(\mathbb{Z}_m, A) \cong A[m] = \{a \in A \mid ma = 0\}.$$

利用这个结果证明

$$\mathrm{Hom}_{\mathbb{Z}}(\mathbb{Z}_m, \mathbb{Z}_n) \cong \mathbb{Z}_{(m,n)},$$

这里 (m, n) 表示 m 和 n 的最大公因子.

2.8 确定 $\mathrm{Hom}_{\mathbb{Z}}(\mathbb{Z}, \mathbb{Z}_n), \mathrm{Hom}_{\mathbb{Z}}(\mathbb{Z}_n, \mathbb{Z}), \mathrm{Hom}_{\mathbb{Z}}(\mathbb{Q}, \mathbb{Z}), \mathrm{Hom}_{\mathbb{Z}}(\mathbb{Z}, \mathbb{Q})$ 以及 $\mathrm{Hom}_{\mathbb{Z}}(\mathbb{Q}, \mathbb{Q})$.

2.9 设 M 和 N 都是 $\mathbb{Z}$ 模,

$$\mathrm{Ann}(M) = m\mathbb{Z}, \quad \mathrm{Ann}(N) = n\mathbb{Z}, \quad \mathrm{Ann}(\mathrm{Hom}_{\mathbb{Z}}(M, N)) = d\mathbb{Z}$$

(注意到零化子是整数环 $\mathbb{Z}$ 中的理想, 是由一个正整数生成的主理想). 证明 d 整除最大公因子 (m, n).

2.10 设 R 是一个整环.

(1) 如果 $f: M \longrightarrow N$ 是 R 模同态, 证明 $f(T(M)) \subseteq T(N)$, 从而 f 诱导了在 $T(M)$ 上的限制同态 $f_T : T(M) \longrightarrow T(N)$;

(2) 如果 $0 \longrightarrow K \overset{f}{\longrightarrow} M \overset{g}{\longrightarrow} N$ 是 R 模同态的正合列, 则序列 $0 \longrightarrow T(K) \overset{f_T}{\longrightarrow} T(M) \overset{g_T}{\longrightarrow} T(N)$ 也正合;

(3) 试举一例说明由正合列 $M \overset{g}{\longrightarrow} N \longrightarrow 0$ 导出的序列 $T(M) \overset{g_T}{\longrightarrow} T(N) \longrightarrow 0$ 不一定正合.

2.11 设有 R 模同态的交换图:

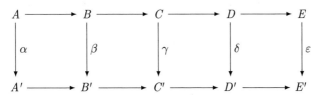

其中水平的两行都是正合列, 试证:

(1) 如果 α 是满的, β 和 δ 是单的, 则 γ 是单的;

(2) 如果 ε 是单的, β 和 δ 是满的, 则 γ 是满的;

(3) 如果 α, β, δ 和 ε 都是同构, 则 γ 也是同构.

2.12 (1) 如果 $0 \longrightarrow A \longrightarrow B \xrightarrow{f} C \longrightarrow 0$ 和 $0 \longrightarrow C \xrightarrow{g} D \longrightarrow E \longrightarrow 0$ 都是 R 模同态的短正合列, 则 $0 \longrightarrow A \longrightarrow B \xrightarrow{gf} D \longrightarrow E \longrightarrow 0$ 也是正合列;

(2) 利用 (1) 的结果证明任何正合列都可由一系列短正合列黏结而成.

2.13 (1) 设有有限循环 $\mathbb{Z}$ 模 $M = \mathbb{Z}_n$, 则必有如下短正合列:

$$0 \longrightarrow \mathbb{Z} \xrightarrow{f} \mathbb{Z} \xrightarrow{g} M \longrightarrow 0.$$

(即给出 $\mathbb{Z}$ 模同态 f 和 g 的定义.)

(2) 证明存在 $\mathbb{Z}$ 模的正合列:

$$0 \longrightarrow \mathbb{Z}_2 \longrightarrow \mathbb{Z}_4 \longrightarrow \mathbb{Z}_4 \longrightarrow \mathbb{Z}_2 \longrightarrow 0.$$

2.14 试给出两个 $\mathbb{Z}$ 模同态短正合列的例子:

$$0 \longrightarrow A \longrightarrow B \longrightarrow C \longrightarrow 0, \quad 0 \longrightarrow A' \longrightarrow B' \longrightarrow C' \longrightarrow 0,$$

使得

(1) $A \cong A'$, $B \cong B'$, $C \not\cong C'$;

(2) $A \cong A'$, $B \not\cong B'$, $C \cong C'$;

(3) $A \not\cong A'$, $B \cong B'$, $C \cong C'$.

2.15 设有三个实向量空间 U, V 和 W, 其维数分别为 1, 3 和 2. 设 $\{u\}$ 是 U 的基底, $\{v_1, v_2, v_3\}$ 是 V 的基底, $\{w_1, w_2\}$ 是 W 的基底. $\mathbb{R}$ 同态 $f : U \longrightarrow V$ 定义为 $f(\alpha u) = \alpha v_1 + \alpha v_2$, $g : V \longrightarrow W$ 定义为 $g(\alpha_1 v_1 + \alpha_2 v_2 + \alpha_3 v_3) = \alpha_1 w_1 + \alpha_3 w_2$.

(1) 证明序列 $0 \longrightarrow U \xrightarrow{f} V \xrightarrow{g} W \longrightarrow 0$ 在 U 处和 W 处正合, 但不在 V 处正合;

(2) 证明存在 $g' : V \longrightarrow W$ 使得 $0 \longrightarrow U \xrightarrow{f} V \xrightarrow{g'} W \longrightarrow 0$ 正合;

(3) 证明存在 $f' : U \longrightarrow V$ 使得 $0 \longrightarrow U \xrightarrow{f'} V \xrightarrow{g} W \longrightarrow 0$ 正合.

2.16 设有如下由两个短正合行构成的交换图:

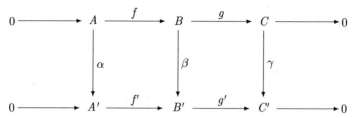

如果其中 β 是同构, 证明 α 是单同态而 γ 是满同态. 而且 α 是满的当且仅当 γ 是单的.

2.17 设有如下由三个短正合行构成的交换图. 如果中间的列是正合的, 证明右端的列是正合的当且仅当左端的列是正合的.

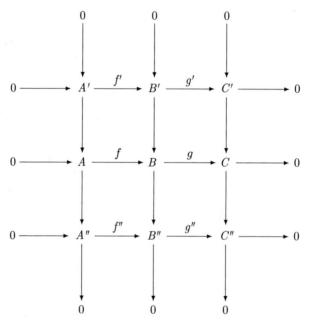

§1.3   模的直和与直积

直和与直积是从已知的模构造出新的模的最简单的方法. 设 M_1, M_2 都是 R 模, 我们可以构造一个集合 M 为

$$M = \{(x_1, x_2) \,|\, x_1 \in M_1, x_2 \in M_2\}.$$

然后再定义 M 上的加法运算和 R 模结构为

$$(x_1, x_2) + (y_1, y_2) = (x_1 + y_1, x_2 + y_2),$$
$$a(x_1, x_2) = (ax_1, ax_2).$$

不难验证 M 成为一个 R 模, 我们把 M 称为模 M_1 和 M_2 的 **直和** (*direct sum*), 记为 $M_1 \oplus M_2$.

对于模的直和可以定义两个典范内射:

$$\iota_1 : M_1 \longrightarrow M_1 \oplus M_2, \qquad \iota_2 : M_2 \longrightarrow M_1 \oplus M_2,$$
$$x_1 \longmapsto (x_1, 0), \qquad\qquad x_2 \longmapsto (0, x_2).$$

这两个典范内射实际上把 M_i 同构地嵌入直和 $M_1 \oplus M_2$ 作为子模. 另外还可以定义两个典范射影:

$$\pi_1 : M_1 \oplus M_2 \longrightarrow M_1, \qquad \pi_2 : M_1 \oplus M_2 \longrightarrow M_2,$$
$$(x_1, x_2) \longmapsto x_1, \qquad\qquad (x_1, x_2) \longmapsto x_2.$$

它们都是满同态. 不难验证在典范内射和典范射影之间有下列关系式:

$$\pi_1 \iota_1 = 1_{M_1}, \qquad\qquad \pi_2 \iota_2 = 1_{M_2},$$
$$\pi_1 \iota_2 = 0, \qquad\qquad \pi_2 \iota_1 = 0,$$
$$\iota_1 \pi_1 + \iota_2 \pi_2 = 1_{M_1 \oplus M_2}.$$

关于两个模的直和, 我们有以下的典范短正合列:

$$0 \longrightarrow M_1 \xrightarrow{\iota_1} M_1 \oplus M_2 \xrightarrow{\pi_2} M_2 \longrightarrow 0$$

或

$$0 \longrightarrow M_2 \xrightarrow{\iota_2} M_1 \oplus M_2 \xrightarrow{\pi_1} M_1 \longrightarrow 0.$$

这种类型的短正合列称为分裂的短正合列 (见定义 3.1 及命题 3.2).

与作直和的过程相反的是把一个模 "分解" 为它的子模的直和. 设 M_1 和 M_2 是张成 M 的两个子模, 即

$$M = M_1 + M_2,$$

并且这两个子模又是互相独立的, 即

$$M_1 \cap M_2 = 0.$$

我们可以构造一个映射:

$$i : M_1 \oplus M_2 \longrightarrow M,$$
$$(x_1, x_2) \longmapsto x_1 + x_2.$$

不难验证映射 i 是 R 模同态. 由 $M = M_1 + M_2$ 可以知道 i 是满同态. 为证 i 是单同态, 设 $(x_1, x_2) \in \operatorname{Ker} i$, 则 $x_1 = -x_2 \in M_1 \cap M_2 = 0$, 从而 $x_1 = x_2 = 0$. 这样就有

$$M \cong M_1 \oplus M_2.$$

我们称 M 是它的子模 M_1 和 M_2 的**内直和** (internal direct sum). 实际上在同构的意义下直和与内直和并无本质上的区别. 因此我们也把内直和写成 $M = M_1 \oplus M_2$ 的形式. 不难证明 $M = M_1 \oplus M_2$ 当且仅当对任何一个 $x \in M$ 都存在唯一的 $x_1 \in M_1$ 以及 $x_2 \in M_2$ 使得 $x = x_1 + x_2$.

并不是 M 的所有子模都能出现在 M 的直和分解中的. 如果 $M = M_1 \oplus M_2$, 就称 M_1 和 M_2 是 M 的**直和项** (direct summand), 并且 M_1 和 M_2 互为对方的**直和补** (direct complement). 直和补一般不唯一.

下面我们要研究如何确定一个子模是不是直和项.

引理 3.1 设 $f : N \longrightarrow M$ 和 $g : M \longrightarrow N$ 是 R 模同态, 使得

$$gf = 1_N,$$

则 f 是单同态, g 是满同态, 并且

$$M = \operatorname{Im} f \oplus \operatorname{Ker} g. \qquad \square$$

证明留给读者作为习题.

定义 3.1 我们把满足引理 3.1 条件的 f 称为**分裂单同态** (split monomorphism), g 称为**分裂满同态** (split epimorphism). 如果短正合列

$$0 \longrightarrow M_1 \stackrel{f}{\longrightarrow} M \stackrel{g}{\longrightarrow} M_2 \longrightarrow 0$$

中 f 是分裂单同态, g 是分裂满同态, 则称此短正合列为**分裂的** (split).

根据这个定义, 以下序列是分裂正合列:

$$0 \longrightarrow M_1 \stackrel{\iota_1}{\longrightarrow} M_1 \oplus M_2 \stackrel{\pi_2}{\longrightarrow} M_2 \longrightarrow 0,$$

其中 ι_1 是分裂单同态, π_2 是分裂满同态.

命题 3.2 关于 R 模同态短正合列

$$0 \longrightarrow M_1 \stackrel{f}{\longrightarrow} M \stackrel{g}{\longrightarrow} M_2 \longrightarrow 0$$

的下列论断是等价的:

(1) 序列是分裂的;

(2) 单同态 $f : M_1 \longrightarrow M$ 是分裂的;

(3) 满同态 $g : M \longrightarrow M_2$ 是分裂的;

(4) $\operatorname{Im} f = \operatorname{Ker} g$ 是 M 的直和项;

(5) 每个同态 $h : M_1 \longrightarrow N$ 通过 f 分解:

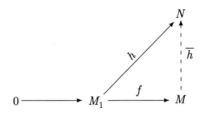

(6) 每个同态 $h : N \longrightarrow M_2$ 通过 g 分解:

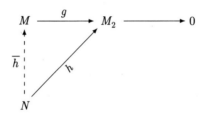

(7) 存在短正合列间的同构:

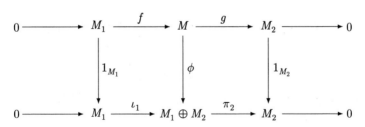

证明: (1)$\Rightarrow$(2), (1)$\Rightarrow$(3) 和 (7)$\Rightarrow$(1) 是显然的, (2)$\Rightarrow$(4) 和 (3)$\Rightarrow$(4) 可由引理 3.1 得出.

(4)$\Rightarrow$(5) 设 M 的直和分解为 $M = \operatorname{Im} f \oplus K$. 由于 f 是单的, 对每个 $m \in M$ 存在唯一的 $m_1 \in M_1$ 以及 $k \in K$ 使得 $m = f(m_1) + k$. 定义 $\overline{h} : M \longrightarrow N$ 为

$$\overline{h} : m = f(m_1) + k \longmapsto h(m_1),$$

则 $\overline{h}$ 是 R 模同态且有 $\overline{h}f = h$.

(4)⇒(6) 设 M 的直和分解为 $M = \operatorname{Ker} g \oplus K$. 由于 $K \cap \operatorname{Ker} g = 0$ 以及 $g(M) = g(K)$, 故 $g|_K : K \longrightarrow M_2$ 是同构. 取 $g|_K$ 的逆 $g' : M_2 \longrightarrow K$, 则 $\overline{h} = g'h : N \longrightarrow M$ 是 R 模同态且有 $g\overline{h} = h$.

(5)⇒(2) 与 (6)⇒(3) 分别取 $N = M_1$ 以及 $N = M_2$, 再令 $h = 1_N$ 即可.

(2)⇒(7) 设有 $h : M \longrightarrow M_1$ 使得 $hf = 1_{M_1}$, 则可定义 $\phi : M \longrightarrow M_1 \oplus M_2$ 为 $\phi(m) = (h(m), g(m))$. 由于 $gf = 0$, ϕ 使上图可交换, 由引理 2.9 知, 这是一个同构. $\qquad\square$

现在我们要定义任意多个模的直积和直和. 设 $\{M_i \mid i \in I\}$ 是一族 R 模, 这里的指标集 I 可以是有限的或无限的. 我们先构造这些集合的直积 $M = \prod\limits_{i \in I} M_i$, M 的元素可以看成是 $\{m_i\}$, 其中 $m_i \in M_i$. 我们可以定义这个集合的一个加法运算以及一个 R 模运算为

$$\{m_i\} + \{m_i'\} = \{m_i + m_i'\}, \quad a\{m_i\} = \{am_i\}.$$

不难验证 M 关于这样定义的运算构成一个 R 模, 称为模 M_i 的 **直积** (*direct product*), 仍记为 $\prod\limits_{i \in I} M_i$.

对于每个 $j \in I$, 映射

$$\pi_j : \prod M_i \longrightarrow M_j,$$
$$\{m_i\} \longmapsto m_j$$

是 R 模的满同态, 称为这个直积的 **典范射影** (*canonical projection*).

从直观上看, 直积就是把一些模互相独立地放置在一起. 下面的命题就刻画了直积的这一基本特征.

命题 3.3 (1) 对于任意的一个 R 模 N 以及一族 R 模同态 $\{f_i : N \longrightarrow M_i\}$, 存在唯一的 R 模同态 $\overline{f} : N \longrightarrow \prod\limits_{i \in I} M_i$ 使得

$$f_j = \pi_j \overline{f}, \quad \forall j \in I.$$

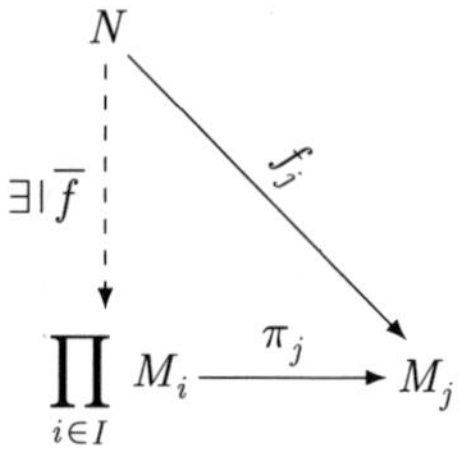

(2) 如果 R 模 M 带有一族 R 模同态 $\{p_i : M \longrightarrow M_i \,|\, i \in I\}$ 使得对于任意的一个 R 模 N 以及一族 R 模同态 $\{f_i : N \longrightarrow M_i\}$, 必存在唯一的 R 模同态 $\tilde{f} : N \longrightarrow M$ 满足

$$f_j = p_j \tilde{f}, \quad \forall j \in I.$$

则有 R 模同构 $\phi : M \xrightarrow{\sim} \prod_{i \in I} M_i$, 并且 $p_i = \pi_i \phi$.

证明: (1) 只需定义映射 $\overline{f}$ 为 $\overline{f}(n) = \{f_i(n)\}$, 不难验证 $f_j = \pi_j \overline{f}$. 为证唯一性, 设还有 $g : N \longrightarrow \prod_{i \in I} M_i$ 满足 $f_j = \pi_j g$, $\forall j \in I$. 设 $g(n) = \{x_i\}$, 则 $x_i = \pi_i g(n) = f_i(n)$, 即 $g(n) = \{f_i(n)\} = \overline{f}(n)$, 因此 $g = \overline{f}$.

(2) 先用 $N = M$ 以及 $f_i = p_i$ 代入 (1), 则存在 R 模同态 $\phi : M \longrightarrow \prod_{i \in I} M_i$ 满足 $p_j = \pi_j \phi$, $\forall j \in I$. 再用 $N = \prod_{i \in I} M_i$ 以及 $f_i = \pi_i$ 代入条件 (2), 则存在 R 模同态 $\psi : \prod_{i \in I} M_i \longrightarrow M$ 满足 $\pi_j = p_j \psi$, $\forall j \in I$. 由于 $\pi_j(\phi\psi) = \pi_j = \pi_j 1_{\Pi M_i}$, 从条件 (1) 中的唯一性就有 $\phi\psi = 1_{\Pi M_i}$ (见下图左). 类似地, 从条件 (2) 中的唯一性可得 $\psi\phi = 1_M$ (见下图右). 因此 ϕ 是 R 模同构. $\quad \square$

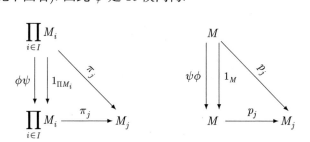

把这个命题的结论换一种表达方式, 就是下面的命题:

命题 3.4 对于 R 模的族 $\{M_i \,|\, i \in I\}$ 以及 R 模 N, 有以下的 R 模同构:

$$\prod_{i \in I} \mathrm{Hom}_R(N, M_i) \cong \mathrm{Hom}_R\left(N, \prod_{i \in I} M_i\right).$$

证明: 根据命题 3.3, 只要定义映射

$$\phi : \prod_{i \in I} \mathrm{Hom}_R(N, M_i) \longrightarrow \mathrm{Hom}_R\left(N, \prod_{i \in I} M_i\right)$$

为 $\phi(\{f_i\}) = \overline{f}$ 即可. $\quad \square$

如果我们取直积 $\prod\limits_{i\in I} M_i$ 的一个子集:

$$M' = \left\{ \{m_i\} \in \prod_{i\in I} M_i \ \middle| \ \text{除有限个 } i \in I \text{ 外, 都有 } m_i = 0 \right\},$$

不难验证这是一个子模. 称这个模为 R 模族 $\{M_i\}$ 的 **直和** (direct sum), 记为 $\bigoplus\limits_{i\in I} M_i$.

对于每一个 $j \in I$, 映射

$$\iota_j : M_j \longrightarrow \bigoplus_{i\in I} M_i,$$
$$m_j \longmapsto \{\cdots, 0, m_j, 0, \cdots\}$$

是 R 模的单同态, 称为这个直和的 **典范内射** (canonical injection).

命题 3.5 (1) 对于任意的一个 R 模 N 以及一族 R 模同态 $\{g_i : M_i \longrightarrow N\}$, 存在唯一的 R 模同态 $\overline{g} : \bigoplus\limits_{i\in I} M_i \longrightarrow N$ 使得

$$g_j = \overline{g}\iota_j, \quad \forall j \in I.$$

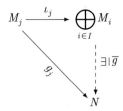

(2) 如果 R 模 M 带有一族 R 模同态 $\{i_j : M_j \longrightarrow M \mid j \in I\}$ 使得对于任意的一个 R 模 N 以及一族 R 模同态 $\{g_i : M_i \longrightarrow N\}$, 必存在唯一的 R 模同态 $\tilde{g} : M \longrightarrow N$ 满足

$$g_j = \tilde{g}i_j, \quad \forall j \in I.$$

则有 R 模同构 $\phi : M \overset{\sim}{\longrightarrow} \bigoplus\limits_{i\in I} M_i$, 并且 $\iota_j = \phi i_j$.

证明: (1) 只需定义映射 $\overline{g}$ 为 $\overline{g}(\{m_i\}) = \sum g_i(m_i)$ 即可, 由于 m_i 中只有有限个不等于零, 因此右端的和式有意义. 其余不难验证.

(2) 证明类似于命题 3.3.   □

类似于直积的情形, 把上述命题的结论换一种表达方式, 就是下面的命题:

命题 3.6 对于 R 模的族 $\{M_i \,|\, i \in I\}$ 以及 R 模 N, 有以下的 R 模同构:

$$\prod_{i \in I} \operatorname{Hom}_R(M_i, N) \cong \operatorname{Hom}_R\left(\bigoplus_{i \in I} M_i, N\right).$$

证明: 根据命题 3.5, 只要定义映射

$$\phi : \prod_{i \in I} \operatorname{Hom}_R(M_i, N) \longrightarrow \operatorname{Hom}_R\left(\bigoplus_{i \in I} M_i, N\right)$$

为 $\phi(\{g_i\}) = \overline{g}$ 即可. $\qquad\square$

从直积和直和的定义可以看出, 当指标集 I 无限时, 直积和直和是不同的, 而当指标集有限时, 直积和直和是同一个模.

命题 3.7 设 $\{M_i \,|\, i \in I\}$ 是 R 模 M 的一族子模, 并且满足下列两个条件:

(1) $M = \sum_{i \in I} M_i$;

(2) 对每个 $j \in I$ 有 $M_j \cap M_j^* = 0$, 这里 $M_j^* = \sum_{i \neq j} M_i$.

则存在同构 $M \cong \bigoplus_{i \in I} M_i$.

证明: 读者参照本节开始时对 $I = \{1, 2\}$ 情形的讨论, 自己完成证明. $\qquad\square$

这时我们称 M 是它的子模的**内直和**, 仍然记为 $M = \bigoplus_{i \in I} M_i$.

习题 1.3

3.1 证明引理 3.1.

3.2 设 $M = M_1 \oplus \cdots \oplus M_n$, 验证典范射影 $\pi_i : M \longrightarrow M_i$ 与典范内射 $\iota_i : M_i \longrightarrow M$ 间满足下列关系:

(1) $\pi_i \iota_i = 1_{M_i}$, $i = 1, \cdots, n$;

(2) $\pi_j \iota_i = 0$, $i \neq j$;

(3) $\iota_1 \pi_1 + \iota_2 \pi_2 + \cdots + \iota_n \pi_n = 1_M$.

3.3 设 M 是模, M_i $(1 \leqslant i \leqslant n)$ 是子模, $M = \sum M_i$, 并满足以下条件:

$$M_1 \cap M_2 = 0,$$

$$(M_1 + M_2) \cap M_3 = 0,$$

$$\cdots\cdots\cdots\cdots$$

$$(M_1 + \cdots + M_{n-1}) \cap M_n = 0,$$

则 $M = \bigoplus M_i$.

3.4 证明: 作为 $\mathbb{Z}$ 模 $\mathbb{Z}_{mn} \cong \mathbb{Z}_m \oplus \mathbb{Z}_n$ 当且仅当 m 与 n 互素.

3.5 设 p 是素数, e 是正整数, 试证 $\mathbb{Z}_{p^e} = \mathbb{Z}/(p^e)$ 作为 $\mathbb{Z}$ 模不是两个非零子模的直和. 这一结论对 $\mathbb{Z}$ 是否正确?

3.6 设 $n = p_1^{e_1} p_2^{e_2} \cdots p_m^{e_m}$ 是不同素数幂乘积的分解, 根据题 3.4 和 3.5 的结论推出作为 $\mathbb{Z}$ 模的直和分解 $\mathbb{Z}_n \cong \mathbb{Z}_{p_1^{e_1}} \oplus \mathbb{Z}_{p_2^{e_2}} \oplus \cdots \oplus \mathbb{Z}_{p_m^{e_m}}$.

§1.4 自由模

自由模可以说是 R 模中最简单的一种. 它的特点就是存在一个基, 使得模中所有的元素都可唯一地表示成基元素的线性组合. 域 F 上的向量空间就是自由模的典型例子.

如果集合 X 是 R 模 M 的生成元集, 那么 M 中每个元素都能写成 X 中元素的 R 线性组合. 一般地说, 这种表示方法不是唯一的. 如果 X 是线性无关的, 那么线性组合的系数就是唯一确定的.

定义 4.1 设 X 是 R 模 M 的子集, 如果对于 X 中任意有限个不同元 $x_1, \cdots, x_n$ 以及 $a_i \in R$,

$$a_1 x_1 + \cdots + a_n x_n = 0 \Longrightarrow a_i = 0, \quad \forall i,$$

则称 X 是**线性无关的** (*linearly independent*). 如果 X 是 V 的生成元集合, 并且 X 是线性无关的, 则称 X 是 V 的一个**基** (*basis*). 如果 R 模 V 含有一个基, 则称 V 是**自由模** (*free module*).

例 4.1 当 R 是域时, R 模就是一个向量空间, 而非零向量空间必有基存在, 所以这时的非零 R 模都是自由模.

例 4.2 自由 $\mathbb{Z}$ 模就是自由 Abel 群.

命题 4.1 V 是自由 R 模当且仅当 V 是它的循环 R 子模的内直和: $V = \bigoplus_{i \in I} V_i$, 而且每个 V_i 都同构于 R.

证明: ($\Rightarrow$) 设 X 是 V 的一个基, 对每个 $x \in X$ 存在一个循环子模 $V_x = Rx$. 由于 X 线性无关, 因此 x 的零化子 $\mathrm{Ann}(x) = 0$, 从而 $V_x \cong R/\mathrm{Ann}(x) = R$. 由 X 的线性无关性可以得出 $V_x \cap \left(\sum_{y \in X, y \neq x} V_y \right) = 0$, 利用命题 3.7 就可推出 V 是它

的子模 V_x 的内直和, 即 $V = \bigoplus\limits_{x \in X} V_x$, 而且 $V_x \cong R$.

($\Leftarrow$) 设 $V_i = Rx_i$, 取 $X = \{x_i \mid i \in I\}$, 我们要证明 X 是 V 的一个基. X 生成 V 是显然的. 现在设 $\sum r_i x_i = 0$, 由直和的性质可得 $r_i x_i = 0$. 由于 $V_i \cong R$, 因此 $\mathrm{Ann}(x_i) = 0$, 即 $r_i = 0$, 这就证明了 X 线性无关. $\square$

命题 4.2 如果 V 是自由模, 则存在一个集合 X 以及集合的映射 $\iota : X \longrightarrow V$, 使得对任意的 R 模 M 以及集合的映射 $f : X \longrightarrow M$ 存在唯一的 R 模同态 $\overline{f} : V \longrightarrow M$ 满足 $f = \overline{f}\iota$ (见下图).

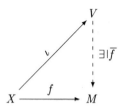

证明: 取 V 的基 X, 设包含映射为 $\iota : X \longrightarrow V$, 则对任意的 R 模 M 以及集合的映射 $f : X \longrightarrow M$ 定义 $\overline{f} : V \longrightarrow M$ 为 $\overline{f}(\sum r_i x_i) = \sum r_i f(x_i)$, 不难验证 $\overline{f}$ 是 R 模同态且 $\overline{f}\iota = f$. 唯一性由 V 中元素可被唯一地表示成基元素的线性组合这一性质导出. $\square$

命题 4.3 任何 R 模 M 都是自由模的商. 如果 M 是有限生成的, 那么 M 可以是有限生成自由模的商.

证明: 取 M 的一个生成元集 X, 当 M 有限生成时, X 可取成有限集. 作自由模 $V = \bigoplus\limits_{x \in X} R_x$, 这里的 R_x 是与 R 同构的循环模. 令 $\iota(x)$ 等于 R_x 的生成元就可定义集合的映射 $\iota : X \longrightarrow V$. 令 $f : X \longrightarrow M$ 为包含映射, 根据命题 4.2 存在 R 模同态 $\overline{f} : V \longrightarrow M$ 使得 $\overline{f}\iota = f$. 显然 $X = f(X) \subseteq \overline{f}(V)$, 从而 $M = (X) \subseteq \overline{f}(V)$, 即 $\overline{f}$ 是满同态. 因此 M 是自由模 V 的商模. $\square$

命题 4.4 设 $f : M \longrightarrow N$ 是 R 模满同态, $h : V \longrightarrow N$ 是从自由模 V 映到模 N 的同态, 则必存在 R 模同态 $\overline{h} : V \longrightarrow M$ 使得 $h = f\overline{h}$.

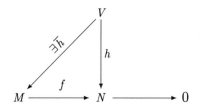

证明: 设 X 是自由模 V 的基, $\iota : X \longrightarrow V$ 是包含映射. 由于 f 是满同态, 对每个 $x \in X$ 可以找到一个 $m_x \in M$ 使得 $f(m_x) = h(x)$. 作映射

$$g : X \longrightarrow M,$$

$$x \longmapsto m_x.$$

根据命题 4.2 存在 R 模同态 $\overline{h} : V \longrightarrow M$ 使得 $\overline{h}\iota = g$. 于是映射 $f\overline{h}\iota = h\iota$. 根据命题 4.2 中的唯一性, 就可得出 $f\overline{h} = h$.   □

注意命题 4.4 中的同态 $\overline{h}$ 不一定唯一.

下面我们考虑有限生成的自由模.

我们知道, 向量空间的维数是不变的, 即它的任意一个基都由相同个数的向量构成, 而这对于一般的 R 模并不成立, 同一个自由模的两个基不一定含有相同个数的元素. 不过我们这里只考虑 R 是交换环的情形, 这时有以下的性质.

定理 4.5 设 V 是有限生成的自由 R 模, 则 V 的所有的基都包含相同个数的元素.

证明: 因为 V 是自由模, V 有一个基 $\{e_i\}$. 另一方面, V 是有限生成的, 所以 $V = (u_1, \cdots, u_n)$, 这些 u_j 都可由有限个 e_i 线性表示, 而 V 的每一个元素又可由这些 u_j 线性表示, 因此 V 的所有元素都可由有限个 e_i 线性表示, 这表明 e_i 的个数是有限的.

现在设 $e_1, \cdots, e_m$ 与 $f_1, \cdots, f_n$ 是 V 的两个基. 如果 $m \neq n$, 那么不妨设 $m < n$. 又若

$$f_i = \sum_{j=1}^{m} a_{ij} e_j, \quad i = 1, \cdots, n, \; a_{ij} \in R;$$

$$e_j = \sum_{k=1}^{n} b_{jk} f_k, \quad j = 1, \cdots, m, \; b_{jk} \in R.$$

令

$$a_{ij} = 0, \quad i = 1, \cdots, n; \; j = m+1, \cdots, n.$$

$$b_{jk} = 0, \quad j = m+1, \cdots, n; \; k = 1, \cdots, n.$$

得到 n 阶方阵 $A = (a_{ij})$, $B = (b_{jk})$. 由于

$$f_i = \sum_{k=1}^{n} \sum_{j=1}^{m} a_{ij} b_{jk} f_k,$$

可得

$$\sum_{j=1}^{n} a_{ij}b_{jk} = \delta_{ik},$$

即 $AB = I_n$. 由于 R 是交换环, 行列式理论仍然有效. 等式两边取行列式即得

$$\det A \det B = 1.$$

可是, 当 $m < n$ 时有 $\det A = \det B = 0$, 矛盾.   □

定义 4.2 设 R 是交换环, V 是有限生成自由模, 则把 V 中的基元素个数称为 V 的**秩** (*rank*), 记为 $\mathrm{rk}_R V$.

显然自由模的秩是向量空间维数的推广.

从命题 4.1 可知 n 秩自由 R 模必同构于 $R \oplus \cdots \oplus R$, 简记为 $R^{(n)}$. 因此秩相同的自由模都是同构的. $R^{(n)}$ 具有与 n 维向量空间类似的性质. 在向量空间理论中, 当基取定后, 线性变换与矩阵间存在一一对应的关系. 类似地, 我们在自由 R 模同态与 R 上的矩阵间也可建立一一对应关系, 即

$$\mathrm{Hom}_R(R^{(m)}, R^{(n)}) \cong M_{n,m}(R),$$

$M_{n,m}(R)$ 是元素在 R 中的 $n \times m$ 矩阵的加群, 上面的同构是加群的同构, 此外还有环同构:

$$\mathrm{Hom}_R(R^{(n)}, R^{(n)}) \cong M_n(R),$$

具体的实现方法请读者自己补出.

当 R 是主理想整环时, 自由模还有一个重要性质.

定理 4.6 设 R 是主理想整环, V 是 n 秩自由 R 模, 则 V 的任一子模 N 都是自由模, 而且 $\mathrm{rk} N \leqslant n$.

证明: 当 $N = 0$ 时, 我们认为它是 0 秩的自由模, 现在对 n 用数学归纳法, 当 $n = 1$ 时, $V \cong R$, 它的子模 N 就是 R 的理想, 所以 $N = (f)$. 若 $f = 0$, 则 $N = 0$. 否则, 因 R 是整环, 有 $\mathrm{Ann}(f) = 0$, 可得 $N \cong R$, 所以 N 是以 f 为基的自由模.

现在设 $n > 1$, $\{e_1, \cdots, e_n\}$ 是 V 的基. 令 $K = (e_2, \cdots, e_n)$, 则 K 是 $n-1$ 秩自由模, $\overline{V} = V/K$ 是具有基 $\overline{e_1} = e_1 + K$ 的自由模. 现在 $\overline{N} = (N+K)/K$ 是 $\overline{V}$ 的子模. 若 $\overline{N} = 0$, 则 $N \subset K$, 利用归纳法假设即可得定理的结论. 现在设 $\overline{N} \neq 0$, 则由 $n = 1$ 时的结果可知 $\overline{N}$ 有一个基 $\overline{f_1} = f_1 + K$, 所以我们可选取 $f_1 \in N$, 再把归纳假设应用到 K 的子模 $N \cap K$, 可知当 $N \cap K \neq 0$ 时, $N \cap K$ 有一个基

$\{f_2, \cdots, f_m\}$, $0 < m-1 \leqslant n-1$. 我们可断定 $\{f_1, f_2, \cdots, f_m\}$ 是 N 的基. 因为设 $y \in N$, 则 $\overline{y} = y + K \in \overline{N}$, 所以 $\overline{y} = b_1 \overline{f_1}$, $b_1 \in R$. 这意味着 $y - b_1 f_1 \in K$. 又因 $y, f_1 \in N$, 可知 $y - b_1 f_1 \in N \cap K$, 所以 $y - b_1 f_1 = b_2 f_2 + \cdots + b_m f_m$, $y = \sum\limits_{j=1}^{m} b_j f_j$, 这说明 $\{f_j\}$ 生成了 N. 现在假设 $\sum\limits_{j=1}^{m} b_j f_j = 0$, 则 $b_1 \overline{f_1} = -\sum\limits_{j=2}^{m} b_j \overline{f_j} = 0$. 因为 $\overline{f_1}$ 是 $\overline{N}$ 的基, 所以 $b_1 = 0$. 又因为 $\{f_2, \cdots, f_m\}$ 是 $N \cap K$ 的基, 由 $\sum\limits_{j=2}^{m} b_j f_j = 0$ 可得 $b_j = 0$, $2 \leqslant j \leqslant m$, 所以 $\{f_j\}$ 构成 N 的基. 如果 $N \cap K = 0$, 则同样讨论可证 f_1 是 N 的基. □

说明 4.1 定理 4.6 对于无限秩自由模仍然正确, 但证明更困难.

习题 1.4

4.1 设 V 是有限生成自由模. 证明: 若 f 是 V 的满射自同态, 则 f 是同构. 若 f 是单自同态, 则 f 是不是一个同构?

4.2 设 M, N 是 m 秩和 n 秩的自由 R 模, 证明 $\mathrm{Hom}_R(M, N)$ 是 mn 秩的自由模.

4.3 设 R 是整环, $\{e_1, \cdots, e_n\}$ 是自由模 V 的基. 置 $f_i = \sum\limits_{j=1}^{n} a_{ij} e_j$ $(1 \leqslant i \leqslant n)$, 这里 $A = (a_{ij}) \in M_n(R)$. 证明 $\{f_1, \cdots, f_n\}$ 构成由它生成的 V 的子模 K 的基的充要条件是 $\det A \neq 0$. 证明对任意的 $\overline{x} = x + K \in V/K$ 都有 $(\det A)\overline{x} = 0$.

4.4 证明 $\mathbb{Q}$ 不是自由 $\mathbb{Z}$ 模.

4.5 如果自由 R 模的子模都是自由模, 证明 R 一定是主理想整环.

§1.5　Hom 与投射模

在 §1.2 已经定义了 R 模 $\mathrm{Hom}_R(M, N)$. 如果有 R 模同态 $f: A \longrightarrow B$, 则 f 可诱导 R 模的映射:

$$\overline{f}: \mathrm{Hom}_R(M, A) \longrightarrow \mathrm{Hom}_R(M, B),$$
$$h \longmapsto \overline{f}(h) \overset{\text{def}}{=\!=} fh,$$

即

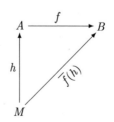

不难验证 $\overline{f}$ 是 R 模同态, 有时也把它记为 $\mathrm{Hom}_R(M, f)$. 类似地, R 模同态 $f : A \longrightarrow B$ 可诱导 R 模的映射:

$$\tilde{f} : \mathrm{Hom}_R(B, N) \longrightarrow \mathrm{Hom}_R(A, N),$$
$$h \longmapsto \tilde{f}(h) \overset{\text{def}}{=} hf,$$

即

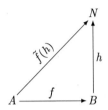

$\tilde{f}$ 也可记为 $\mathrm{Hom}_R(f, N)$.

命题 5.1 设有 R 模同态的序列

$$0 \longrightarrow A \overset{f}{\longrightarrow} B \overset{g}{\longrightarrow} C, \tag{5.1}$$

则此序列正合的充要条件是对所有的 R 模 M 以下的序列都正合:

$$0 \longrightarrow \mathrm{Hom}_R(M, A) \overset{\overline{f}}{\longrightarrow} \mathrm{Hom}_R(M, B) \overset{\overline{g}}{\longrightarrow} \mathrm{Hom}_R(M, C). \tag{5.2}$$

证明: ($\Rightarrow$) 为证 (5.2) 正合, 需证: (1) $\overline{f}$ 是单同态; (2) $\overline{g}\,\overline{f} = 0$ 即 $\mathrm{Im}\,\overline{f} \subseteq \mathrm{Ker}\,\overline{g}$; (3) $\mathrm{Ker}\,\overline{g} \subseteq \mathrm{Im}\,\overline{f}$.

(1) 设对 $h \in \mathrm{Hom}(M, A)$ 有 $\overline{f}(h) = fh = 0$, 则由 (5.1) 的正合性可知 f 是单同态, 根据命题 2.1(4) 就有 $h = 0$.

(2) 设 $h \in \mathrm{Hom}(M, A)$, 由 (5.1) 的正合性可知 $gf = 0$, 从而 $\overline{g}\,\overline{f}(h) = gfh = 0$. 也就是说 $\overline{g}\,\overline{f} = 0$.

(3) 设 $h \in \mathrm{Ker}\,\overline{g} \subseteq \mathrm{Hom}(M, B)$, 则 $\overline{g}(h) = gh = 0$, 也就是说 $\mathrm{Im}\,h \subseteq \mathrm{Ker}\,g = \mathrm{Im}\,f$, 其最后一个等式来自 (5.1) 的正合性. 又因为 f 是单同态, 所以在 $\mathrm{Im}\,f$ 上是可逆的, 即 $f^{-1}h \in \mathrm{Hom}(M, A)$ 是有意义的. 这样就有 $h = \overline{f}(f^{-1}h) \in \mathrm{Im}\,\overline{f}$.

($\Leftarrow$) 为证 (5.1) 正合, 需证: (1) $\mathrm{Ker}\,f = 0$; (2) $gf = 0$ 即 $\mathrm{Im}\,f \subseteq \mathrm{Ker}\,g$; (3) $\mathrm{Ker}\,g \subseteq \mathrm{Im}\,f$.

(1) 取 $M = \mathrm{Ker}\,f$, $i : \mathrm{Ker}\,f \longrightarrow A$ 为包含同态, 则由 $\overline{f}(i) = fi = 0$ 可得 $i = 0$(因为 $\overline{f}$ 是单同态), 即 $\mathrm{Ker}\,f = 0$.

(2) 取 $M = A$, 则 $gf = gf1_A = \overline{g}\,\overline{f}(1_A) = 0(1_A) = 0$.

(3) 取 $M = \operatorname{Ker} g$, $j : \operatorname{Ker} g \longrightarrow B$ 为包含同态, 则由 $\overline{g}(j) = gj = 0$ 可得 $j \in \operatorname{Ker} \overline{g} = \operatorname{Im} \overline{f}$, 因此存在 $h \in \operatorname{Hom}(\operatorname{Ker} g, A)$ 使得 $j = \overline{f}(h) = fh$. 也就是说对任意的 $x \in \operatorname{Ker} g$ 有 $h(x) \in A$ 满足 $x = j(x) = f(h(x))$, 即 $\operatorname{Ker} g \subseteq \operatorname{Im} f$.   □

命题 5.2 设有 R 模同态的序列

$$A \xrightarrow{\ f\ } B \xrightarrow{\ g\ } C \longrightarrow 0, \tag{5.3}$$

则此序列正合的充要条件是对所有的 R 模 N 以下的序列都正合:

$$0 \longrightarrow \operatorname{Hom}_R(C, N) \xrightarrow{\ \tilde{g}\ } \operatorname{Hom}_R(B, N) \xrightarrow{\ \tilde{f}\ } \operatorname{Hom}_R(A, N). \tag{5.4}$$

证明: 这个命题的证明可以模仿命题 5.1 而得到, 不过略微困难些. 下面仅对较困难的部分给一点提示.

(⇒) 较困难的是证明 $\operatorname{Ker} \tilde{f} \subseteq \operatorname{Im} \tilde{g}$. 如果 $h \in \operatorname{Ker} \tilde{f} \subseteq \operatorname{Hom}(B, N)$, 则 $0 = \tilde{f}(h) = hf$, $0 = h(\operatorname{Im} f) = h(\operatorname{Ker} g)$. 根据定理 2.4 存在同态 $\overline{h} : C \longrightarrow N$ 使得 $h = \overline{h}g = \tilde{g}(\overline{h})$, 即 $h \in \operatorname{Im} \tilde{g}$.

(⇐) 通过取 $N = C/\operatorname{Im} g$ 以及自然同态 $\nu : C \longrightarrow N$ 可以证明 g 是满同态. 通过取 $N = B/\operatorname{Im} f$ 以及自然同态 $\nu : B \longrightarrow N$ 可以证明 $\operatorname{Ker} g \subseteq \operatorname{Im} f$. 最后取 $N = C$, 考虑 $0 = \tilde{f}\tilde{g}(1_C) = gf$ 就有 $\operatorname{Im} f \subseteq \operatorname{Ker} g$. 细节请读者补出.   □

上面的两个命题反映了短正合列与用 Hom 作用后得到的正合列之间的关系. 细心的读者会发现, 这里出现的都不是完整的短正合列, 不是左端就是右端缺少一个箭头. 遗憾的是这个箭头一般是无法补上的. 反例请见习题 5.1.

从这两个命题可以看到一个短正合列经过 Hom "作用" 后只能得到一个左边正合的序列, 所以我们称 Hom 是 "左正合" 的 (其确切的意义要到下一章讲了范畴和函子后才能明白).

但是在有些情况下经 Hom 函子作用后短正合列仍然变为短正合列, 例如分裂正合列的情形就是这样的.

命题 5.3 下列关于 R 模和 R 模同态的三个条件是等价的:

(1) $0 \longrightarrow A \xrightarrow{\ f\ } B \xrightarrow{\ g\ } C \longrightarrow 0$ 是分裂正合列;

(2) 对于任意的 R 模 M,

$$0 \longrightarrow \operatorname{Hom}_R(M, A) \xrightarrow{\ \overline{f}\ } \operatorname{Hom}_R(M, B) \xrightarrow{\ \overline{g}\ } \operatorname{Hom}_R(M, C) \longrightarrow 0$$

是分裂正合列;

(3) 对于任意的 R 模 N,

$$0 \longrightarrow \operatorname{Hom}_R(C,N) \xrightarrow{\tilde{g}} \operatorname{Hom}_R(B,N) \xrightarrow{\tilde{f}} \operatorname{Hom}_R(A,N) \longrightarrow 0$$

是分裂正合列.

证明: 我们证明 (1) 与 (3) 的等价性, 将 (1) 与 (2) 的等价性留给读者.

(1)⇒(3) 由命题 3.2 知道 f 是分裂单同态, 也就是说存在同态 $h: B \longrightarrow A$ 满足 $hf = 1_A$. 由 h 诱导的同态

$$\tilde{h}: \operatorname{Hom}_R(A,N) \longrightarrow \operatorname{Hom}_R(B,N)$$

满足 $\tilde{f}\tilde{h} = 1_{\operatorname{Hom}_R(A,N)}$, 因此根据命题 3.2 可知 (3) 的序列是分裂正合的.

(3)⇒(1) 取 $N = A$, 则由 $\tilde{f}$ 是满同态可知存在 $h: B \longrightarrow A$ 使得 $1_A = \tilde{f}(h) = hf$, 由命题 3.2 可得 (1) 的结论. □

命题 4.4 叙述了自由模的一个 "提升" 性质: 给出了一个满同态 $g: B \longrightarrow C$ 后, 自由模 V 到模 C 的任何一个同态 $h: V \longrightarrow C$ 都可被提升为 V 到 B 的同态:

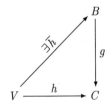

其实这个性质就相当于下面的序列正合:

$$\overline{g}: \operatorname{Hom}_R(V,B) \longrightarrow \operatorname{Hom}_R(V,C) \longrightarrow 0.$$

它补上了命题 5.1 中的序列 (5.2) 所缺少的右边部分. 事实上自由模并不是具有此种性质的唯一的模, 我们先给出下面的定义.

定义 5.1 设 P 是一个 R 模, 如果对于 R 模的任意满同态 $g: B \longrightarrow C$ 以及 R 模同态 $h: P \longrightarrow C$ 存在同态 $\overline{h}: P \longrightarrow B$ 使得 $h = g\overline{h}$, 则称 P 是**投射模** (*projective module*).

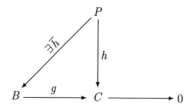

说明 5.1 投射模的概念首次出现在 H. Cartan (Henri Cartan, 1904—2008, 中译名嘉当) 和 S. Eilenberg (Samuel Eilenberg, 1913—1998, 中译名艾伦伯格) 在 1956 年出版的专著 *Homological Algebra* 中.

从这个定义以及命题 4.4 可得以下定理.

定理 5.4 自由 R 模都是投射模. $\square$

从定理 5.4 以及命题 4.3 即可得到以下推论.

推论 5.5 任何 R 模 M 都是投射模的商. 如果 M 是有限生成的, 那么 M 可以是有限生成投射模的商. $\square$

定理 5.6 下列关于 R 模 P 的条件是等价的:

(1) P 是投射模;

(2) 如果 $g : B \longrightarrow C$ 是满同态, 则 $\overline{g} : \mathrm{Hom}_R(P, B) \longrightarrow \mathrm{Hom}_R(P, C)$ 也是满同态;

(3) 如果 $0 \longrightarrow A \xrightarrow{f} B \xrightarrow{g} C \longrightarrow 0$ 是 R 模同态的短正合列, 则

$$0 \longrightarrow \mathrm{Hom}_R(P, A) \xrightarrow{\overline{f}} \mathrm{Hom}_R(P, B) \xrightarrow{\overline{g}} \mathrm{Hom}_R(P, C) \longrightarrow 0$$

也是 R 模同态的短正合列;

(4) 短正合列 $0 \longrightarrow A \xrightarrow{f} B \xrightarrow{g} P \longrightarrow 0$ 是分裂正合的;

(5) P 是自由模的直和项, 即存在自由模 V 以及 R 模 K 使得 $V \cong P \oplus K$.

证明: (1) 和 (2) 等价是显然的. 如果考虑到任何满同态 $g : B \longrightarrow C$ 都能扩张成一个短正合列 $0 \longrightarrow \mathrm{Ker}\, g \xrightarrow{i} B \xrightarrow{g} C \longrightarrow 0$, 那么 (2) 与 (3) 等价也是显而易见的.

(3)$\Rightarrow$(4) 由 (3) 可得正合列

$$0 \longrightarrow \mathrm{Hom}_R(P, A) \xrightarrow{\overline{f}} \mathrm{Hom}_R(P, B) \xrightarrow{\overline{g}} \mathrm{Hom}_R(P, P) \longrightarrow 0.$$

由于 $\bar{g}$ 是满的, 存在 $h \in \mathrm{Hom}_R(P,B)$ 使得 $1_P = \bar{g}(h) = gh$, 利用命题 3.2(3) 就可得出 (4) 的结论.

(4)⇒(5) 由命题 4.3 知道存在一个自由模 V 使得 P 是它的同态像, 也就是说有一个满同态 $g: V \longrightarrow P$. 令 $K = \mathrm{Ker}\, g$, 记包含同态为 $i: K \longrightarrow V$, 就可得到一个短正合列:

$$0 \longrightarrow K \xrightarrow{\ i\ } V \xrightarrow{\ g\ } P \longrightarrow 0.$$

根据 (4) 这个短正合列是分裂正合的, 因此 $V \cong P \oplus K$.

(5)⇒(1) 设 $\pi: V \cong P \oplus K \longrightarrow P$ 是由典范射影诱导的满同态, $\iota: P \longrightarrow V \cong P \oplus K$ 是由典范内射诱导的单同态. 我们有如下的交换图:

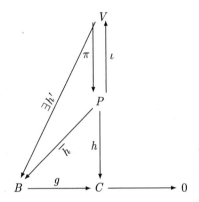

现在有同态 $h\pi: V \longrightarrow C$, 根据自由模的性质 (命题 4.4), 存在同态 $h': V \longrightarrow B$ 使得 $h\pi = gh'$. 令 $\bar{h} = h'\iota: P \longrightarrow B$, 考虑到 $\pi\iota = 1_P$, 就有 $g\bar{h} = gh'\iota = h\pi\iota = h$. 因此 P 是投射模. □

例 5.1 设 $R = \mathbb{Z}_6 = \{\bar{0}, \bar{1}, \cdots, \bar{5}\}$, 取它的子模 $K = \{\bar{0}, \bar{2}, \bar{4}\} \cong \mathbb{Z}_3$ 以及 $N = \{\bar{0}, \bar{3}\} \cong \mathbb{Z}_2$, 则有 $R = K \oplus N$, 因此 K 和 N 都是自由 R 模 R 的直和项, 从而都是投射 R 模, 但它们不是自由 R 模.

命题 5.7 设 $\{P_i \mid i \in I\}$ 是一族 R 模, 则直和 $\bigoplus\limits_{i \in I} P_i$ 是投射 R 模当且仅当每个 P_i 都是投射模.

证明: (⇒) 由定理 5.6(5), $\bigoplus\limits_{i \in I} P_i$ 是一个自由模的直和项, P_i 作为 $\bigoplus\limits_{i \in I} P_i$ 的直和项也是这个自由模的直和项, 从而也是投射模.

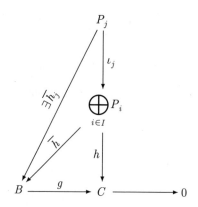

($\Leftarrow$) 设 $\iota_j : P_j \longrightarrow \bigoplus_{i \in I} P_i$ 为典范内射. 设有满同态 $g : B \longrightarrow C$ 以及同态 $h : \bigoplus_{i \in I} P_i \longrightarrow C$, 则对每一个 $j \in I$ 可诱导一个同态 $h\iota_j : P_j \longrightarrow C$. 由于 P_j 都是投射模, 存在同态 $\overline{h}_j : P_j \longrightarrow B$ 使得 $g\overline{h}_j = h\iota_j$. 根据命题 3.5 直和的性质, $\{\overline{h}_i\}$ 可以唯一确定一个同态 $\overline{h} : \bigoplus_{i \in I} P_i \longrightarrow B$ 使得对每一个 $j \in I$ 都有 $\overline{h}_j = \overline{h}\iota_j$. 于是 $(g\overline{h})\iota_j = g\overline{h}_j = h\iota_j$. 再利用命题 3.5 中的唯一性, 可以得出 $g\overline{h} = h$(见下图). $\square$

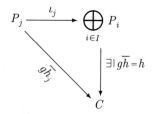

当 R 是主理想整环时, 投射模必定是自由模.

命题 5.8 主理想整环上的投射模必定是自由模.

证明: 根据定理 5.6(5), 投射模一定是自由模的直和项, 因而是自由模的子模. 但定理 4.6 以及说明 4.1 告诉我们, 主理想整环上的自由模的子模仍是自由模, 因此主理想整环上的投射模都是自由模. $\square$

推论 5.9 主理想整环上投射模的子模仍是投射模.

说明 5.2 在例 5.1 中我们看到, 投射模未必是自由模. 哪些环上的投射模一定是自由模, 这是一个重要而有趣的问题. 1955 年 J.-P. Serre (Jean-Pierre Serre, 1926—   , 中译名塞尔) 猜想域 F 上的多项式环 $F[x_1, \cdots, x_n]$ 上的有限生成的投射模一定是自由模. 1976 年 D. Quillen (Daniel Quillen, 1940—2011, 中译名奎伦) 证明了 Serre 猜想. 事实上, D. Quillen 证明了主理想整环 D 上的多项式环 $D[x_1, \cdots, x_n]$ 上的有限生成投射模都是自由模. A. A.

Suslin (Andrei Aleksandrovich Suslin, 1964—2017, 中译名苏斯林) 几乎同时独立地证明了这一结果.

作为本节的最后一个内容, 我们要引进对偶模的概念.

定义 5.2 设 M 是 R 模, 则称 R 模 $\mathrm{Hom}_R(M, R)$ 为 M 的**对偶模** (*dual module*), 记为 M^*. M^* 中的元素有时被称为**线性泛函** (*linear functional*).

下面我们研究 M 的重对偶

$$M^{**} = (M^*)^* = \mathrm{Hom}_R(\mathrm{Hom}_R(M, R), R)$$

与 M 之间的关系.

定理 5.10 设 M 是一个 R 模.

(1) 存在 R 模同态 $\theta : M \longrightarrow M^{**}$;

(2) 如果 M 是自由模, 则 θ 是单同态;

(3) 如果 M 是有限秩的自由模, 则 θ 是同构.

证明: (1) 对于 $a \in M$, 我们定义 $\theta(a) \in M^{**} = \mathrm{Hom}_R(M^*, R)$ 为

$$\theta(a) : M^* \longrightarrow R,$$
$$f \longmapsto f(a).$$

请读者验证 $\theta(a)$ 确实是 M^* 上的线性泛函, 并且 θ 是 R 模同态.

(2) 设 X 是 M 的基. 如果 $a \in M$ 使得 $\theta(a) = 0$, 则因为 M 是自由模, a 可唯一地表示为 $a = \sum\limits_{i=1}^{n} r_i x_i$, 其中 $r_i \in R$, $x_i \in X$, $i = 1, \cdots, n$. 对于 $i = 1, \cdots, n$, 我们定义如下的集合映射:

$$f_i : X \longrightarrow R,$$
$$x \longmapsto \begin{cases} 1, & x = x_i, \\ 0, & \text{其他}. \end{cases}$$

根据自由模的性质 (命题 4.2), 存在唯一的 R 模同态 $f_i : M \longrightarrow R$, 它是映射 f_i 的扩张, 因此 $f_i \in M^*$. 对于任意的 $f \in M^*$ 有

$$[\theta(a)](f) = f(a) = \sum\limits_{i=1}^{n} r_i f(x_i).$$

如果用 f_i, $i = 1, \cdots, n$, 一一代入上式的 f, 就可得到 $r_i = 0$, $i = 1, \cdots, n$. 因此 $a = \sum\limits_{i=1}^{n} r_i x_i = 0$.

(3) 设 $X = \{x_1, \cdots, x_n\}$, 对任意的 $f \in M^*$, 记 $s_i = f(x_i)$. 令 $f' = \sum\limits_{i=1}^{n} s_i f_i \in$ M^*. 我们要验证 $f = f'$. 为此取任意的 $a = \sum\limits_{j=1}^{n} r_j x_j$. 计算

$$f'(a) = \sum_{i=1}^{n} \sum_{j=1}^{n} s_i f_i(r_j x_j) = \sum_{i=1}^{n} s_i r_i = f(a).$$

这证明了 $Y = \{f_i \mid i = 1, \cdots, n\}$ 生成了 M^*. 我们还需验证 Y 是线性无关的. 为此只需设 $\sum\limits_{i=1}^{n} s_i f_i = 0$, 再把这个线性泛函分别作用于 $x_1, \cdots, x_n$, 立即得到 $s_1 = \cdots = s_n = 0$. 因此 Y 成为对偶模 M^* 的基, 称为 X 的对偶基. 可见对偶模 也是 n 秩自由模. 把这个结论应用于 M^* 的对偶模 M^{**} 就可知道 M^{**} 也是 n 秩 自由模, 而且有一个与 Y 对偶的基 $\{\theta(x_i) \mid i = 1, \cdots, n\}$. 现在 θ 把 M 的基映到 M^{**} 的基, 所以是一个同构. □

如果 R 模 M 满足 $M \cong M^{**}$, 则称 M 为**自反模** (*reflexive module*). 显然有 限秩自由模是自反模.

习题 1.5

5.1 设有 $\mathbb{Z}$ 模同态的短正合列:

$$0 \longrightarrow \mathbb{Z} \xrightarrow{f} \mathbb{Z} \xrightarrow{g} \mathbb{Z}_2 \longrightarrow 0,$$
$$n \longmapsto f(n) = 2n,$$
$$n \longmapsto g(n) = \bar{n}.$$

试写出以下两个序列中出现的同态的定义, 并证明这两个序列在右边都不正合:

$$0 \longrightarrow \mathrm{Hom}_{\mathbb{Z}}(\mathbb{Z}_2, \mathbb{Z}) \xrightarrow{\bar{f}} \mathrm{Hom}_{\mathbb{Z}}(\mathbb{Z}_2, \mathbb{Z}) \xrightarrow{\bar{g}} \mathrm{Hom}_{\mathbb{Z}}(\mathbb{Z}_2, \mathbb{Z}_2) \longrightarrow 0,$$
$$0 \longrightarrow \mathrm{Hom}_{\mathbb{Z}}(\mathbb{Z}_2, \mathbb{Z}_2) \xrightarrow{\tilde{g}} \mathrm{Hom}_{\mathbb{Z}}(\mathbb{Z}, \mathbb{Z}_2) \xrightarrow{\tilde{f}} \mathrm{Hom}_{\mathbb{Z}}(\mathbb{Z}, \mathbb{Z}_2) \longrightarrow 0.$$

5.2 试证命题 5.3 的条件 (1) 与 (2) 的等价性.

5.3 证明例 5.1 中的 K 和 N 都不是自由 $\mathbb{Z}_6$ 模. 证明 $\mathbb{Z}_2$ 和 $\mathbb{Z}_3$ 不是投射 $\mathbb{Z}$ 模.

5.4 证明 $\mathbb{Z}_n$ 是 $\mathbb{Z}_m$ 模的充要条件是 $n \mid m$. 如果 $(m, n) = 1$, 则 $\mathbb{Z}_n$ 是投射 $\mathbb{Z}_{mn}$ 模.

§1.6 内射模

在模和模同态中的不少概念可以通过同态或同态的交换图的性质被定义, 而 不需涉及具体元素的性质. 例如模同态 f 为单同态可以用以下方式定义 (见命题

2.1(3)): f 为单同态当且仅当对满足 $fg = fh$ 的任意同态 g 和 h 都有 $g = h$ (见下图).

$$K \underset{h}{\overset{g}{\rightrightarrows}} M \xrightarrow{f} M'.$$

对于这种类型的概念, 如果把所有同态的箭头全部反向, 用这个新交换图定义的概念就称为原来概念的对偶概念. 例如把上面例子的交换图的箭头反向后可得到下面的交换图:

$$K \underset{h}{\overset{g}{\leftleftarrows}} M' \xleftarrow{f} M,$$

从 $gf = hf$ 可以得出 $g = h$ 的同态 f 一定是满同态 (见命题 2.2(3)). 可见单同态和满同态是互相对偶的概念. 类似地, 直积和直和的概念可以用下面的交换图来定义 (参见命题 3.3 和 3.5):

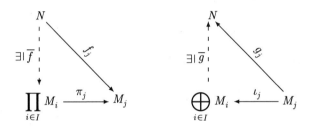

不难看出直积和直和是一对对偶的概念. 当然这里的概念必须是能利用交换图的性质定义的, 不是任何概念都能有对偶的. 现在我们来研究投射模的对偶概念 —— 内射模.

定义 6.1 设 I 是一个 R 模, 如果对于 R 模的任意单同态 $f: A \longrightarrow B$ 以及 R 模同态 $h: A \longrightarrow I$ 存在同态 $\overline{h}: B \longrightarrow I$ 使得 $h = \overline{h}f$, 则称 I 是**内射模** (*injective module*).

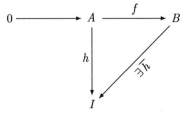

说明 6.1 内射模的概念是于 1940 年由 R. Baer (Reinhold Baer, 1902—1979, 中译名贝尔) 提出的, 比投射模概念的出现早十几年.

定理 6.1 下列关于 R 模 I 的条件是等价的:

(1) I 是内射模;

(2) 如果 $f : A \longrightarrow B$ 是单同态, 则 $\tilde{f} : \operatorname{Hom}_R(B, I) \longrightarrow \operatorname{Hom}_R(A, I)$ 是满同态;

(3) 如果 $0 \longrightarrow A \xrightarrow{f} B \xrightarrow{g} C \longrightarrow 0$ 是 R 模同态的短正合列, 则

$$0 \longrightarrow \operatorname{Hom}_R(C, I) \xrightarrow{\tilde{g}} \operatorname{Hom}_R(B, I) \xrightarrow{\tilde{f}} \operatorname{Hom}_R(A, I) \longrightarrow 0$$

也是 R 模同态的短正合列. □

这个定理是定理 5.6 的对偶, 证明留给读者作为习题.

说明 6.2 内射模还有一个等价条件: **短正合列** $0 \longrightarrow I \xrightarrow{f} B \xrightarrow{g} C \longrightarrow 0$ **都是分裂正合的**. 为证明这个结论需利用命题 6.2 以及定理 6.8.

下面的命题是命题 5.7 的对偶.

命题 6.2 设 $\{I_\lambda \,|\, \lambda \in \Lambda\}$ 是一族 R 模, 则直积 $\prod_{\lambda \in \Lambda} I_\lambda$ 是内射 R 模当且仅当每个 I_λ 都是内射模. □

证明留给读者作为习题.

投射模有一个重要的性质 (推论 5.5): 任何 R 模都是投射模的商. 与这个性质相对偶的, 应该是任何一个 R 模都是内射模的子模 (定理 6.8). 可是由于缺少一个与自由模对偶的模, 要证明这个性质不太容易. 本节的其余部分就是用来证明这个性质的. 它的证明与后面的关系不太大, 我们用小号字印出, 初学时不妨先跳过去. 与此段内容有关的习题也都标上了星号.

引理 6.3 设 I 是一个 R 模, 则 I 是内射 R 模当且仅当对 R 的每个理想 S, 任何 R 模同态 $S \longrightarrow I$ 都被扩张为 R 模同态 $R \longrightarrow I$.

证明: ($\Rightarrow$) 考虑包含同态 $i : S \longrightarrow R$, 根据内射模的定义, 对于同态 $h : S \longrightarrow I$ 存在同态 $\overline{h} : R \longrightarrow I$ 使得 $h = \overline{h}i$. 因此 $\overline{h}|_S = h$, $\overline{h}$ 是 h 的扩张.

($\Leftarrow$) 为证 I 是内射模, 设有以下的同态:

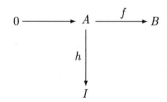

其中 f 是单同态. 为简单起见不妨把 A 等同于 $\mathrm{Im}\, f$, 即把 A 看成 B 的子模. 这样问题就变成同态 h 到 B 上的扩张了.

如果 $B \neq A$, 则存在 $b \in B - A$. 不难证明 $S = \{r \in R \mid rb \in A\}$ 是 R 的理想. 定义同态 $\alpha : S \longrightarrow I$ 为 $\alpha(s) = h(sb)$, 由假设, 这个同态可以被扩张为从 R 到 I 的同态, 仍记为 α. 我们定义从 B 的子模 $A + Rb$ 到 I 内的一个映射:

$$h' : A + Rb \longrightarrow I,$$
$$a + rb \longmapsto h(a) + \alpha(r).$$

由于当 $a + rb = a' + r'b$ 时有 $(r - r')b = a' - a \in A$, 因此 $\alpha(r - r') = h(a' - a)$, 从而 $h(a) + \alpha(r) = h(a') + \alpha(r')$, 上面定义的 h' 确实是个映射, 而且还是 R 模同态. 此外 h' 是 h 的扩张. 可见只要 A 与 B 不相等, A 到 I 的同态总可以扩张到比 A 更大的子模上. 这样不断扩张, 最后一定可以达到 B. 可是这样的扩张可能要做无限次, 这就涉及良序性问题, 我们不得不应用与选择公理等价的 Zorn 引理以完成证明.

考虑如下的二元组的集合:

$$\mathfrak{S} = \{(C, \alpha) \mid C \supseteq A \text{ 是 } B \text{ 的子模}, \alpha : C \longrightarrow I \text{ 是模同态}, \alpha|_A = h\}.$$

由于 $(A, h) \in \mathfrak{S}$, 因此 $\mathfrak{S}$ 是非空的. 在 $\mathfrak{S}$ 里可以定义一个偏序:

$$(C, \alpha) \preceq (D, \beta) \quad \Leftrightarrow \quad C \subseteq D, \beta|_C = \alpha.$$

Zorn 引理是这样说的: 设 $\mathfrak{S}$ 是一个非空偏序集, 如果 $\mathfrak{S}$ 的每个链在 $\mathfrak{S}$ 内都有上界, 则 $\mathfrak{S}$ 中必有极大元. 为了利用 Zorn 引理, 设 $\{(C_j, \alpha_j) \mid j \in J\}$ 是 $\mathfrak{S}$ 中的一个链 (即其中任意两个元都能用偏序 $\preceq$ 作比较), 我们可取 $C = \bigcup_{j \in J} C_j$, 由于 $\{(C_j, \alpha_j)\}$ 是个链, 因此 C 是 B 的子模. 对于 C 中的一个元素 $c \in C_j$, 规定 $\alpha(c) = \alpha_j(c)$, 可以验证 $\alpha : C \longrightarrow I$ 是 R 模同态, 而且 $\alpha|_A = h$. 于是 $(C, \alpha) \in \mathfrak{S}$ 是这个链的上界. 现在我们应用 Zorn 引理就可得到 $\mathfrak{S}$ 的一个极大元 $(D, \overline{h})$. 如果 $D \neq B$, 则前面已经证明过 $\overline{h}$ 可被扩张到比 D 更大的子模上, 与 $(D, \overline{h})$ 的极大性矛盾. 从而 $D = B$, 即 h 可被扩张到整个 B 上. $\qquad\qquad\square$

为了解决一般模向内射模的嵌入问题, 首先要解决 $\mathbb{Z}$ 模即 Abel 群到内射 $\mathbb{Z}$ 模的嵌入问题. 为此我们先考察内射 $\mathbb{Z}$ 模的构造. 比 $\mathbb{Z}$ 模更广泛一点的就是当 R 是主理想整环时的内射 R 模的构造.

定义 6.2 设 R 是整环, D 是 R 模. 如果对任意的 $y \in D$ 以及 $0 \neq r \in R$ 存在 $x \in D$ 使得 $rx = y$, 则称 R 模 D 为**可除的** (divisible).

例 6.1 $\mathbb{Q}$ 作为 $\mathbb{Z}$ 模是可除的.

例 6.2 $\mathbb{Q}/\mathbb{Z}$ 作为 $\mathbb{Z}$ 模是可除的.

例 6.3　$\mathbb{Z}$ 作为 $\mathbb{Z}$ 模不是可除的 (见习题 6.3).

命题 6.4　设 R 是整环, 则可除 R 模的商模也是可除的.　　　　　　　　　$\square$

证明作为习题.

命题 6.5　设 R 是主理想整环, 则 R 模 D 是内射模当且仅当 D 是可除模.

证明: ($\Rightarrow$) 设 D 为内射 R 模, $y \in D$, $0 \neq r \in R$. 作 R 模同态:

$$f : R \longrightarrow R,$$
$$a \longmapsto ra.$$

由于 R 是整环, f 是单同态. 再定义 R 模同态:

$$h : R \longrightarrow D,$$
$$a \longmapsto ay.$$

由于 D 是内射模, 存在同态 $\overline{h} : R \longrightarrow D$ 使得 $h = \overline{h}f$. 于是 $y = h(1) = \overline{h}f(1) = \overline{h}(r) = r\overline{h}(1)$. 取 $x = \overline{h}(1) \in R$ 即有 $rx = y$ (注意这里仅用到 R 是整环这一条件).

($\Leftarrow$) 为了利用引理 6.3, 我们设 S 是 R 的非零理想. 由于 R 是主理想整环, $S = (s)$. 设 $h : S \longrightarrow D$ 是任给的 R 模同态, 令 $y = h(s) \in D$. 由于 D 是可除的, 存在 $x \in D$ 使得 $sx = y$. 我们定义一个 R 模同态:

$$\overline{h} : R \longrightarrow D,$$
$$r \longmapsto rx.$$

则对于 S 中的任意元素 $ts \in S$, 有 $\overline{h}(ts) = tsx = ty = th(s) = h(ts)$, 即 $\overline{h}|_S = h$, 从而 $\overline{h}$ 是 h 到 R 上的扩张. 根据引理 6.3 就可证得 D 是内射模.　　　　　　　　　$\square$

命题 6.6　每个 Abel 群都能被嵌入一个可除 Abel 群 (即内射 $\mathbb{Z}$ 模).

证明: 设 A 是一个 Abel 群, 我们要证明可以把 A 嵌入 $\mathbb{Q}/\mathbb{Z}$ 的直积, 根据命题 6.2, 后者是一个内射 $\mathbb{Z}$ 模.

对于任意的 $0 \neq a \in A$, 如果 a 生成的循环群 (a) 的阶是 n, 我们可定义一个同态 $f_a : (a) \longrightarrow \mathbb{Q}/\mathbb{Z}$ 使得 $f_a(a) = \frac{1}{n} + \mathbb{Z}$; 如果 $(a) \cong \mathbb{Z}$, 我们可定义一个同态 $f_a : (a) \longrightarrow \mathbb{Q}/\mathbb{Z}$ 使得 $f_a(a)$ 等于 $\mathbb{Q}/\mathbb{Z}$ 中任意一个非零元. 由于 $\mathbb{Q}/\mathbb{Z}$ 是内射模, f_a 可被扩张为同态 $\overline{f_a} : A \longrightarrow \mathbb{Q}/\mathbb{Z}$. 由直积的性质, 同态的族 $\{\overline{f_a}\}$ 可以唯一确定一个同态 $\overline{f} : A \longrightarrow \prod\limits_{0 \neq a \in A} (\mathbb{Q}/\mathbb{Z})_a$. 由于当 $a \neq 0$ 时有 $f_a(a) \neq 0$, 因此 $\overline{f}$ 是单同态, 即 $\overline{f}$ 是 A 到内射 $\mathbb{Z}$ 模的嵌入.　　　　　　　　　$\square$

这样我们已解决了 Abel 群到内射 $\mathbb{Z}$ 模的嵌入问题. 为了把这个结果推广到一般的 R 模, 还需做一点准备工作.

我们已经知道对于交换环 R 以及 Abel 群 A, $\mathrm{Hom}_{\mathbb{Z}}(R, A)$ 是个 Abel 群. 如果我们定义以

下的映射:

$$R \times \mathrm{Hom}_{\mathbb{Z}}(R, A) \longrightarrow \mathrm{Hom}_{\mathbb{Z}}(R, A),$$

$$(r, f) \longmapsto rf : a \mapsto f(ar),$$

则可以验证 $\mathrm{Hom}_{\mathbb{Z}}(R, A)$ 关于这个运算构成一个 R 模. 我们有以下的性质:

引理 6.7 如果 D 是可除 Abel 群, 则 $\mathrm{Hom}_{\mathbb{Z}}(R, D)$ 是内射 R 模.

证明: 根据引理 6.3, 我们只需证明对 R 中任意理想 S, R 模同态 $h : S \longrightarrow \mathrm{Hom}_{\mathbb{Z}}(R, D)$ 都能被扩张为同态 $\overline{h} : R \longrightarrow \mathrm{Hom}_{\mathbb{Z}}(R, D)$.

对任意的 $s \in S$, $h(s) \in \mathrm{Hom}_{\mathbb{Z}}(R, D)$, 因此 $h(s)(1) \in D$. 可以验证下面的映射是 Abel 群的同态:

$$g : S \longrightarrow D,$$

$$s \longrightarrow h(s)(1).$$

由于 D 是可除 Abel 群, 从而是内射 $\mathbb{Z}$ 模, Abel 群的同态 g 可被扩张为 Abel 群的同态 $\overline{g} : R \longrightarrow D$. 现在我们定义下面的映射:

$$\overline{h} : R \longrightarrow \mathrm{Hom}_{\mathbb{Z}}(R, D),$$

$$r \longmapsto \overline{h}(r) : a \mapsto \overline{g}(ar).$$

不难验证 $\overline{h}(r)$ 确实是从 R 到 D 内的 Abel 群同态. 因此 $\overline{h}$ 是一个映射. 对于 $r, s, a \in R$, 有 $\overline{h}(r+s)(a) = \overline{g}(a(r+s)) = \overline{g}(ar) + \overline{g}(as) = (\overline{h}(r) + \overline{h}(s))(a)$, 即 $\overline{h}(r+s) = \overline{h}(r) + \overline{h}(s)$, $\overline{h}$ 是 Abel 群的同态. 为验证 $\overline{h}$ 是 R 模同态, 对 $r, s, a \in R$, 考虑到:

$$\overline{h}(sr)(a) = \overline{g}(asr) = \overline{h}(r)(as) = (s\overline{h}(r))(a),$$

即有 $\overline{h}(sr) = s\overline{h}(r)$, 因此 $\overline{h}$ 确是 R 模同态.

最后验证 $\overline{h}$ 是 h 的扩张. 为此, 设 $s \in S, a \in R$, 则有 $as \in S$. 我们计算

$$\overline{h}(s)(a) = \overline{g}(as) = g(as) = h(as)(1) = (ah(s))(1) = h(s)(1a) = h(s)(a),$$

由 a 和 s 的任意性可得 $\overline{h}|_S = h$, 因此 $\overline{h}$ 确是 h 的扩张.   □

现在我们可以完成最后一步, 即证明任意一个模都可嵌入内射模.

定理 6.8 任何 R 模都可嵌入内射 R 模.

证明: 设 M 是一个 R 模. 根据命题 6.6, 作为 Abel 群, M 可被嵌入一个可除群 D, 即存在 $\mathbb{Z}$ 模的单同态 $f : M \longrightarrow D$. 由命题 5.1 可知诱导的 $\mathbb{Z}$ 模同态 $\overline{f} : \mathrm{Hom}_{\mathbb{Z}}(R, M) \longrightarrow \mathrm{Hom}_{\mathbb{Z}}(R, D)$ 是单同态. 因为 $\mathrm{Hom}_{\mathbb{Z}}(R, M)$ 和 $\mathrm{Hom}_{\mathbb{Z}}(R, D)$ 都是 R 模, 我们要验证 $\overline{f}$ 也是 R 模的同态. 设 $\alpha \in \mathrm{Hom}_{\mathbb{Z}}(R, M)$, 则对任意的 $r, a \in R$, $[\overline{f}(r\alpha)](a) = f[(r\alpha)(a)] = f(\alpha(ar)) = [\overline{f}(\alpha)](ar) = [r\overline{f}(\alpha)](a)$, 即 $\overline{f}(r\alpha) = r\overline{f}(\alpha)$. 因此 $\overline{f}$ 是 R 模单同态.

由于 R 模同态都是 Abel 群同态, 所以 $\mathrm{Hom}_R(R, M)$ 是 $\mathrm{Hom}_{\mathbb{Z}}(R, M)$ 的子集. 设 $\alpha \in$ $\mathrm{Hom}_R(R, M)$, 则对 $r, a \in R$ 有 $[r\alpha](a) = r\alpha(a) = \alpha(ra)$. 而 α 作为 $\mathrm{Hom}_{\mathbb{Z}}(R, M)$ 的元素也有 $[r\alpha](a) = \alpha(ar)$. 因此 $\mathrm{Hom}_R(R, M)$ 是 $\mathrm{Hom}_{\mathbb{Z}}(R, M)$ 的 R 子模. 另一方面, $\mathrm{Hom}_R(R, M) \cong M$ (见习题 2.6), 我们可得到如下的一系列 R 模单同态:

$$M \xrightarrow{\cong} \mathrm{Hom}_R(R, M) \xrightarrow{\subset} \mathrm{Hom}_{\mathbb{Z}}(R, M) \xrightarrow{\bar{f}} \mathrm{Hom}_{\mathbb{Z}}(R, D),$$

它们的合成同态就把 M 嵌入了内射 R 模 $\mathrm{Hom}_{\mathbb{Z}}(R, D)$. □

习题 1.6

6.1 证明定理 6.1.

6.2 证明命题 6.2.

*6.3 设 $R = \mathbb{Z}_m$. 利用引理 6.3 证明 R 是内射 R 模. 如果 $d \mid m$ 并且 d 与 m/d 有公共素因子, 则 $\mathbb{Z}_d$ 不是内射 R 模.

*6.4 证明: $\mathbb{Z}$ 作为 $\mathbb{Z}$ 模不是可除的.

*6.5 证明命题 6.4.

6.6 证明: 下列关于环 R 的条件都是等价的:

(1) R 模都是投射模;

(2) R 模的短正合列都是分裂正合的;

(3) R 模都是内射模.

6.7 证明: R 模 M 是内射模当且仅当对 R 的每个理想 S 以及 R 模同态 $h : S \longrightarrow M$, 存在一个 $a \in M$ 使得对每个 $s \in S$ 都有 $h(s) = sa$.

§1.7 张量积与平坦模

两个模的张量积 $A \otimes_R B$ 的概念不但在多重线性代数中起着重要的作用, 而且在同调代数中作为 $\mathrm{Hom}_R(A, B)$ 在某种意义下的对偶也是一个核心的概念. 下面我们在假定 R 是交换环的条件下定义两个模的张量积, 虽然失去了一点普遍性, 但是使得讨论大大简化, 对于非代数专业的读者来说, 已经完全够用了.

定义 7.1 设 A 和 B 是两个 R 模, 以集合 $A \times B$ 的元素为基生成的自由 R 模记为 V. V 中由下列形式的元素 (其中 $a, a' \in A$, $b, b' \in B$, $r \in R$):

$$(a + a', b) - (a, b) - (a', b);$$

$$(a, b + b') - (a, b) - (a, b');$$

$$(ra, b) - r(a, b);$$
$$(a, rb) - r(a, b)$$

生成的 R 子模记为 K. 商模 V/K 称为 A 与 B 的**张量积** (*tensor product*), 记为 $A \otimes_R B$. V 中元素 (a, b) 的陪集记为 $a \otimes b = (a, b) + K$, $0 \otimes 0$ 记为 0.

由于

$$(a + a', b) - (a, b) - (a', b) \in K,$$

可以得出

$$(a + a') \otimes b - a \otimes b - a' \otimes b = 0,$$

也就是说

$$(a + a') \otimes b = a \otimes b + a' \otimes b.$$

类似地有

$$a \otimes (b + b') = a \otimes b + a \otimes b';$$
$$(ra) \otimes b = r(a \otimes b) = a \otimes (rb).$$

也就是说张量积 $\otimes$ 满足双线性关系. 从这些双线性关系即可推出

$$a \otimes 0 = 0 \otimes b = 0.$$

因为 $\{(a, b)\}$ 是 V 的生成元集, 所以 $\{a \otimes b\}$ 是张量积 $A \otimes_R B$ 的生成元集. 因而 $A \otimes_R B$ 中的元素都是这些生成元的线性组合, 也就是说 $A \otimes_R B$ 中元素的一般形式是 $\sum_{i=1}^{n} r_i(a_i \otimes b_i) = \sum_{i=1}^{n} (r_i a_i) \otimes b_i$. 因此我们以后总可以假定 $A \otimes_R B$ 中的一般元素具有 $\sum_{i=1}^{n} a_i \otimes b_i$ 的形式. 从上面的双线性关系式 $(ra) \otimes b = a \otimes (rb)$ 就可以看出这种表达式并不唯一, 甚至可以有 $a \neq 0$, $b \neq 0$ 而 $a \otimes b = 0$ 的情形发生.

设 A, B, C 是 R 模, 映射

$$f : A \times B \longrightarrow C$$

如果满足以下条件:

$$f(a + a', b) = f(a, b) + f(a', b);$$
$$f(a, b + b') = f(a, b) + f(a, b');$$

$$f(ra, b) = rf(a, b);$$

$$f(a, rb) = rf(a, b);$$

其中 $a, a' \in A, b, b' \in B, r \in R$, 就称 f 为**双线性映射** (*bilinear map*). 从张量积的性质可以看出用 $i(a, b) = a \otimes b$ 定义的映射 $i : A \times B \longrightarrow A \otimes_R B$ 是双线性映射, 称为**典范双线性映射** (*canonical bilinear map*).

定理 7.1 设 A, B, C 是 R 模, 映射 $f : A \times B \longrightarrow C$ 是双线性映射, 则存在唯一的 R 模同态 $\overline{f} : A \otimes_R B \longrightarrow C$ 使得 $\overline{f}i = f$. 而且张量积被这个性质确定到相差一个同构.

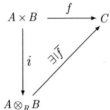

证明: 由于集合 $A \times B$ 是自由模 V 的基, 根据自由模的性质 (命题 4.2) 映射 f 可以诱导唯一的 R 模同态 $V \longrightarrow C$, 我们把这个同态仍记为 f. 由于 f 是双线性映射, 因此 K 的生成元都被 f 映到 0, 所以 $K \subseteq \mathrm{Ker}\, f$. 由定理 2.4 可知存在唯一的同态 $\overline{f} : V/K = A \otimes_R B \longrightarrow C$ 使得 $\overline{f}i = f$, 即 $\overline{f}(a \otimes b) = f(a, b)$.

再设 M 是一个 R 模, 带有一个双线性映射 $j : A \times B \longrightarrow M$, 使得对任意的双线性映射 $f : A \times B \longrightarrow C$ 存在唯一的 R 模同态 $\overline{f} : M \longrightarrow C$ 使得 $\overline{f}j = f$. 我们要证 $M \cong A \otimes_R B$.

根据张量积的性质对于双线性映射 $j : A \times B \longrightarrow M$ 存在 R 模同态 $\phi : A \otimes_R B \longrightarrow M$ 使得 $\phi i = j$. 再根据模 M 的性质, 对于双线性映射 $i : A \times B \longrightarrow A \otimes_R B$ 存在 R 模同态 $\psi : M \longrightarrow A \otimes_R B$ 使得 $\psi j = i$. 于是 $\psi \phi i = i = 1_{A \otimes B} i$, 利用唯一性性质就有 $\psi \phi = 1_{A \otimes B}$. 同理可证 $\phi \psi = 1_M$, 因此 $M \cong A \otimes_R B$. $\qquad\square$

这个定理可以被看成张量积的等价定义. 不但如此, 这个定理也给我们提供了建立从张量积到一个模的同态的方法. 这是因为张量积中元素的表达方式不是唯一的, 因此要证明从张量积 $A \otimes_R B$ 出发的某个对应规则确实定义了一个映射不是一件容易的事. 你必须说明当 $\sum a_i \otimes b_i = \sum a'_j \otimes b'_j$ 时, 按照这个规则得到的是同一个元素, 而这时 a_i, b_i, a'_j, b'_j 之间并没有明显的关系. 为了避开这个难点, 我们可以利用定理 7.1, 先定义从 $A \times B$ 出发的一个双线性映射, 一般来说这是不难验证的, 然后利用定理 7.1 就能诱导出从 $A \otimes_R B$ 出发的一个同态. 从下面几个命题的证明中读者可以学会这种方法.

命题 7.2 设 A, B 都是 R 模, 则有以下的 R 模同构:

(1) $A \otimes_R R \cong A$, $R \otimes_R B \cong B$;

(2) $A \otimes_R B \cong B \otimes_R A$.

证明: (1) 定义如下映射:

$$f : A \times R \longrightarrow A,$$
$$(a, r) \longmapsto ra,$$

不难验证这是双线性的. 根据定理 7.1 存在 R 模同态 $\overline{f} : A \otimes_R R \longrightarrow A$ 使得 $\overline{f}i = f$. 同时, 可以定义如下的 R 模同态:

$$g : A \longrightarrow A \otimes_R R,$$
$$a \longmapsto a \otimes 1.$$

由于 $A \otimes_R R$ 中的一般元素为 $\sum\limits_i a_i \otimes r_i = \sum\limits_i (r_i a_i) \otimes 1 = \left(\sum\limits_i r_i a_i \right) \otimes 1$, 即具有 $a \otimes 1$ 的形式, 因此 $g\overline{f}(a \otimes 1) = g(a) = a \otimes 1$, 也就是说 $g\overline{f} = 1_{A \otimes R}$. 同样可验证 $\overline{f}g = 1_A$, 这就证明了 $A \otimes_R R \cong A$. 另一个同构留给读者证明.

(2) 不难验证以下的映射是双线性的:

$$f : A \times B \longrightarrow B \otimes_R A,$$
$$(a, b) \longmapsto b \otimes a.$$

因此它可以诱导一个 R 模同态 $\overline{f} : A \otimes_R B \longrightarrow B \otimes_R A$. 这里 $\overline{f}(a \otimes b) = b \otimes a$. 类似地可构造 R 模同态 $\overline{g} : B \otimes_R A \longrightarrow A \otimes_R B$ 使得 $\overline{g}(b \otimes a) = a \otimes b$. 我们有 $\overline{g}\overline{f}(a \otimes b) = a \otimes b$, 由于 $\{a \otimes b\}$ 是 $A \otimes_R B$ 的生成元, 因而 $\overline{g}\overline{f} = 1_{A \otimes B}$. 类似可证 $\overline{f}\overline{g} = 1_{B \otimes A}$, 从而 $A \otimes_R B \xrightarrow{\sim} B \otimes_R A$. $\square$

命题 7.3 设 A, B, C 是 R 模, 则有 R 模同构

$$(A \otimes_R B) \otimes_R C \cong A \otimes_R (B \otimes_R C).$$

证明: 第一步先建立 R 模同态 $(A \otimes_R B) \otimes_R C \longrightarrow A \otimes_R (B \otimes_R C)$.

对于任意取定的 $c \in C$, 可以构造如下的双线性映射

$$f_c : A \times B \longrightarrow A \otimes_R (B \otimes_R C),$$
$$(a, b) \longmapsto a \otimes (b \otimes c).$$

由定理 7.1, f_c 可诱导出 R 模同态 $\overline{f_c} : A \otimes_R B \longrightarrow A \otimes_R (B \otimes_R C)$, 其中 $\overline{f_c}(a \otimes b) = a \otimes (b \otimes c)$.

再作如下的双线性映射:

$$g : (A \otimes_R B) \times C \longrightarrow A \otimes_R (B \otimes_R C),$$
$$\left(\sum_i a_i \otimes b_i, c \right) \longmapsto \overline{f_c} \left(\sum_i a_i \otimes b_i \right) = \sum_i a_i \otimes (b_i \otimes c).$$

再次利用定理 7.1, g 可诱导 R 模同态 $\phi : (A \otimes_R B) \otimes_R C \longrightarrow A \otimes_R (B \otimes_R C)$, 使得 $\phi \left(\left(\sum_i a_i \otimes b_i \right) \otimes c \right) = \sum_i a_i \otimes (b_i \otimes c)$.

第二步: 仿照第一步, 建立 R 模同态 $\psi : A \otimes_R (B \otimes_R C) \longrightarrow (A \otimes_R B) \otimes_R C$, 这里 $\psi \left(a \otimes \left(\sum_i b_i \otimes c_i \right) \right) = \sum_i (a \otimes b_i) \otimes c_i$.

第三步: 证明 ϕ 和 ψ 互逆, 因而是同构.

由于 $(A \otimes_R B) \otimes_R C$ 的一般元素是

$$\sum_i \left(\sum_j a_{ij} \otimes b_{ij} \right) \otimes c_i = \sum_i \sum_j (a_{ij} \otimes b_{ij}) \otimes c_i,$$

因此 $(A \otimes_R B) \otimes_R C$ 可由形如 $(a \otimes b) \otimes c$ 的元素生成. 同理, $A \otimes_R (B \otimes_R C)$ 可由形如 $a \otimes (b \otimes c)$ 的元素生成. 现在 $\phi((a \otimes b) \otimes c) = a \otimes (b \otimes c)$, $\psi(a \otimes (b \otimes c)) = (a \otimes b) \otimes c$, 不难看出 $\psi\phi$ 作用在形如 $(a \otimes b) \otimes c$ 的元素上相当于恒等映射, 而这种形式的元素是 $(A \otimes_R B) \otimes_R C$ 的生成元, 因此有 $\psi\phi = 1_{(A \otimes B) \otimes C}$. 同理可得 $\phi\psi = 1_{A \otimes (B \otimes C)}$.

$\square$

从定理 7.1 又可导出以下的推论:

推论 7.4 设 $f : A \longrightarrow A'$, $g : B \longrightarrow B'$ 都是 R 模同态, 则存在唯一的 R 模同态 $A \otimes_R B \longrightarrow A' \otimes_R B'$ 使得对所有的 $a \in A, b \in B$ 有 $a \otimes b \longmapsto f(a) \otimes g(b)$.

证明: 为了建立从 $A \otimes_R B$ 出发的同态, 我们先构造一个从 $A \times B$ 到 $A' \otimes_R B'$ 的双线性映射:

$$h : A \times B \longrightarrow A' \otimes_R B',$$
$$(a, b) \longmapsto f(a) \otimes g(b).$$

根据定理 7.1 可知存在唯一的同态 $\overline{h}: A \otimes_R B \longrightarrow A' \otimes_R B'$ 使得 $\overline{h}(a \otimes b) = f(a) \otimes g(b)$. □

推论 7.4 中由 f 和 g 确定的唯一同态记为 $f \otimes g$, 即 $(f \otimes g)(a \otimes b) = f(a) \otimes g(b)$. 如果又有同态 $f': A' \longrightarrow A''$, $g': B' \longrightarrow B''$, 则有

$$(f' \otimes g')(f \otimes g) = (f'f) \otimes (g'g).$$

当 f 和 g 都是同构时, $f \otimes g$ 也是同构, 它的逆就是 $f^{-1} \otimes g^{-1}$.

命题 7.5 设 A, B, A_i, B_i $(i \in I)$ 都是 R 模. 则

(1) $\left(\bigoplus_{i \in I} A_i\right) \otimes_R B \cong \bigoplus_{i \in I}(A_i \otimes_R B)$;

(2) $A \otimes_R \left(\bigoplus_{i \in I} B_i\right) \cong \bigoplus_{i \in I}(A \otimes_R B_i)$.

证明: (1) 作双线性映射:

$$f: \bigoplus_i A_i \times B \longrightarrow \bigoplus_i (A_i \otimes B),$$
$$(\{a_i\}, b) \longmapsto \{a_i \otimes b\}.$$

f 诱导出 R 模同态 $\phi: \left(\bigoplus_i A_i\right) \otimes_R B \longrightarrow \bigoplus_i (A_i \otimes_R B)$, 这里 $\phi(\{a_i\} \otimes b) = \{a_i \otimes b\}$.

另一方面, 对每个 $i \in I$, 有 R 模同态 $\iota_i \otimes 1_B: A_i \otimes_R B \longrightarrow \left(\bigoplus_i A_i\right) \otimes_R B$. 根据直和的性质 (命题 3.5), 存在 R 模同态 $\psi: \bigoplus_i (A_i \otimes_R B) \longrightarrow \left(\bigoplus_i A_i\right) \otimes_R B$ 使得 $\psi i_j = \iota_j \otimes 1_B$, 这里 $i_j: A_j \otimes_R B \longrightarrow \bigoplus_i (A_i \otimes_R B)$ 是典范内射. 因此 $\psi(\{a_i \otimes b_i\}) = \sum_i (\iota_i(a_i) \otimes b_i)$ (注意这是个有限和).

现在 $\psi\phi(\{a_i\} \otimes b) = \psi(\{a_i \otimes b\}) = \sum_i (\iota_i(a_i) \otimes b) = \{a_i\} \otimes b$, 所以 $\psi\phi = 1_{(\bigoplus A_i) \otimes B}$. 又因 $\phi\psi i_j(a_j \otimes b) = i_j(a_j \otimes b)$ 对所有的 $j \in I$ 成立, 根据直和的性质可得 $\phi\psi = 1_{\bigoplus(A_i \otimes B)}$.

(2) 只要利用命题 7.2(2) 即可从 (1) 得出. □

命题 7.6 对于 R 模 A, B, C, 映射

$$\phi: \mathrm{Hom}_R(A \otimes_R B, C) \longrightarrow \mathrm{Hom}_R(A, \mathrm{Hom}_R(B, C)),$$
$$f \longmapsto \phi(f): a \mapsto (b \mapsto f(a \otimes b))$$

是 R 模同构.

证明: 我们指出证明的步骤, 具体验证留给读者作为习题.

(1) ϕ 确实是映射: 这需要验证 $(\phi(f))(a)$ 确实是 R 模同态, 从而 $(\phi(f))(a) \in$ $\mathrm{Hom}_R(B, C)$. 还要验证 $\phi(f)$ 是 R 模同态, 从而 $\phi(f) \in \mathrm{Hom}_R(A, \mathrm{Hom}_R(B, C))$.

(2) ϕ 是 R 模同态.

(3) 作

$$\psi : \mathrm{Hom}_R(A, \mathrm{Hom}_R(B, C)) \longrightarrow \mathrm{Hom}_R(A \otimes_R B, C),$$
$$g \longmapsto \psi(g) : a \otimes b \mapsto (g(a))(b).$$

证明这是 R 模同态.

(4) ϕ 和 ψ 互为逆映射. $\qquad\square$

这个性质被称为伴随结合性, 它反映了 Hom 与 $\otimes$ 之间的内在联系.

当张量积的因子中有一个是自由模时, 张量积的结构可以变得很简单.

命题 7.7 设 V 是一个自由 R 模, X 是 V 的基, 则 $A \otimes_R V$ 中的元素可唯一地写成 $\sum_{i=1}^{n} a_i \otimes x_i$ 的形式, 其中 $a_i \in A$, $x_i \in X$, n 是一个正整数.

证明: 根据自由模的性质 (命题 4.1), $V \cong \bigoplus_{x \in X} Rx$. 因此由命题 7.5(2) 以及命题 7.2(1), $A \otimes_R V \cong \bigoplus_{x \in X} (A \otimes_R Rx) \cong \bigoplus_{x \in X} A_x$, 这里 A_x 同构于 A, 它的元素可以唯一地写成 $a \otimes x$ 的形式. 因而 $A \otimes_R V$ 中的元素可唯一地写成 $\sum_{i=1}^{n} a_i \otimes x_i$ 的形式. $\qquad\square$

命题 7.8 如果 A 和 B 都是自由 R 模, 它们的基分别为 X 和 Y, 则 $A \otimes_R B$ 也是自由模, 以 $\{x \otimes y \mid x \in X, y \in Y\}$ 作为基.

证明: 我们有 $A \cong \bigoplus_{x \in X} Rx$, $B \cong \bigoplus_{y \in Y} Ry$, 因此

$$A \otimes_R B \cong \bigoplus_{\substack{x \in X \\ y \in Y}} Rx \otimes_R Ry \cong \bigoplus_{\substack{x \in X \\ y \in Y}} R(x \otimes y).$$

这说明了 $A \otimes_R B$ 是自由模, 以 $\{x \otimes y \mid x \in X, y \in Y\}$ 作为基. $\qquad\square$

经过了一系列由浅入深的研究后, 我们对张量积的结构有了更深入的了解. 一个元素 $a \otimes b$ 究竟能怎样变形, 可以等于什么, 都与它所在的 $M \otimes_R N$ 有关, 即与 M, N, R 的选取有关.

例 7.1 $2 \otimes \overline{2}$ 作为 $\mathbb{Z} \otimes_{\mathbb{Z}} \mathbb{Z}_4$ 的元素可以有

$$2 \otimes \overline{2} = 1 \otimes (2 \cdot \overline{2}) = 0,$$

而作为 $2\mathbb{Z} \otimes_{\mathbb{Z}} \mathbb{Z}_4$ 的元素则不能这样变形, 因为 1 不是 $2\mathbb{Z}$ 的元素, 所以 2 不能搬到右边去. 事实上因为 2 是自由 $\mathbb{Z}$ 模 $2\mathbb{Z}$ 的基, 根据命题 7.7, $2 \otimes \overline{2} \neq 0$, 因为 $\overline{2} \neq 0$.

例 7.2   设 $R = \mathbb{Z}[\sqrt{-1}]$ 是 Gauss 整环, $M = \mathbb{Z}[\sqrt{-1}]$ 既是 R 模又是 $\mathbb{Z}$ 模. 作为 $M \otimes_R M$ 的元素, 有 $1 \otimes \sqrt{-1} = \sqrt{-1} \otimes 1$. 而作为 $M \otimes_{\mathbb{Z}} M$ 的元素, 有 $1 \otimes \sqrt{-1} \neq \sqrt{-1} \otimes 1$, 事实上注意到 1 和 $\sqrt{-1}$ 是 M 作为 $\mathbb{Z}$ 模的基, 根据命题 7.8,

$$\{1 \otimes 1, \quad \sqrt{-1} \otimes 1, \quad 1 \otimes \sqrt{-1}, \quad \sqrt{-1} \otimes \sqrt{-1}\}$$

构成了 $M \otimes_{\mathbb{Z}} M$ 的基. 在 $M \otimes_{\mathbb{Z}} M$ 里 $1 \otimes \sqrt{-1} - \sqrt{-1} \otimes 1$ 不可能写成 $a \otimes b$ 的形式 (而在 $M \otimes_R M$ 里它等于 0). 因此在用到张量积 $M \otimes_R N$ 的一般元素时一定要写成 $\sum_i x_i \otimes y_i$ 的形式.

现在如果给出了一个短正合列

$$0 \longrightarrow A \xrightarrow{f} B \xrightarrow{g} C \longrightarrow 0$$

以及一个 R 模 M, 就可得到 R 模的序列

$$0 \longrightarrow M \otimes_R A \xrightarrow{1_M \otimes f} M \otimes_R B \xrightarrow{1_M \otimes g} M \otimes_R C \longrightarrow 0.$$

这个序列一般不正合, 但是我们有以下的命题 (试与命题 5.1 比较):

命题 7.9   设 M 是一个 R 模, 如果有 R 模同态的正合列

$$A \xrightarrow{f} B \xrightarrow{g} C \longrightarrow 0,$$

则可得到以下的正合列:

$$M \otimes_R A \xrightarrow{1_M \otimes f} M \otimes_R B \xrightarrow{1_M \otimes g} M \otimes_R C \longrightarrow 0; \tag{7.1}$$

$$A \otimes_R M \xrightarrow{f \otimes 1_M} B \otimes_R M \xrightarrow{g \otimes 1_M} C \otimes_R M \longrightarrow 0. \tag{7.2}$$

注意只要把 M 取成 R, (7.1) 式和 (7.2) 式都同构于序列 $A \longrightarrow B \longrightarrow C \longrightarrow 0$, 可见我们完全可以把这个命题改写成和命题 5.1 一样的当且仅当的形式.

证明: 为证 (7.1) 正合, 我们需要证明: (1) $M \otimes_R C = \mathrm{Im}(1_M \otimes g)$; (2) $\mathrm{Im}(1_M \otimes f) \subseteq \mathrm{Ker}(1_M \otimes g)$; (3) $\mathrm{Ker}(1_M \otimes g) \subseteq \mathrm{Im}(1_M \otimes f)$.

(1) 由于 g 是满的, 对于 $c \in C$ 存在 $b \in B$ 使得 $g(b) = c$. 因此对于 $m \otimes c \in M \otimes_R C$ 有 $(1_M \otimes g)(m \otimes b) = m \otimes c$. 即 $m \otimes c \in \mathrm{Im}(1_M \otimes g)$. 但是形如 $m \otimes c$ 的元素是 $M \otimes_R C$ 的生成元, 因此 $M \otimes_R C = \mathrm{Im}(1_M \otimes g)$.

(2) 由 $(1_M \otimes g)(1_M \otimes f) = 1_M \otimes gf = 1_M \otimes 0 = 0$, 即可得到所需结论.

(3) 为简单起见, 令 $K = \mathrm{Im}(1_M \otimes f)$. 根据同态定理 2.4 以及 (2) 的结果, 存在满同态 $\phi : (M \otimes_R B)/K \longrightarrow M \otimes_R C$ 使得 $\phi\nu = 1_M \otimes g$, 这里 $\nu : M \otimes_R B \longrightarrow (M \otimes_R B)/K$ 是典范同态, 而且 ϕ 是同构当且仅当 $K = \mathrm{Ker}(1_M \otimes g)$. 因此我们只需证明 ϕ 是同构.

设有 $b \in \mathrm{Ker}\, g = \mathrm{Im}\, f$, 则存在 $a \in A$ 使得 $f(a) = b$. 因此对任意的 $m \in M$ 有 $m \otimes b = (1_M \otimes f)(m \otimes a)$, 即 $m \otimes b \in K$. 这说明对任意的 $c \in C$ 以及使得 $g(b) = g(b') = c$ 的 $b, b' \in B$ 都有 $m \otimes b + K = m \otimes b' + K$. 因此我们可以定义一个映射:

$$h : M \times C \longrightarrow (M \otimes_R B)/K,$$
$$(m, c) \longmapsto m \otimes b + K,$$

其中 $g(b) = c$. 可以验证这是双线性的, 因此存在 R 模同态 $\psi : M \otimes_R C \longrightarrow (M \otimes_R B)/K$ 使得 $\psi i = h$. 现在 $\phi\psi(m \otimes c) = \phi(m \otimes b + K) = m \otimes g(b) = m \otimes c$, 由于形如 $m \otimes c$ 的元素生成了 $M \otimes_R C$, 因此 $\phi\psi = 1_{M \otimes C}$. 对于 $m \in M$, $b \in B$, $\psi\phi(m \otimes b + K) = \psi(m \otimes g(b)) = m \otimes b' + K$, 这里 $g(b') = g(b)$. 由前面的讨论可知 $m \otimes b + K = m \otimes b' + K$, 即 $\psi\phi = 1_{(M \otimes B)/K}$. 因此 ϕ 确实是同构. $\qquad \square$

读者会注意到这里出现的正合列不是完整的短正合列, 缺少了左边的箭头. 因此一个短正合列经过 $M \otimes$ "作用" 后只能得到一个右边正合的序列, 因此我们称张量积是右正合的. 在习题中有例子说明 $0 \longrightarrow A \longrightarrow B$ 正合不能得到 $0 \longrightarrow M \otimes_R A \longrightarrow M \otimes_R B$ 正合. 不过有一类特殊的模, 用它作张量积后短正合列仍为短正合列, 正如投射模和内射模在 Hom 中所起的作用一样. 这种模就是平坦模.

定义 7.2 设 M 是一个 R 模, 如果对于任意的 R 模单同态 $f : A \longrightarrow B$, 其诱导同态 $1_M \otimes f : M \otimes_R A \longrightarrow M \otimes_R B$ 也是单同态, 则称 M 是**平坦模** (*flat module*).

从命题 7.9 很容易得出以下命题:

命题 7.10 R 模 M 是平坦模的充要条件是对任何 R 模同态的短正合列

$$0 \longrightarrow A \xrightarrow{f} B \xrightarrow{g} C \longrightarrow 0,$$

都使以下序列正合:

$$0 \longrightarrow M \otimes_R A \xrightarrow{1_M \otimes f} M \otimes_R B \xrightarrow{1_M \otimes g} M \otimes_R C \longrightarrow 0. \qquad \square$$

命题 7.11 设 $\{M_i \mid i \in I\}$ 是一族 R 模, 则 $M = \bigoplus\limits_{i \in I} M_i$ 是平坦模的充分必要条件是每个 M_i 都是平坦模.

证明: M 是平坦模当且仅当对于任意的 R 模单同态 $f: A \longrightarrow B$ 都有 $1_M \otimes f: M \otimes_R A \longrightarrow M \otimes_R B$ 是单同态. 但由命题 7.5 知 $M \otimes_R A \cong \bigoplus\limits_{i \in I}(M_i \otimes_R A)$, $M \otimes_R B \cong \bigoplus\limits_{i \in I}(M_i \otimes_R B)$. 根据直和的性质, $1_M \otimes f$ 为单同态当且仅当每个 $1_{M_i} \otimes f: M_i \otimes_R A \longrightarrow M_i \otimes_R B$ 都是单同态. 也就是说每个 M_i 都是平坦模. $\qquad \square$

定理 7.12 投射模都是平坦模.

证明: (1) R 作为 R 模是平坦模.

对于任意的 R 模单同态 $f: A \longrightarrow B$, 存在同构映射:

$$\phi: R \otimes_R A \longrightarrow A,$$
$$r \otimes a \longmapsto ra,$$

以及

$$\psi: B \longrightarrow R \otimes_R B,$$
$$b \longmapsto 1 \otimes b.$$

$1_R \otimes f$ 可以分解为 $\psi f \phi = 1_R \otimes f$, 因此 $1_R \otimes f$ 是单同态.

(2) 自由模都是平坦模.

由于自由模是一族与 R 同构的模的直和, 上述结论可从 (1) 以及命题 7.11 得到.

(3) 投射模是平坦模.

设 P 是投射模, 则有 $V = P \oplus K$, 其中 V 是一个自由模. 再次利用命题 7.11 就可得到 P 是平坦模. $\qquad \square$

命题 7.13 R 模 M 是平坦模当且仅当对 R 的所有理想 S, 以下序列是正合的:

$$0 \longrightarrow M \otimes_R S \xrightarrow{1_M \otimes i} M \otimes_R R,$$

这里 $i : S \longrightarrow R$ 是包含映射.

证明: 必要性是显然的. 现在分两步证明充分性.

(1) 设有正合列

$$0 \longrightarrow A \xrightarrow{f} V,$$

其中 V 是自由模, f 是包含映射. 我们要证明以下序列的正合性:

$$0 \longrightarrow M \otimes_R A \xrightarrow{1_M \otimes f} M \otimes_R V.$$

设 $Y = \{y_i \mid i \in I\}$ 是 V 的基, 使得 $V \cong \bigoplus_{i \in I} Ry_i$. 设有 $\sum_{j=1}^{m} x_j \otimes a_j \in M \otimes_R A$ 使得 $(1_M \otimes f)\left(\sum_{j=1}^{m} x_j \otimes a_j\right) = \sum_{j=1}^{m} x_j \otimes f(a_j) = 0$. 适当重排指标集 I 后可设 $f(a_j) = \sum_{i=1}^{n} r_{ij} y_i$. 根据假设, 在 $M \otimes_R V$ 内有 $0 = \sum_{j=1}^{m} x_j \otimes f(a_j) = \sum_{i=1}^{n} \left(\sum_{j=1}^{m} r_{ij} x_j\right) \otimes y_i$. 可见这里只涉及 V 的一个有限秩子模 $\bigoplus_{i=1}^{n} Ry_i$. 为此我们假设 V 是有限秩 n 的.

设 $V_1 = Ry_1$, $V_2 = \bigoplus_{i=2}^{n} Ry_i$, 则 $V = V_1 \oplus V_2$. 令 $A_1 = A \cap V_1$, $A_2 = A/A_1$. 我们可得到下面的交换图:

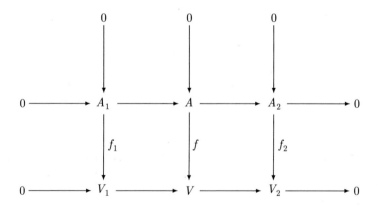

这个图的行与列都是正合的. 用 M 作张量积, 根据张量积的性质 (命题 7.5) 以及命题的假设条件 (注意, 这里 $V_1 \cong R$, 所以 $1_M \otimes f_1$ 是单同态), 可以得到下面的正

合交换图:

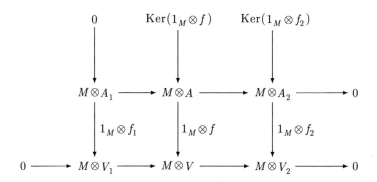

利用蛇形引理 (引理 2.10) 可以得到以下正合列:

$$0 \longrightarrow \mathrm{Ker}(1_M \otimes f) \longrightarrow \mathrm{Ker}(1_M \otimes f_2).$$

我们的目的是证明 $\mathrm{Ker}(1_M \otimes f) = 0$, 而这可从 $\mathrm{Ker}(1_M \otimes f_2) = 0$ 导出. 这样就把秩等于 n 的情形 (V) 约化到秩等于 $n-1$ 的情形 (V_2). 而当 $n-1 = 1$ 时有 $V_2 \cong R$, 从而由假设即可得到 $\mathrm{Ker}(1_M \otimes f_2) = 0$. 这样就证明了 $1_M \otimes f$ 是单同态.

(2) 设有 R 模同态的正合列

$$0 \longrightarrow A \xrightarrow{f} B.$$

根据命题 4.3, 存在自由模 V 以及下面的正合列:

$$0 \longrightarrow K \longrightarrow V \xrightarrow{\pi} B \longrightarrow 0,$$

其中 $K = \mathrm{Ker}\,\pi$. 把 $f(A)$ 关于 π 的原像记为 $E = \pi^{-1}(f(A))$, 就可得到以下的正合交换图:

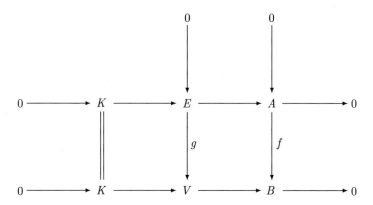

这里的 g 是 E 到 V 的包含同态.

用 M 作张量积, 根据张量积的右正合性 (命题 7.9) 以及 (1) 的结果, 可以得到下面的正合交换图:

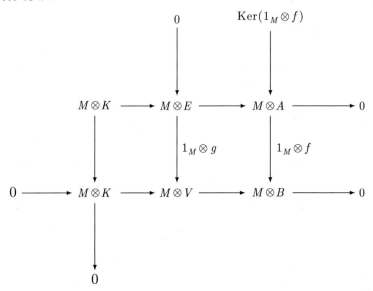

再次利用蛇形引理可以得到以下正合列:

$$0 \longrightarrow \mathrm{Ker}(1_M \otimes f) \longrightarrow 0.$$

即 $1_M \otimes f$ 是单同态. $\square$

下面给出平坦模的另一种等价定义. 先介绍一点背景. 设有自由 R 模 V, 其基为 $Y = \{y_j\}$. 如果在 V 内有一个 R 线性关系

$$\sum_{i=1}^{m} r_i x_i = 0, \quad r_i \in R, x_i \in V,$$

用 x_i 的坐标表示式 $x_i = \sum_{j=1}^{n} s_{ij} y_j$ 代入, 就可得到

$$\sum_{i=1}^{m} r_i x_i = \sum_{j=1}^{n} \left(\sum_{i=1}^{m} r_i s_{ij} \right) y_j = 0.$$

由于 y_j 线性无关, 所以

$$\sum_{i=1}^{m} r_i s_{ij} = 0, \quad j = 1, \cdots, n.$$

对于平坦模也有类似的等式.

定理 7.14 R 模 M 是平坦模的充要条件是对于 M 里的任意线性关系式

$$\sum_{i=1}^{m} r_i x_i = 0, \quad r_i \in R, x_i \in M,$$

必定存在整数 n 以及 $s_{ij} \in R, y_j \in M, i = 1, \cdots, m, j = 1, \cdots, n$, 使得下列等式成立:

$$x_i = \sum_{j=1}^{n} s_{ij} y_j, \quad i = 1, \cdots, m. \tag{7.3}$$

$$\sum_{i=1}^{m} r_i s_{ij} = 0, \quad j = 1, \cdots, n. \tag{7.4}$$

证明: ($\Rightarrow$) 作一个正合列:

$$0 \longrightarrow K \xrightarrow{f} R^m \xrightarrow{g} R,$$

其中 $R^m = \bigoplus R = \{(a_1, \cdots, a_m) \mid a_i \in R\}$, $g(a_1, \cdots, a_m) = \sum_{i=1}^{m} r_i a_i$, $K = \operatorname{Ker} g$, f 是包含同态. 由于 M 是平坦模, 所以有正合列:

$$0 \longrightarrow K \otimes_R M \xrightarrow{f_M} M^m \xrightarrow{g_M} M.$$

这里用到了同构 $(\bigoplus R) \otimes_R M \cong \bigoplus (R \otimes_R M) \cong \bigoplus M$, $R \otimes_R M \cong M$, 其中 $g_M(u_1, \cdots, u_m) = \sum_{i=1}^{m} r_i u_i$ $(u_i \in M)$. 由假设, $(x_1, \cdots, x_m) \in \operatorname{Ker} g_M = \operatorname{Im} f_M$, 即存在 $t_1, \cdots, t_n \in K, y_1, \cdots, y_n \in M$, 使得 $(x_1, \cdots, x_m) = f_M\left(\sum_{j=1}^{n} t_j \otimes y_j\right)$. 记 $f(t_j) = (s_{1j}, \cdots, s_{mj})$, 代入上式就可得到

$$(x_1, \cdots, x_m) = \sum_{j=1}^{n} (s_{1j} y_j, \cdots, s_{mj} y_j)$$

$$= \left(\sum_{j=1}^{n} s_{1j} y_j, \cdots, \sum_{j=1}^{n} s_{mj} y_j\right).$$

这样就得到了等式 (7.3). 代入等式 $gf(t_j) = 0$, 就可得到 (7.4).

($\Leftarrow$) 设 S 是 R 的理想, $f: S \longrightarrow R$ 是包含同态. 观察序列:

$$0 \longrightarrow S \otimes_R M \xrightarrow{f \otimes 1_M} R \otimes_R M,$$

设 $\sum_{i=1}^{m} r_i \otimes x_i \in S \otimes_R M$ 被 $f \otimes 1_M$ 映到 0, 则 $0 = 1 \otimes \left(\sum_{i=1}^{m} r_i x_i\right)$, 即 $\sum_{i=1}^{m} r_i x_i = 0$. 根据假设存在 $s_{ij} \in R, y_j \in M$, 使得等式 (7.3) 和 (7.4) 成立. 因此

$$\sum_{i=1}^{m} r_i \otimes x_i = \sum_{i=1}^{m} r_i \otimes \left(\sum_{j=1}^{n} s_{ij} y_j\right) = \sum_{j=1}^{n} \left(\sum_{i=1}^{m} r_i s_{ij}\right) \otimes y_j = 0.$$

这说明 $f \otimes 1_M$ 是单同态, 根据命题 7.13 就可得出 M 是平坦模. □

当 R 是主理想整环时, 平坦模有一个简单的刻画.

命题 7.15 当 R 是主理想整环时, R 模 M 是平坦模当且仅当 M 是无扭的.

证明: ($\Rightarrow$) 设 R 是整环 (这里只用到这个条件), 如果 M 不是无扭的, 则存在 $x(\neq 0) \in M$ 以及 $a(\neq 0) \in R$ 使得 $ax = 0$. 作如下的单同态

$$f : R \longrightarrow R,$$

$$r \longmapsto ar.$$

再观察 R 模同态 $f \otimes 1_M : R \otimes_R M \longrightarrow R \otimes_R M$. 因为 $(f \otimes 1_M)(1 \otimes x) = a \otimes x = 1 \otimes (ax) = 0$, 所以 $f \otimes 1_M$ 不是单同态, 与 M 是平坦模矛盾.

($\Leftarrow$) 因为 R 是主理想整环, 所以 R 的理想都具有 $(a) = Ra$ 的形式. 设 $a \neq 0$, f 是包含同态, 观察 R 模同态

$$f \otimes 1_M : Ra \otimes_R M \longrightarrow R \otimes_R M.$$

设 $\sum_{i=1}^{m} r_i a \otimes x_i \in Ra \otimes_R M$ 被 $f \otimes 1_M$ 映到 0, 则有

$$0 = \sum_{i=1}^{m} r_i a \otimes x_i = 1 \otimes \left(a \sum_{i=1}^{m} r_i x_i \right),$$

也即 $\sum_{i=1}^{m} r_i x_i = 0$(因为 M 是无扭的). 于是 $\sum_{i=1}^{m} r_i a \otimes x_i = a \otimes \left(\sum_{i=1}^{m} r_i x_i \right) = 0$. 这说明 $f \otimes 1_M$ 是单同态, 根据命题 7.13 就可得出 M 是平坦模. □

例 7.3 $\mathbb{Q}$ 作为 $\mathbb{Z}$ 模是无扭的, 因此是平坦 $\mathbb{Z}$ 模. 但 $\mathbb{Q}$ 不是自由 $\mathbb{Z}$ 模 (习题 4.4). 命题 5.8 告诉我们, 主理想整环上的投射模都是自由模, 因此 $\mathbb{Q}$ 也不是投射 $\mathbb{Z}$ 模. 由于有限生成的无扭 Abel 群都是自由群, 因此不是自由模的平坦 $\mathbb{Z}$ 模都不是有限生成的. 而命题 5.8 的证明用到了说明 4.1, 我们省略了无限秩情形的证明, 但是对 $\mathbb{Q}$ 的情形读者可以尝试直接证明它不可能是投射 $\mathbb{Z}$ 模. 事实上平坦模可以看成是自由模的某种极限.

例 7.4 设 $R = \mathbb{C}[x, y]$, $M = \mathbb{C}[x, y, z]/(z^2 - f(x, y)) \cong \mathbb{C}[x, y] \oplus \mathbb{C}[x, y]\bar{z}$. M 是自由 R 模, 因而是平坦模. 从几何的观点来看, $z^2 - f(x, y) = 0$ 在三维复空间里定义了一个曲面, 它到 (x, y) 平面 (对应于 $\mathbb{C}[x, y]$) 上的投影是 $2 : 1$ 的, 因此构成了 (x, y) 平面上的一个二重覆叠曲面, 看起来也确实是 "平坦" 地铺在 (x, y) 平面上的. 这也是平坦模取名的由来.

例 7.5 设 $M = \mathbb{C}[x,y,z]/(xz-y)$, 作为 $R = \mathbb{C}[x,y]$ 模, $M \cong \mathbb{C}[x,\overline{z}]$. 我们利用定理 7.14 证明 M 不是平坦模. 如果 M 平坦, 则由线性关系式

$$y \cdot 1 - x\overline{z} = 0, \quad x, y \in R, 1, \overline{z} \in M$$

可导出

$$1 = \sum_j s_{1j} y_j, \quad s_{1j} \in R, y_j \in M,$$

$$\overline{z} = \sum_j s_{2j} y_j, \quad s_{2j} \in R,$$

$$y s_{1j} - x s_{2j} = 0, \quad j = 1, \cdots.$$

因而 $x | s_{1j}$, 即

$$1 \in xM = x\mathbb{C}[x,\overline{z}],$$

这不可能, 因此 M 不是平坦模. 从几何的观点来看, $y - xz = 0$ 所定义的曲面包含了垂直于 (x,y) 平面的 z 轴, 因此破坏了 "平坦" 性.

说明 7.1 在代数几何里, $\mathbb{C}[x,y]$ 对应于复平面 $\mathbb{C}^2$, $\mathbb{C}[x,y,z]/(z^2 - f(x,y))$ 及 $\mathbb{C}[x,y,z]/(xz-y)$ 分别对应于 3 维复空间 $\mathbb{C}^3$ 里由方程 $z^2 - f(x,y) = 0$ 及 $xz-y = 0$ 定义的超曲面. 而嵌入映射则对应于投影映射. 我们知道一个复数对应于一对实数, 因此复平面 $\mathbb{C}^2$ 相当于 4 维实空间, 已经无法在现实世界里表示出来, 只能依靠想象了. 为了帮助大家理解, 我们画了例 7.4 及 7.5 的示意图, 请大家知道这并非真实的图像, 而且是否 "平坦" 的判断也不是仅靠直观看出的.

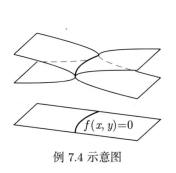

例 7.4 示意图

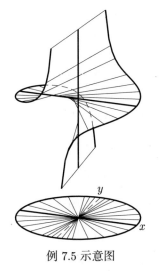

例 7.5 示意图

习题 1.7

7.1　(1) 对于任意 Abel 群 A 有 $A \otimes_{\mathbb{Z}} \mathbb{Z}_m \cong A/mA$, 这里假设 $m > 0$;

(2) 证明 $\mathbb{Z}_m \otimes_{\mathbb{Z}} \mathbb{Z}_n \cong \mathbb{Z}_{(m,n)}$, 这里 (m, n) 表示 m 和 n 的最大公因子, 从而当 m 与 n 互素时有 $\mathbb{Z}_m \otimes_{\mathbb{Z}} \mathbb{Z}_n = 0$.

7.2　设 A' 和 B' 分别是 R 模 A 与 B 的子模, 证明: $A/A' \otimes_R B/B' \cong (A \otimes_R B)/C$, 这里 C 是 $A \otimes_R B$ 的子模, 由

$$\{a' \otimes b, a \otimes b' \mid a \in A, a' \in A', b \in B, b' \in B'\}$$

生成.

7.3　作出 Abel 群的单同态 $f: \mathbb{Z}_2 \longrightarrow \mathbb{Z}_4$, 并证明同态 $1 \otimes f: \mathbb{Z}_2 \otimes_{\mathbb{Z}} \mathbb{Z}_2 \longrightarrow \mathbb{Z}_2 \otimes_{\mathbb{Z}} \mathbb{Z}_4$ 是零同态.

7.4　(1) 设 $\mathfrak{a}$ 是环 R 的理想, B 是 R 模, 证明: $R/\mathfrak{a} \otimes_R B \cong B/\mathfrak{a}B$;

(2) 如果 $\mathfrak{a}, \mathfrak{b}$ 都是 R 的理想, 则有 R 模同构: $R/\mathfrak{a} \otimes_R R/\mathfrak{b} \cong R/(\mathfrak{a} + \mathfrak{b})$.

7.5　设 M_1, M_2 都是平坦 R 模, 证明 $M_1 \otimes_R M_2$ 也是平坦模.

7.6　设 M 是平坦 R 模, I 是内射 R 模, 证明 $\operatorname{Hom}_R(M, I)$ 是内射模.

§1.8　张量代数、对称代数与外代数

定义 8.1　设 R 是交换环, A 是一个环, 并且有下列性质:

(1) $(A, +)$ 是一个 R 模;

(2) 对于 $r \in R, a, b \in A$, 有

$$r(ab) = (ra)b = a(rb).$$

则称 A 是 R **代数** (*algebra*). 如果 A 是交换环, 则称 A 为**交换代数** (*commutative algebra*). 如果 A 又是一个除环, 则称 A 是**可除代数** (*division algebra*). 当 $R = F$ 是一个域时, A 作为 F 模是一个向量空间, 如果 $\dim_F A < \infty$, 则称 A 为 F 上的**有限维代数** (*finite dimensional algebra*).

例 8.1　环 R 都可被看成一个 $\mathbb{Z}$ 代数.

例 8.2　多项式环 $R[x_1, \cdots, x_n]$ 和形式幂级数环 $R[[x_1, \cdots, x_n]]$ 都是 R 交换代数.

例 8.3　$n \times n$ 方阵的环 $M_n(R)$ 关于纯量与方阵的乘法成为一个 R 代数.

例 8.4 设 A 是一个环, R 是 A 的中心的子环, 则 A 是一个 R 代数.

代数的最重要的例子是多项式代数与矩阵代数. 我们这里再介绍三个从 R 模诱导出来的代数: 张量代数、对称代数与外积代数.

一、张量代数

以下假设 M 是一个 R 模. 对于每个整数 $r \geqslant 0$, 设

$$T^r(M) = \bigotimes_{i=1}^{r} M, \quad T^0(M) = R.$$

于是 $T^r(M) = M \otimes_R \cdots \otimes_R M$ 是 r 个 M 的张量积. 由于张量积满足结合律, 对于两个元素 $a_1 \otimes \cdots \otimes a_r \in T^r(M)$ 以及 $b_1 \otimes \cdots \otimes b_s \in T^s(M)$, 它们的张量积 $(a_1 \otimes \cdots \otimes a_r) \otimes (b_1 \otimes \cdots \otimes b_s) \in T^{r+s}(M)$ 是唯一确定的. 这样我们定义了一个双线性映射

$$T^r(M) \times T^s(M) \longrightarrow T^{r+s}(M),$$

它是满足结合律的. 利用这个双线性映射, 我们可以在直和

$$T(M) \overset{\text{def}}{=} \bigoplus_{r=0}^{\infty} T^r(M)$$

中定义一个乘法运算, 使得 $T(M)$ 成为一个环. $T(M)$ 当然是一个 R 模, 而且定义 8.1 的性质 (2) 是满足的. 所以 $T(M)$ 是一个 R 代数, 称为模 M 的**张量代数** (*tensor algebra*).

为了进一步了解张量代数的结构, 我们考虑 R 上的 n 秩自由模 V, 并假设 $e_1, \cdots, e_n$ 是 V 的一个基. 根据定理 7.8, $T^2(V) = V \otimes_R V$ 也是一个自由模, 而且有一个基 $\{e_i \otimes e_j \mid i, j = 1, \cdots, n\}$. 因此 $\operatorname{rank} T^2(V) = n^2$. 反复应用定理 7.8, 可以知道 $T^r(V)$ 有一个基

$$\{e_{i_1} \otimes \cdots \otimes e_{i_r} \mid i_1, \cdots, i_r \in \{1, \cdots, n\}\}. \tag{8.1}$$

因此 $\operatorname{rank} T^r(V) = n^r$. 基元素 $e_{i_1} \otimes \cdots \otimes e_{i_r}$ 也被称为 r 次**非交换单项式**. R 的单位元 1 是零次非交换单项式. 有限多个非交换单项式的 R 线性组合称为系数在 R 内的**非交换多项式**. 显然张量代数 $T(V)$ 的元素都是系数在 R 内的非交换多项式. 因此张量代数 $T(V)$ 可以被看成**非交换多项式代数** (*non-commutative polynomial algebra*). $e_1, \cdots, e_n$ 是 $T(V)$ 的非交换变量. 显然张量代数 $T(V)$ 是无限秩的自由模.

二、对称代数

再回到一般的 R 模 M. 把 $T^r(M)$ 内由元素 (其中 $\sigma \in \mathfrak{S}_r$ 是 r 阶置换, $a_i \in M$)

$$a_1 \otimes \cdots \otimes a_r - a_{\sigma(1)} \otimes \cdots \otimes a_{\sigma(r)} \tag{8.2}$$

生成的 R 子模记为 K_S^r. 把商模记为

$$S^r(M) \stackrel{\text{def}}{=} T^r(M)/K_S^r.$$

如果我们把 $a_1 \otimes \cdots \otimes a_r \in T^r(M)$ 在 $S^r(M)$ 中的陪集记为 $a_1 \cdots a_r$, 那么由 K_S^r 的定义立即可以得到

$$a_1 \cdots a_r = a_{\sigma(1)} \cdots a_{\sigma(r)},$$

也就是说 $a_1, \cdots, a_r$ 的次序可以随意交换, 所以 $a_1 \cdots a_r$ 被称为 r 次**对称积** (*symmetric product*). 令

$$K_S \stackrel{\text{def}}{=} \bigoplus_{r=0}^{\infty} K_S^r,$$

$$S(M) \stackrel{\text{def}}{=} \bigoplus_{r=0}^{\infty} S^r(M) \cong T(M)/K_S.$$

K_S 不但是 $T(M)$ 的 R 子模, 还是 $T(M)$ 的理想 (请读者验证). 因此 $S(M)$ 也是一个 R 代数, 称为 M 的**对称代数** (*symmetric algebra*).

对于 $a_1 \cdots a_r \in S^r(M)$ 以及 $b_1 \cdots b_s \in S^s(M)$, 它们的乘积

$$(a_1 \cdots a_r) \cdot (b_1 \cdots b_s) = (b_1 \cdots b_s) \cdot (a_1 \cdots a_r) \in S^{r+s}(M),$$

因此对称代数 $S(M)$ 是一个交换代数.

现在再设 V 是 R 上有限秩自由模, 有一个基 $e_1, \cdots, e_n$. 那么 $T^r(V)$ 有一个基 (8.1), 其中任意的基元素 $e_{i_1} \otimes \cdots \otimes e_{i_r}$ 在 $S^r(V)$ 中的像经交换次序后都可以写成

$$e_{j_1} \cdot e_{j_2} \cdots e_{j_r}, \quad 1 \leqslant j_1 \leqslant j_2 \leqslant \cdots \leqslant j_r \leqslant n$$

的形式. 因此 $S^r(V)$ 有一个基

$$\{e_{j_1} \cdot e_{j_2} \cdots e_{j_r} \mid 1 \leqslant j_1 \leqslant j_2 \leqslant \cdots \leqslant j_r \leqslant n\}. \tag{8.3}$$

从而 rank $S^r(V) = \mathrm{C}_{n+r-1}^r$. 如果在乘积中同一个基元素出现多次就被写成乘幂的形式, 那么 (8.3) 中的乘积可表示成 $e_1, \cdots, e_n$ 的一个 r 次单项式. $S(V)$ 中的元素则是一个 n 元多项式. 不难验证有以下的 R 模同构映射

$$R[x_1, \cdots, x_n] \longrightarrow S(V),$$
$$\sum a_{k_1, \cdots, k_n} x_1^{k_1} \cdots x_n^{k_n} \longrightarrow \sum a_{k_1, \cdots, k_n} e_1^{k_1} \cdots e_n^{k_n}.$$

这个映射也是环的同构, 从而是 R 代数的同构 (我们没有给出代数同构的定义, 请读者自己补出). 也就是说有限秩自由模生成的对称代数同构于多项式代数. 因此我们认为自由模的对称代数的结构是相当清楚的.

三、外代数

再回到一般的 R 模 M. 把 $T^r(M)$ 内由元素 (其中 $a_i \in M$)

$$a_1 \otimes \cdots \otimes a_r \quad (\text{其中对某两个下标 } i \neq j \text{ 有 } a_i = a_j) \tag{8.4}$$

生成的 R 子模记为 K_E^r. 把商模记为

$$\wedge^r(M) \overset{\text{def}}{=} T^r(M)/K_E^r.$$

如果我们把 $a_1 \otimes \cdots \otimes a_r \in T^r(M)$ 在 $\wedge^r(M)$ 中的陪集记为 $a_1 \wedge \cdots \wedge a_r$, 称为 r 阶**外积** (*exterior product*). 那么由 K_E^r 的定义立即可以得到

$$a_1 \wedge \cdots \wedge a_r = 0, \quad \text{如果有某两个下标 } i \neq j \text{ 使 } a_i = a_j.$$

对于任意的 $i \neq j$, 由于

$$a_1 \wedge \cdots \wedge \underset{\underset{i}{\uparrow}}{(a_i + a_j)} \wedge \cdots \wedge \underset{\underset{j}{\uparrow}}{(a_i + a_j)} \wedge \cdots a_r = 0,$$

利用外积的多重线性性质, 可得

$$a_1 \wedge \cdots \wedge a_i \wedge \cdots \wedge a_i \wedge \cdots \wedge a_r + a_1 \wedge \cdots \wedge a_i \wedge \cdots \wedge a_j \wedge \cdots \wedge a_r$$
$$+ a_1 \wedge \cdots \wedge a_j \wedge \cdots \wedge a_i \wedge \cdots \wedge a_r + a_1 \wedge \cdots \wedge a_j \wedge \cdots \wedge a_j \wedge \cdots \wedge a_r$$
$$= a_1 \wedge \cdots \wedge a_i \wedge \cdots \wedge a_j \wedge \cdots \wedge a_r + a_1 \wedge \cdots \wedge a_j \wedge \cdots \wedge a_i \wedge \cdots \wedge a_r$$
$$= 0,$$

于是

$$a_1 \wedge \cdots \wedge a_i \wedge \cdots \wedge a_j \wedge \cdots \wedge a_r = - a_1 \wedge \cdots \wedge a_j \wedge \cdots \wedge a_i \wedge \cdots \wedge a_r.$$

也就是说外积中的任意两个因子具有反交换性 (即交换任意两个因子会使符号改变), 推广到 r 的数字的置换, 就有

$$a_{\sigma(1)} \wedge \cdots \wedge a_{\sigma(r)} = (-1)^{\mathrm{sgn}(\sigma)} a_1 \wedge \cdots \wedge a_r.$$

这里 $\sigma \in \mathfrak{S}_r$, 当 σ 是奇置换时 $\mathrm{sgn}(\sigma) = -1$, 当 σ 是偶置换时 $\mathrm{sgn}(\sigma) = 1$.

令

$$K_E \stackrel{\mathrm{def}}{=} \bigoplus_{r=0}^{\infty} K_E^r,$$

$$\wedge(M) \stackrel{\mathrm{def}}{=} \bigoplus_{r=0}^{\infty} \wedge^r(M) \cong T(M)/K_E.$$

类似于对称积的情形, K_E 不但是 $T(M)$ 的 R 子模, 还是 $T(M)$ 的理想. 因此 $\wedge(M)$ 也是一个 R 代数, 称为 M 的**外代数** (exterior algebra).

现在设 V 是 R 上的有限秩自由模, 有一个基 $e_1, \cdots, e_n$. 那么 $T^r(V)$ 有一个基 (8.1), 其中任意的基元素 $e_{i_1} \otimes \cdots \otimes e_{i_r}$ 在 $\wedge^r(V)$ 中的像或者等于 0 (当 $i_1, \cdots, i_r$ 中有相同的数时), 或者经交换次序后都可以写成

$$\pm e_{j_1} \wedge \cdots \wedge e_{j_r}, \quad 1 \leqslant j_1 < j_2 < \cdots < j_r \leqslant n$$

的形式. 因此 $\wedge^r(V)$ 有一个基

$$\{e_{j_1} \wedge \cdots \wedge e_{j_r} \,|\, 1 \leqslant j_1 < j_2 < \cdots < j_r \leqslant n\}.$$

从而 $\mathrm{rank}\, \wedge^r(V) = \mathrm{C}_n^r$. 特别当 $r > n$ 时有 $\wedge^r(V) = 0$. 因此我们有

$$\wedge(V) = \bigoplus_{r=0}^{n} \wedge^r(V),$$

$$\mathrm{rank}\, \wedge(V) = 2^n.$$

也就是说有限秩自由模的外积代数也是有限秩的.

设在自由模 V 中有 n 个元素:

$$v_j = \sum_{i=1}^{n} a_{ij} e_i, \quad j = 1, \cdots, n.$$

我们要计算这 n 个元素的外积. 注意到 $\mathrm{rank}\, \wedge^n(V) = 1$, $\wedge^n(V)$ 有一个基 $e_1 \wedge \cdots \wedge e_n$. 利用外积的线性性质, 可以计算

$$v_1 \wedge \cdots \wedge v_n = \left(\sum_{i_1=1}^{n} a_{i_1 1} e_{i_1}\right) \wedge \cdots \wedge \left(\sum_{i_n=1}^{n} a_{i_n n} e_{i_n}\right)$$

$$= \sum_{i_1=1}^{n} \cdots \sum_{i_n=1}^{n} a_{i_1 1} \cdots a_{i_n n} e_{i_1} \wedge \cdots \wedge e_{i_n}$$

$$= \sum_{i_1=1}^{n} \cdots \sum_{i_n=1}^{n} (-1)^{\mathrm{sgn}\begin{pmatrix} 1 & \cdots & n \\ i_1 & \cdots & i_n \end{pmatrix}} a_{i_1 1} \cdots a_{i_n n} e_1 \wedge \cdots \wedge e_n$$

$$= \begin{vmatrix} a_{11} & \cdots & a_{1n} \\ \vdots & & \vdots \\ a_{n1} & \cdots & a_{nn} \end{vmatrix} e_1 \wedge \cdots \wedge e_n.$$

也就是说自由模中 n 个元素的外积的坐标等于以这 n 个元素的坐标作为列向量的行列式.

最后我们再介绍外积的几个性质.

命题 8.1 设

$$0 \longrightarrow V' \overset{\varphi}{\longrightarrow} V \overset{\psi}{\longrightarrow} V'' \longrightarrow 0$$

是 R 模的正合列, 其中 V', V, V'' 分别是秩为 n', n, n'' 的自由模. 则有自然同构

$$\wedge^{n'}(V') \otimes \wedge^{n''}(V'') \longrightarrow \wedge^n(V).$$

证明: $\wedge^{n'}(V')$, $\wedge^{n''}(V'')$ 与 $\wedge^n(V)$ 都是秩 1 的自由模. 根据张量积的性质, $\wedge^{n'}(V') \otimes \wedge^{n''}(V'')$ 也是秩 1 的自由模.

我们先建立映射

$$h : \wedge^{n'}(V') \times \wedge^{n''}(V'') \longrightarrow \wedge^n(V),$$

定义为 $h((v'_1 \wedge \cdots \wedge v'_{n'}, v''_1 \wedge \cdots \wedge v''_{n''})) = \varphi(v'_1) \wedge \cdots \wedge \varphi(v'_{n'}) \wedge \psi^{-1}(v''_1) \wedge \cdots \wedge \psi^{-1}(v''_{n''})$. 虽然 $\psi^{-1}(v''_i)$ 不唯一, 但是 v''_i 的不同原像相差 $\mathrm{Ker}\,\psi = \varphi(V')$ 中的一个元素. 而在一个外积中如果有多于 n' 个 $\varphi(V')$ 的因子, 它一定等于 0 (当 $r > n'$ 时, $\wedge^r(\varphi(V')) = 0$). 因此 h 确实是映射. 不难验证 h 是双线性的, 故可诱导 R 模同态:

$$\overline{h} : \wedge^{n'}(V') \otimes \wedge^{n''}(V'') \longrightarrow \wedge^n(V),$$

这里 $\overline{h}((v'_1 \wedge \cdots \wedge v'_{n'}) \otimes (v''_1 \wedge \cdots \wedge v''_{n''})) = \varphi(v'_1) \wedge \cdots \wedge \varphi(v'_{n'}) \wedge \psi^{-1}(v''_1) \wedge \cdots \wedge \psi^{-1}(v''_{n''})$. 由于 $\overline{h}$ 是秩 1 自由模之间的同态, 只要它是满同态, 就是同构. 为此取 V' 的一个基 $e'_1, \cdots, e'_{n'}$, V'' 的一个基 $e''_1, \cdots, e''_{n''}$. 可以证明 $\varphi(e'_1), \cdots, \varphi(e'_{n'}), \psi^{-1}(e''_1), \cdots, \psi^{-1}(e''_{n''})$ 是 V 的基 (作为习题留给读者证明). 于

是 $\overline{h}((e_1' \wedge \cdots \wedge e_{n'}') \otimes (e_1'' \wedge \cdots \wedge e_{n''}'')) = \varphi(e_1') \wedge \cdots \wedge \varphi(e_{n'}') \wedge \psi^{-1}(e_1'') \wedge \cdots \wedge \psi^{-1}(e_{n''}'')$
是 $\wedge^n(V)$ 的基. 这就证明了 $\overline{h}$ 是满的.   □

命题 8.2 设 $V = V' \oplus V''$ 是两个有限秩自由模的直和, 则对每一个正整数 m 有

$$\wedge^m(V) \cong \bigoplus_{r+s=m} \wedge^r(V') \otimes \wedge^s(V'').$$

由此可以得到代数的同构:

$$\wedge(V) \cong \wedge(V') \otimes \wedge(V'').$$

证明: V', V'' 都是 V 的子模. 设 V' 和 V'' 分别有基 $e_1', \cdots, e_{n'}'$ 与 $e_1'', \cdots, e_{n''}''$, 则 $e_1', \cdots, e_{n'}', e_1'', \cdots, e_{n''}''$ 是 V 的基. 对于每一个 $r, 0 \leqslant r \leqslant m$, 可以定义映射

$$\varphi_r : \wedge^r(V') \otimes \wedge^{m-r}(V'') \longrightarrow \wedge^m(V)$$

为 $\varphi_r((v_{i_1}' \wedge \cdots \wedge v_{i_r}') \otimes (v_{j_1}'' \wedge \cdots \wedge v_{j_{m-r}}'')) = v_{i_1}' \wedge \cdots \wedge v_{i_r}' \wedge v_{j_1}'' \wedge \cdots \wedge v_{j_{m-r}}''$. 不难看出 φ_r 是 R 模同态. $\wedge^r(V') \otimes \wedge^{m-r}(V'')$ 与 $\wedge^m(V)$ 都是自由模, 而且 $\wedge^r(V') \otimes \wedge^{m-r}(V'')$ 的不同基元素 $(e_{i_1}' \wedge \cdots \wedge e_{i_r}') \otimes (e_{j_1}'' \wedge \cdots \wedge e_{j_{m-r}}'')$ 被 φ_r 映到 $\wedge^m(V)$ 的不同基元素, 所以 φ_r 是单同态. 由这些单同态 φ_r 诱导出直和的同态:

$$\varphi = \bigoplus_{r=0}^m \varphi_r : \bigoplus_{r=0}^m \wedge^r(V') \otimes \wedge^{m-r}(V'') \longrightarrow \wedge^m(V).$$

由于对于不同的 r, $\wedge^r(V') \otimes \wedge^{m-r}(V'')$ 中的基元素在 φ 下的像互不相同, φ 是单的, 又因

$$\sum_{r=0}^m (\mathrm{rank} \wedge^r(V'))(\mathrm{rank} \wedge^{m-r}(V'')) = \sum_{r=0}^m C_{n'}^r C_{n''}^{m-r} = C_{n'+n''}^m = \mathrm{rank} \wedge^m(V).$$

φ 是同构, 于是有 R 模的同构

$$\wedge(V') \otimes \wedge(V'') \cong \wedge(V). \tag{8.5}$$

为了使这个 R 模同构成为 R 代数的同构, 我们必须利用右边外积代数 $\wedge(V)$ 的乘法来定义左边两个外积代数的张量积的乘法. 请读者考虑应该如何定义外积代数的张量积的运算, 才能使 (8.5) 成为代数的同构.   □

习题 1.8

8.1 设域 F 上的向量空间 V 有一个基 e_1, e_2, e_3. 试分别写出 $T^1(V)$, $S^1(V)$, $\wedge^1(V)$, $T^2(V)$, $S^2(V)$, $\wedge^2(V)$, $T^3(V)$, $S^3(V)$, $\wedge^3(V)$ 的一个基.

8.2 试证 K_S 是 $T(M)$ 的理想, 并且 $S^0(M) \cong T^0(M) = R$, $S^1(M) \cong T^1(M) = M$. (提示: 只需验证用 $T(M)$ 中的形如 $b_1 \otimes \cdots \otimes b_s$ 的元素左乘或右乘 (8.2) 式的元素仍然得到 (8.2) 式的元素. 再证明 $K_S^0 = K_S^1 = 0$.)

8.3 设域 F 上的向量空间 V 有一个基 e_1, e_2, e_3. V 中有 3 个向量 $v_j = a_{1j}e_1 + a_{2j}e_2 + a_{3j}e_3$, $j = 1, 2, 3$. 试利用 a_{ij} 的行列式的形式写出外积 $v_1 \wedge v_2$ 及 $v_1 \wedge v_2 \wedge v_3$.

8.4 验证命题 8.1 中所取的 $\varphi(e_1'), \cdots, \varphi(e_{n'}'), \psi^{-1}(e_1''), \cdots, \psi^{-1}(e_{n''}'')$ 确实是 V 的基, 从而 $n = n' + n''$.

8.5 试定义命题 8.2 中两个外积代数的张量积 $\wedge(V') \otimes \wedge(V'')$ 的乘法运算, 使得 (8.5) 成为 R 代数的同构.

第二章 范　　畴

我们已经学习了群、环、模等代数对象, 也遇到过集合、拓扑空间等其他数学对象. 如果把同类对象看成一个很大的族, 同一个族内的对象当然有许多共性. 但是如果把群的族与环的族或者模的族相比较, 又可以发现这些族之间也有不少共性. 例如在两个群之间可以有群同态把它们连接起来, 而在环或模的族里则相应有环或模的同态. 给出一个群可以考虑它的子群与商群, 子群到群可用嵌入同态相联系, 群到它的商群有自然同态相联系. 从已知的群又可生成直积. 如果把上面两句话里的群改成环或模, 相应的结论仍然适用. 对这种由同类对象构成的族的共性加以抽象, 就得到了范畴的概念.

我们在这一章里就要建立范畴的概念, 利用范畴的语言可以对各种数学系统以及系统内特有的映射作一般性的描述, 从而给数学系统的研究提供一个粗糙的框架. 范畴的语言对同调代数尤其合适. 它使得同调代数内的各种概念和结构可以同时适用于各种各样的数学结构, 使得同调和上同调的工具在各个不同的数学领域得到广泛应用, 成为一种强有力的研究手段.

自从 1942 年 S. Eilenberg 和 S. MacLane (Saunders MacLane, 1909 — 2005, 中译名麦克莱恩) 为了研究代数拓扑而引入范畴和函子的概念以来, 范畴理论本身已成了一个独立的研究领域. 而我们在这里只能学习一些范畴和函子的基本概念, 作为学习同调代数的准备, 同时也是为了开阔视野, 也许今后会在各自的领域里用到范畴理论.

§2.1　范畴的定义

定义 1.1 范畴 (*category*) $\mathfrak{C}$ 由下述要素构成:

(1) 一些**对象** (*object*)(通常用大写字母如 A、B、C 等表示) 构成的一个族 $\mathrm{ob}(\mathfrak{C})$;

(2) 由所有的集合 $\text{hom}_{\mathfrak{C}}(A, B)$ 构成的族, 这里的 A, B 取遍 $\text{ob}(\mathfrak{C})$ 中的所有对象, $\text{hom}_{\mathfrak{C}}(A, B)$ (当不会混淆时往往简记为 $\text{hom}(A, B)$) 的元素 f 称为从 A 到 B 的**态射** (*morphism*), 也可用 $f : A \longrightarrow B$ 来表示;

(3) 对由任意三个对象 (可以重复) 构成的三元组 (A, B, C), 存在映射:

$$\text{hom}(B, C) \times \text{hom}(A, B) \longrightarrow \text{hom}(A, C),$$
$$(g, f) \longmapsto gf,$$

$gf : A \longrightarrow C$ 被称为态射 $f : A \longrightarrow B$ 和 $g : B \longrightarrow C$ 的合成态射.

这些要素必须满足以下公理:

(C1) 当二元组 $(A, B) \neq (A', B')$ 时, $\text{hom}(A, B)$ 与 $\text{hom}(A', B')$ 互不相交.

(C2)(结合律) 如果 $f \in \text{hom}(A, B)$, $g \in \text{hom}(B, C)$, $h \in \text{hom}(C, D)$, 则有 $(hg)f = h(gf)$. 以后可简记为 hgf.

(C3)(单位态射) 对每个对象 A 都有一个态射 $1_A \in \text{hom}(A, A)$, 使得对任意的 $f \in \text{hom}(A, B)$ 有 $f 1_A = f$, 对任意的 $g \in \text{hom}(B, A)$ 有 $1_A g = g$.

让我们先看一些范畴的例子.

例 1.1　集合的范畴 $\mathfrak{S}$: 其对象是集合, 态射是集合间的映射.

例 1.2　群的范畴 $\mathfrak{G}$: 其对象是群, 态射是群的同态.

例 1.3　Abel 群的范畴 $\mathfrak{Ab}$: 其对象是 Abel 群, 态射是群的同态.

例 1.4　环的范畴 $\mathfrak{R}$: 其对象是环, 态射是环同态.

例 1.5　环的范畴 $\mathfrak{R}_1$: 其对象是环, 态射是把单位元映到单位元的环同态.

例 1.6　交换环的范畴 $\mathfrak{CR}$: 其对象是交换环, 态射是把单位元映到单位元的环同态.

例 1.7　域 F 上的向量空间的范畴 $\mathfrak{V}_F$: 其对象是域 F 上的向量空间, 态射是线性映射.

例 1.8　交换环 R 上模的范畴 $\mathfrak{M}_R$: 其对象是 R 模, 态射是 R 模同态, 这里的 R 是 $\mathfrak{CR}$ 中的对象.

例 1.9　拓扑空间的范畴 $\mathfrak{T}$: 其对象是拓扑空间, 态射是连续映射.

上面所举的例子都是大家十分熟悉的数学结构. 它们正是范畴理论建立的基

础. 这些范畴中的对象都是集合, 态射都是以集合的映射为基础的. 当然不是所有的范畴都是这样的. 下面我们举一个例子.

例 1.10 设 $(P, \preceq)$ 是一个偏序集, 取 $\mathrm{ob}(\mathfrak{P}) = P$, 对于任意的 $a, b \in P$, 根据 $a \preceq b$ 或 $a \npreceq b$ 这两种情况分别定义 $\hom(a, b)$ 为单元集或空集. 可以验证 $\mathfrak{P}$ 满足范畴的各项公理.

在例 1.10 中 $\mathrm{ob}(\mathfrak{P})$ 是一个集合, 这样的范畴称为**小范畴** (*small category*).

我们再要对范畴的定义作一点说明. 由范畴公理 (C1), 任何一个态射都是与起点对象和终点对象密切相连的. 例如在集合的范畴 $\mathfrak{S}$ 里, 设 $A = B = \mathbb{R}$, $C = [-1, 1]$, $f : A \longrightarrow B$ 与 $g : A \longrightarrow C$ 分别定义为 $f(x) = g(x) = \sin x$. 尽管 f 和 g 作为实函数是一样的, 但它们作为范畴 $\mathfrak{S}$ 里的态射是不同的.

如果对于范畴 $\mathfrak{C}$ 的态射 $f : A \longrightarrow B$, 存在 $\mathfrak{C}$ 的态射 $g : B \longrightarrow A$ 使得 $gf = 1_A, fg = 1_B$, 则称态射 f 是一个**同构** (*isomorphism*), g 是 f 的逆. 如果还有 $g' : B \longrightarrow A$ 也满足 $g'f = 1_A, fg' = 1_B$, 则有 $g = g(fg') = (gf)g' = g'$, 即同构 f 的逆是唯一的. 把 f 的逆记为 f^{-1}, 显然有 $(f^{-1})^{-1} = f$.

如果 $f : A \longrightarrow B$ 是范畴 $\mathfrak{C}$ 的同构, 就称对象 A 和 B 是同构的. 在群、环、模的范畴里同构的概念与原先的定义是一致的. 在集合的范畴里, 范畴论意义下的同构就是集合间的一一映射. 在拓扑空间的范畴里, 范畴论意义下的同构就是拓扑空间的同胚.

我们很容易得到范畴 $\mathfrak{C}$ 的**子范畴** (*subcategory*) $\mathfrak{C}_0$ 的定义: $\mathrm{ob}(\mathfrak{C}_0)$ 是 $\mathrm{ob}(\mathfrak{C})$ 的子族, 对 $\mathfrak{C}_0$ 的任何对象 A、B, 有 $\hom_{\mathfrak{C}_0}(A, B) \subseteq \hom_{\mathfrak{C}}(A, B)$. 如果有 $\hom_{\mathfrak{C}_0}(A, B) = \hom_{\mathfrak{C}}(A, B)$, 就称 $\mathfrak{C}_0$ 是一个**满子范畴** (*full subcategory*). $\mathfrak{Ab}$ 是 $\mathfrak{S}$ 的满子范畴, 而 $\mathfrak{R}_1$ 是 $\mathfrak{R}$ 的子范畴, 但不是满子范畴.

习题 2.1

1.1 带基点的集合 (X, x) 是指一个集合 X 以及它的一个基点 $x \in X$. 如果我们以带基点的集合作为对象族, 定义态射 $f : (X, x) \longrightarrow (Y, y)$ 为满足 $f(x) = y$ 的集合的映射, 证明这是一个范畴.

1.2 设 X 是一个拓扑空间, 如果我们以 X 中的所有开子集作为对象族, 对于 X 的开子集 U 和 V, 若 $V \nsubseteq U$, 则定义 $\hom(V, U) = \emptyset$; 若 $V \subseteq U$, 则令 $\hom(V, U)$ 只含一个元素, 即包含映射 $i_{UV} : V \lhook\joinrel\longrightarrow U$ (注: 符号 $\lhook\joinrel\longrightarrow$ 表示单射). 证明这是一个范畴, 记为 $\mathfrak{Open}(X)$.

1.3 设 $\mathfrak{C}$ 是一个范畴, C 是其中一个取定的对象. 令

$$\mathrm{ob}(\mathfrak{C}/C) = \bigcup_{A \in \mathrm{ob}(\mathfrak{C})} \mathrm{hom}(A, C),$$

即 $\mathfrak{C}/C$ 的对象是以 C 作为终点的态射. 对于 $f \in \mathrm{hom}(A, C)$, $g \in \mathrm{hom}(B, C)$ 定义

$$\mathrm{hom}(f, g) = \{h \in \mathrm{hom}(A, B) \,|\, f = gh\}.$$

当然我们必须作一点技术性处理, 使得当 $(f, g) \neq (f', g')$ 时有

$$\mathrm{hom}(f, g) \cap \mathrm{hom}(f', g') = \emptyset.$$

利用范畴 $\mathfrak{C}$ 中的态射的复合可以定义 $\mathfrak{C}/C$ 中态射的复合. 类似地, 单位态射 $1_f = 1_A$. 验证这样定义的 $\mathfrak{C}/C$ 构成一个范畴, 称为 C 上 $\mathfrak{C}$ 对象的范畴.

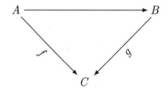

1.4 设 $\mathfrak{C}$ 是一个范畴, A_1, A_2 是 $\mathfrak{C}$ 中两个取定的对象. 令

$$\mathrm{ob}(\mathfrak{C}/\{A_1, A_2\}) = \{(X, f_1, f_2) \,|\, X \in \mathrm{ob}(\mathfrak{C}), f_i \in \mathrm{hom}(X, A_i)\},$$

$$\mathrm{hom}_{\mathfrak{C}/\{A_1, A_2\}}((X, f_1, f_2), (Y, g_1, g_2)) = \{h \in \mathrm{hom}_{\mathfrak{C}}(X, Y) \,|\, g_i h = f_i, i = 1, 2\}.$$

验证 $\mathfrak{C}/\{A_1, A_2\}$ 是一个范畴.

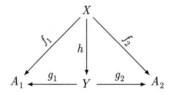

1.5 设 G 是一个群, 令 $\mathrm{ob}(\mathfrak{C}) = \{A\}$ 是一个单点集, $\mathrm{hom}(A, A) = G$. 验证 $\mathfrak{C}$ 是一个范畴, 其中每个态射都是同构. 问它的子范畴是什么? 满子范畴呢?

1.6 证明在群的范畴 $\mathfrak{G}$ 里存在 $\mathrm{hom}(\mathbb{Z}, G)$ 与 G 之间的一一对应.

1.7 范畴 $\mathfrak{C}$ 的生成子 U 是 $\mathfrak{C}$ 的一个对象, 对于任意的 $f, g \in \mathrm{hom}(A, B)$, $f \neq g$, 必存在 $u \in \mathrm{hom}(U, A)$ 使得 $fu \neq gu$. 证明群的范畴 $\mathfrak{G}$ 有一个生成子.

1.8 证明习题 1.1 里的带基点的集合的范畴具有生成子. 试找出例 1.1 — 例 1.9 的范畴中具有生成子的范畴.

§2.2 函子与自然变换

在同一个范畴里, 对象之间通过态射相联系. 而在不同的范畴之间就要通过函子相联系. 函子把一个范畴的对象映到另一个范畴的对象, 同时把对象间的态射映到相应对象间的态射. 所以函子实际上就是范畴间的映射. 自然变换则是函子间的映射.

定义 2.1 设 $\mathfrak{C}$ 和 $\mathfrak{D}$ 是两个范畴. 从 $\mathfrak{C}$ 到 $\mathfrak{D}$ 的**共变函子** (*covariant functor*) $F : \mathfrak{C} \longrightarrow \mathfrak{D}$ 由两个部分组成: 一个是对象族之间的映射, 它把 $\mathfrak{C}$ 中的对象 A 映到 $\mathfrak{D}$ 中的对象 $F(A)$; 另一个是态射集间的映射, 它把态射 $f \in \hom_{\mathfrak{C}}(A, B)$ 映到态射 $F(f) \in \hom_{\mathfrak{D}}(F(A), F(B))$. 这些映射要满足下列条件:

(F1) $F(1_A) = 1_{F(A)}$, 对于 $\mathfrak{C}$ 中的所有对象 A.

(F2) $F(gf) = F(g)F(f)$, 对于 $\mathfrak{C}$ 中所有使 gf 有意义的态射 f 和 g.

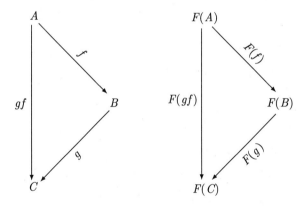

与共变函子相反的是反变函子, 它把一个态射映成箭头方向相反的态射:

定义 2.2 设 $\mathfrak{C}$ 和 $\mathfrak{D}$ 是两个范畴. 从 $\mathfrak{C}$ 到 $\mathfrak{D}$ 的**反变函子** (*contravariant functor*) $G : \mathfrak{C} \longrightarrow \mathfrak{D}$ 由两个部分组成: 一个是对象族之间的映射, 它把 $\mathfrak{C}$ 中的对象 A 映到 $\mathfrak{D}$ 中的对象 $G(A)$; 另一个是态射集间的映射, 它把态射 $f \in \hom_{\mathfrak{C}}(A, B)$ 映到态射 $G(f) \in \hom_{\mathfrak{D}}(G(B), G(A))$. 这些映射要满足下列条件:

(F1) $G(1_A) = 1_{G(A)}$, 对于 $\mathfrak{C}$ 中的所有对象 A.

(F2) $G(gf) = G(f)G(g)$, 对于 $\mathfrak{C}$ 中所有使 gf 有意义的态射 f 和 g.

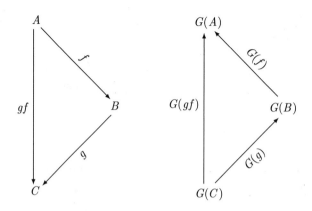

对于一个已知的范畴 $\mathfrak{C}$, 我们可以用下面的方式构造它的**对偶范畴** (*dual category*) $\mathfrak{C}^{\mathrm{op}}$, 使得 $\mathrm{ob}(\mathfrak{C}^{\mathrm{op}}) = \mathrm{ob}(\mathfrak{C})$, 而且把集合 $\hom_{\mathfrak{C}}(B, A)$ 取为 $\mathfrak{C}^{\mathrm{op}}$ 里的态射集 $\hom_{\mathfrak{C}^{\mathrm{op}}}(A, B)$. 为了区分, 当 $f \in \hom_{\mathfrak{C}}(B, A)$ 被看作 $\hom_{\mathfrak{C}^{\mathrm{op}}}(A, B)$ 里的态射时就记为 f^{op}. 这样我们就有

$$g^{\mathrm{op}} f^{\mathrm{op}} = (fg)^{\mathrm{op}}.$$

从对偶范畴的定义不难看出, 反变函子 $G : \mathfrak{C} \longrightarrow \mathfrak{D}$ 可以被看成一个共变函子 $\overline{G} : \mathfrak{C}^{\mathrm{op}} \longrightarrow \mathfrak{D}$, 这里取 $\overline{G}(A) = G(A), \overline{G}(f^{\mathrm{op}}) = G(f)$. 反过来, 从 $\mathfrak{C}^{\mathrm{op}}$ 发出的共变函子显然都可以用上述方式由一个 $\mathfrak{C}$ 发出的反变函子得到.

有了对偶范畴的概念, 我们在第一章第六节里提到的对偶性就可以有一个理论基础了. 因为把所有的箭头反向就相当于把一个范畴变成它的对偶范畴. 因此一个论断在范畴 $\mathfrak{C}$ 里正确当且仅当其对偶论断在对偶范畴 $\mathfrak{C}^{\mathrm{op}}$ 里正确. 这样要证明一个涉及 $\mathfrak{C}$ 中的对象、态射和反变函子的论断是正确的, 只要证明 $\mathfrak{C}^{\mathrm{op}}$ 上关于其共变函子的对偶论断就可以了. 因此以后的许多结论都只对共变函子的情形加以证明, 关于反变函子的相应结论只要应用对偶化即可得到. 以后我们往往把共变函子简称函子.

不难定义函子的复合. 例如设 $F : \mathfrak{C} \longrightarrow \mathfrak{D}$ 以及 $G : \mathfrak{D} \longrightarrow \mathfrak{E}$ 是两个共变函子, 那么可以定义它们的复合函子 $GF : \mathfrak{C} \longrightarrow \mathfrak{E}$ 为一个共变函子, 它把 $\mathfrak{C}$ 中的对象 A 映到 $\mathfrak{E}$ 中的对象 $GF(A) = G(F(A))$, 把态射 $f \in \hom_{\mathfrak{C}}(A, B)$ 映到态射 $GF(f) = G(F(f)) \in \hom_{\mathfrak{E}}(GF(A), GF(B))$.

如果由函子 $F : \mathfrak{C} \longrightarrow \mathfrak{D}$ 确定的映射

$$F : \hom_{\mathfrak{C}}(A, B) \longrightarrow \hom_{\mathfrak{D}}(F(A), F(B))$$

是单射, 则称此函子是**忠实的** (*faithful*). 如果此映射是满射, 则称此函子是**满的** (*full*).

例 2.1 设 $\mathfrak{D}$ 是 $\mathfrak{C}$ 的子范畴, 包含函子把 $\mathfrak{D}$ 的对象和态射映到 $\mathfrak{C}$ 的相应对象和态射, 显然这是共变函子. 当 $\mathfrak{D}$ 是 $\mathfrak{C}$ 本身时, 就是恒等函子 $1_{\mathfrak{C}}$.

例 2.2 一个群 G 都可以通过 Abel 化得到一个 Abel 商群 $G/(G,G)$, 这里 (G,G) 是 G 的换位子群 (定义为由所有形如 $xyx^{-1}y^{-1}$ 的元素生成的子群, 其中 x,y 取遍 G 的元素). $G/(G,G)$ 是 G 的最大 Abel 商群. 把群 G 映到 Abel 群 $G/(G,G)$ 定义了从群的范畴 $\mathfrak{G}$ 到 Abel 群的范畴 $\mathfrak{Ab}$ 里的一个共变函子. 用同样的方式也能得到从群的范畴 $\mathfrak{G}$ 到自身的 Abel 化函子.

例 2.3 对于任何一个集合 X 都可以构造以 X 为基的自由 R 模 $V(X)$, 把 X 映到 $V(X)$ 就可定义从集合的范畴 $\mathfrak{S}$ 到 R 模的范畴 $\mathfrak{M}_R$ 的一个共变函子. 类似地可以定义从集合的范畴 $\mathfrak{S}$ 到域 F 上向量空间范畴 $\mathfrak{V}_F$ 的一个共变函子.

例 2.4 把一个群 G 映到它的依托集合就定义了从群的范畴 $\mathfrak{G}$ 到集合的范畴 $\mathfrak{S}$ 的一个共变函子. 类似地可以定义从 Abel 群的范畴、环的范畴、拓扑空间的范畴等等到集合的范畴的共变函子, 这类函子的特点是抛弃建立于集合之上的各类数学结构, 仅仅剩下集合这个外壳, 因此被称为**忘却函子** (*forgetful functor*).

例 2.5 对于取定的一个 R 模 A, 把 R 模 B 映到 R 模 $\mathrm{Hom}_R(A,B)$ 定义了从 R 模范畴 $\mathfrak{M}_R$ 到自身的一个共变函子 $\mathrm{Hom}_R(A,-)$. 再进一步推广到任意的范畴 $\mathfrak{C}$, 对于任意取定的一个对象 $A \in \mathrm{ob}(\mathfrak{C})$, 把 $B \in \mathrm{ob}(\mathfrak{C})$ 映到 $\mathrm{hom}_{\mathfrak{C}}(A,B)$ 可以定义从范畴 $\mathfrak{C}$ 到集合的范畴 $\mathfrak{S}$ 的一个共变函子 $\mathrm{hom}_{\mathfrak{C}}(A,-)$, 称为**共变 hom 函子** (*covariant hom functor*).

例 2.6 对于取定的一个 R 模 B, 把 R 模 A 映到 R 模 $\mathrm{Hom}_R(A,B)$ 定义了从 R 模范畴 $\mathfrak{M}_R$ 到自身的一个反变函子 $\mathrm{Hom}_R(-,B)$. 再进一步推广到任意的范畴 $\mathfrak{C}$, 对于任意取定的一个对象 $B \in \mathrm{ob}(\mathfrak{C})$, 把 $A \in \mathrm{ob}(\mathfrak{C})$ 映到 $\mathrm{hom}_{\mathfrak{C}}(A,B)$ 可以定义从范畴 $\mathfrak{C}$ 到集合的范畴 $\mathfrak{S}$ 的一个反变函子 $\mathrm{hom}_{\mathfrak{C}}(-,B)$, 称为**反变 hom 函子** (*contravariant hom functor*).

例 2.7 对于取定的一个 R 模 A, 把 R 模 B 映到 R 模 $A \otimes_R B$ 定义了从 R 模范畴 $\mathfrak{M}_R$ 到自身的一个共变函子 $A \otimes_R -$.

定义 2.3 设 $\mathfrak{C}$ 和 $\mathfrak{D}$ 是两个范畴, $F, G : \mathfrak{C} \longrightarrow \mathfrak{D}$ 是两个共变函子. **自然变换**

(*natural transformation*) $\tau : F \longrightarrow G$ 是一族态射

$$\{\tau_A \in \hom_\mathfrak{D}(F(A), G(A)) \mid A \in \mathrm{ob}(\mathfrak{C})\},$$

使得对于 $\mathfrak{C}$ 中的所有态射 $f : A \longrightarrow B$ 有以下的交换图:

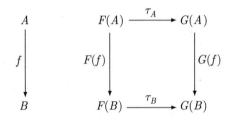

如果所有的 τ_A 都是同构, 则称 τ 为**自然同构** (*natural isomorphism*).

例 2.8 对于域 F 上向量空间的范畴 $\mathfrak{V}_F$, 定义一个双重对偶的共变函子 $G : \mathfrak{V}_F \longrightarrow \mathfrak{V}_F$, $G(V) = V^{**}$. 则可定义自然变换为 $\tau : 1_{\mathfrak{V}_F} \longrightarrow G$, 这里 $\tau_V = \theta : V \longrightarrow V^{**}$ (参见第一章定理 5.10). 如果考虑 $\mathfrak{V}_F$ 的由有限维向量空间构成的满子范畴 $\mathfrak{V}_F^f$, 那么刚才定义的自然变换 τ 限制在 $\mathfrak{V}_F^f$ 上就是一个自然同构.

习题 2.2

2.1 设 $F : \mathfrak{G} \longrightarrow \mathfrak{G}$ 是例 2.2 中定义的 Abel 化函子, 证明由 $\tau_G : G \longrightarrow G/(G, G)$ 定义的 $\tau : 1_{\mathfrak{G}} \longrightarrow F$ 是自然变换.

2.2 设 $U : \mathfrak{Ab} \longrightarrow \mathfrak{G}$ 是例 2.4 中定义的从 Abel 群范畴到集合范畴的忘却函子, $F : \mathfrak{G} \longrightarrow \mathfrak{Ab}$ 是例 2.3 定义的从集合范畴到 Abel 群范畴 (即 $\mathbb{Z}$ 模范畴) 的自由函子. 试定义一个自然变换 $\tau : FU \longrightarrow 1_{\mathfrak{Ab}}$ 并加以验证. 这里 FU 是函子 U 与 F 的复合.

2.3 设 $\mathfrak{B}, C, D, E$ 是四个范畴, $F, G : \mathfrak{C} \longrightarrow \mathfrak{D}$, $K : \mathfrak{B} \longrightarrow \mathfrak{C}$, $H : \mathfrak{D} \longrightarrow \mathfrak{E}$ 都是函子. 设 $\tau : F \longrightarrow G$ 是自然变换, 证明 $\{H\tau_A \mid A \in \mathrm{ob}(\mathfrak{C})\}$ 是 HF 到 HG 的自然变换; $\{\tau_{K(B)} \mid B \in \mathrm{ob}(\mathfrak{B})\}$ 是 FK 到 GK 的自然变换.

2.4 对于取定的 R 模 A, 例 2.7 定义了左张量积函子 $A \otimes_R -$. 请读者定义右张量积函子 $- \otimes_R A$, 并建立这两个函子间的一个自然同构.

2.5 设范畴 $\mathfrak{V}$ 的对象是复数域 $\mathbb{C}$ 上有限维向量空间, 其态射为向量空间的同构映射. 试证明下列结论:

(1) 如果 $f : V \longrightarrow U$ 是 $\mathfrak{V}$ 的态射 (即向量空间的同构), 那么它的对偶映射 $\overline{f} : U^* \longrightarrow V^*$ 也是 $\mathfrak{V}$ 的态射, 这里 $[\overline{f}(u^*)](v) = u^*[f(v)]$;

(2) 令 $D(V) = V^*$, $D(f) = \overline{f}^{-1}$, 则 $D : \mathfrak{V} \longrightarrow \mathfrak{V}$ 是一个共变函子;

(3) 选取 V 的基 $\{x_1, \cdots, x_n\}$，并取 V^* 的对偶基 $\{e_1, \cdots, e_n\}$(即满足 $e_i(x_j) = \delta_{ij}$ 的基)，则令 $\alpha_V(x_i) = e_i$ 可以诱导向量空间的同构 $\alpha_V : V \longrightarrow V^*$，因此有 $\alpha_V : V \xrightarrow{\sim} D(V)$；

(4) 举出一个 $\dim V = 1$ 的反例说明 $\alpha = \{\alpha_V\}$ 所定义的同构 $\alpha : 1_{\mathfrak{V}} \longrightarrow D$ 不是自然的.

§2.3 积、余积及泛结构

在第一章里我们已经学习过模的直积与直和的构造及性质. 而回想起在抽象代数中也学过群与环的直积, 它们之间有许多共同点. 现在我们有了范畴的概念, 当然会想到如何把直积与直和的定义加以抽象, 以得到范畴论里的一个普遍定义, 它可以脱离具体的范畴而存在. 这是本节的第一个任务.

定义 3.1 设 $\mathfrak{C}$ 是一个范畴, $\{A_i \mid i \in I\}$ 是 $\mathfrak{C}$ 的一族对象. $\{A_i \mid i \in I\}$ 的**积** (*product*) 是一个二元组 $(P, \{\pi_i\})$, 其中 P 是 $\mathfrak{C}$ 的一个对象, $\pi_i : P \longrightarrow A_i$ 是一族态射 $(i \in I)$, 使得对所有的二元组 $(B, \{\varphi_i\})$, 其中 B 是 $\mathfrak{C}$ 的对象, $\varphi_i : B \longrightarrow A_i$ 是一族态射, 必存在唯一的态射 $\varphi : B \longrightarrow P$ 使得 $\pi_i \varphi = \varphi_i$ 对所有的 $i \in I$ 都成立.

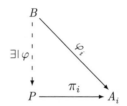

一般我们简单地把二元组中的对象 P 称为 $\{A_i\}$ 的积, 并记为 $\prod\limits_{i \in I} A_i$. 当 I 是有限集时, 也记为 $A_1 \Pi \cdots \Pi A_n$.

命题 3.1 如果 $(P, \{\pi_i\})$ 和 $(Q, \{\psi_i\})$ 都是范畴 $\mathfrak{C}$ 的对象族 $\{A_i \mid i \in I\}$ 的积, 则 P 与 Q 是同构的.

证明: 由于 P 与 Q 都是积, 存在态射 $f : P \longrightarrow Q$ 与 $g : Q \longrightarrow P$ 使得下图对于每个 $i \in I$ 都交换:

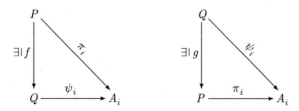

把 f 和 g 复合后, 关于每个 $i \in I$ 都有以下的交换图:

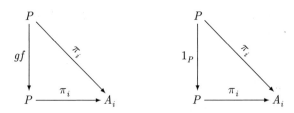

所以有 $\pi_i(gf) = \pi_i = \pi_i 1_P$. 根据积的定义中的唯一性条件, 必须有 $gf = 1_P$. 类似地有 $fg = 1_Q$. 因此 $f: P \longrightarrow Q$ 是同构. $\square$

从上面唯一性定理的证明中可以看出其实在积的定义中就已经蕴含了它的唯一性. 真正成问题的倒是积的存在性. 并不是任何范畴内都存在一族对象的积的. 从唯一性可以知道只要构造出一个对象使它符合定义的条件, 它就是要找的积.

把积的定义中的所有态射的箭头全部反向, 就得到了积的对偶概念 —— 余积.

定义 3.2 设 $\mathfrak{C}$ 是一个范畴, $\{A_i \,|\, i \in I\}$ 是 $\mathfrak{C}$ 的一族对象. $\{A_i \,|\, i \in I\}$ 的**余积** (*coproduct*) 是一个二元组 $(S, \{\iota_i\})$, 其中 S 是 $\mathfrak{C}$ 的一个对象, $\iota_i : A_i \longrightarrow S$ 是一族态射 $(i \in I)$, 使得对所有的二元组 $(B, \{\psi_i\})$, 其中 B 是 $\mathfrak{C}$ 的对象, $\psi_i : A_i \longrightarrow B$ 是一族态射, 必存在唯一的态射 $\psi : S \longrightarrow B$ 使得 $\psi \iota_i = \psi_i$ 对所有的 $i \in I$ 都成立.

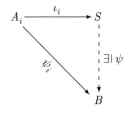

一般我们简单地把二元组中的对象 S 称为 $\{A_i\}$ 的余积, 并记为 $\coprod\limits_{i \in I} A_i$. 当 I 是有限集时, 也记为 $A_1 \amalg \cdots \amalg A_n$.

命题 3.2 如果 $(S, \{\iota_i\})$ 和 $(T, \{\lambda_i\})$ 都是范畴 $\mathfrak{C}$ 的对象族 $\{A_i \,|\, i \in I\}$ 的余积, 则 S 与 T 是同构的. $\square$

例 3.1 R 模范畴 $\mathfrak{M}_R$ 里的积与余积就是我们在第一章第 3 节里定义的直积与直和.

例 3.2 集合范畴 $\mathfrak{S}$ 里的积就是我们熟悉的直积 (也可称为笛卡儿积或加氏积), 这里再叙述一下它的构造方法. 设有一族集合 $\{S_i \,|\, i \in I\}$. 令

$$P = \left\{ \alpha : I \longrightarrow \bigcup_{i \in I} S_i \,\middle|\, \alpha(i) \in S_i \right\},$$

定义 $\pi_i : P \longrightarrow S_i$ 为 $\pi_i(\alpha) = \alpha(i)$. 那么 $(P, \{\pi_i\})$ 就是 $\{S_i\}$ 的积 (验证作为习题). 当 I 是有限集 $\{1, \cdots, n\}$ 时, $P = S_1 \times \cdots \times S_n = \{(x_1, \cdots, x_n) \,|\, x_i \in S_i\}$.

$\mathfrak{S}$ 里的余积就是不交并, 即 $\coprod\limits_{i \in I} S_i = \dot{\bigcup\limits_{i \in I}} S_i$. 不交并也可实现为 $\{(i, x) \,|\, i \in I, x \in S_i\}$.

例 3.3   群范畴以及环范畴的积都可先构造集合范畴的积, 然后再定义相应的运算. 抽象代数中就是这样做的. 这两个范畴的余积也是存在的, 但构造要复杂得多.

我们在第一章里定义了自由模. 现在就要在范畴里建立自由对象的概念. 不过首先要对范畴作些限制.

定义 3.3   **具体范畴** (*concrete category*) 是一个范畴 $\mathfrak{C}$, 它的每个对象 A 都与一个称为**底集** (*underlying set*) 的集合 $\sigma(A)$ 相关联, 并且满足下列三个条件:

(1) 每个态射 $A \longrightarrow B$ 都是底集的映射 $\sigma(A) \longrightarrow \sigma(B)$;

(2) 1_A 就是 $1_{\sigma(A)}$;

(3) $\mathfrak{C}$ 内的态射的复合和底集上相应映射的复合是一致的.

我们通常遇到的群的范畴、环的范畴、模的范畴、域上向量空间的范畴、拓扑空间的范畴等都是具体范畴的例子. 这时的 σ 就是把一个数学结构与它的元素的集合相关联. 这样我们可以略去符号 σ, A 既可以代表具有某种数学结构的对象, 也可以代表不附带任何其他结构的集合. 不过读者要注意区分范畴 $\mathfrak{C}$ 的态射与集合间的映射, 后者不一定是态射.

定义 3.4   设 V 是具体范畴 $\mathfrak{C}$ 中的一个对象, $i : X \longrightarrow V$ 是集合的映射. 如果对于 $\mathfrak{C}$ 中任意一个对象 A 以及集合的映射 $f : X \longrightarrow A$, 存在 $\mathfrak{C}$ 中唯一的态射 $\overline{f} : V \longrightarrow A$ 使得 $\overline{f}i = f$, 则称 V 是集合 X 上的**自由对象** (*free object*).

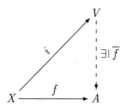

比较第一章的命题 4.1 可以看出自由模是 R 模范畴 $\mathfrak{M}_R$ 里的自由对象.

命题 3.3　设 $\mathfrak{C}$ 是一个具体范畴, V, V' 都是 $\mathfrak{C}$ 的对象, 并且 V 和 V' 分别是 X 与 X' 上的自由对象. 如果 $|X| = |X'|$ (即集合 X 与 X' 等势), 则 V 与 V' 同构.　　　　　　　　　　　　　　　　　　　　　　　　　　　　　　□

证明留给读者作为习题.

前面定义的积、余积和自由对象都具有泛映射性质, 也就是说在某些条件满足的前提下必定存在从这个对象出发或到达这个对象的唯一的态射, 而且这样定义的对象都是互相同构的. 类似这样的情况是很多的. 因此我们又可抽象出以下的概念.

定义 3.5　如果范畴 $\mathfrak{C}$ 里的对象 A 有这样的性质: 对于 $\mathfrak{C}$ 的任何对象 B, 集合 $\hom(A, B)$ 只含一个元素, 则称这样的对象为**始对象** (*initial object*) 或**泛对象** (*universal object*). 如果对于 $\mathfrak{C}$ 的任何对象 B, 集合 $\hom(B, A)$ 只含一个元素, 则称这样的对象为**终对象** (*terminal object*) 或**余泛对象** (*couniversal object*).

命题 3.4　范畴 $\mathfrak{C}$ 的泛对象都是同构的, 它的余泛对象也是同构的.

证明: 设 I, J 是两个泛对象, 则有唯一的态射 $f: I \longrightarrow J$ 及 $g: J \longrightarrow I$. 因而 $gf \in \hom_{\mathfrak{C}}(I, I)$. 但 $1_I \in \hom_{\mathfrak{C}}(I, I)$, 由唯一性即得 $gf = 1_I$. 同样可证 $fg = 1_J$.　　　　　　　　　　　　　　　　　　　　　　　　　　　　　　□

例 3.4　在集合范畴 $\mathfrak{S}$ 中空集 $\emptyset$ 是泛对象, 单点集是余泛对象.

例 3.5　群范畴 $\mathfrak{G}$ 中单位群 $\{e\}$ 既是泛对象又是余泛对象. R 模范畴 $\mathfrak{M}_R$ 里的零模 0 也既是泛对象又是余泛对象.

下面的例子说明只要适当定义范畴, 就可以把积、余积及自由对象看成某个范畴的泛对象或余泛对象.

例 3.6　习题 1.4 定义的范畴 $\mathfrak{C}/\{A_1, A_2\}$ 中的余泛对象就是范畴 $\mathfrak{C}$ 中对象的积 $A_1 \Pi A_2$. 请读者考虑如何定义一个新的范畴使得其中的泛对象就是范畴 $\mathfrak{C}$ 中对象的余积 $A_1 \amalg A_2$.

例 3.7　设 $\mathfrak{C}$ 是具体范畴, X 是某个给定的集合. 我们用下面的方式定义一个新范畴 $\mathfrak{D}$. $\mathrm{ob}(\mathfrak{D}) = \bigcup_{A \in \mathrm{ob}(\mathfrak{C})} \hom_{\mathfrak{S}}(X, A)$, 这里 A 是 $\mathfrak{C}$ 中对象的底集. 对于 $\mathfrak{D}$ 中的两个对象 $f: X \longrightarrow A$ 以及 $g: X \longrightarrow B$, 定义 $\hom_{\mathfrak{D}}(f, g)$ 为满足 $hf = g$ 的态射 $h \in \hom_{\mathfrak{C}}(A, B)$(见下图).

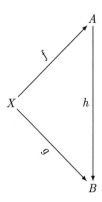

请读者自己验证 $\mathfrak{D}$ 确实是一个范畴. 如果范畴 $\mathfrak{D}$ 含有泛对象 $i : X \longrightarrow V$, 那么 V 就是范畴 $\mathfrak{C}$ 中在 X 上的自由对象.

例 3.8 在范畴 $\mathfrak{C}$ 内取定两个有相同值域的态射 $\varphi_1 : A_1 \longrightarrow C$ 及 $\varphi_2 : A_2 \longrightarrow C$. 令

$$
\mathrm{ob}(\mathfrak{D}) = \left\{ (X, f_1, f_2) \,\middle|\, \begin{array}{l} X \in \mathrm{ob}(\mathfrak{C}), f_i \in \mathrm{hom}(X, A_i), i = 1, 2, \\ \varphi_1 f_1 = \varphi_2 f_2 \end{array} \right\},
$$

$$
\mathrm{hom}_{\mathfrak{D}}((X, f_1, f_2), (Y, g_1, g_2)) = \left\{ h \in \mathrm{hom}_{\mathfrak{C}}(X, Y) \,\middle|\, \begin{array}{l} g_i h = f_i, \\ i = 1, 2. \end{array} \right\}.
$$

类似于习题 1.4 读者可以验证 $\mathfrak{D}$ 是一个范畴.

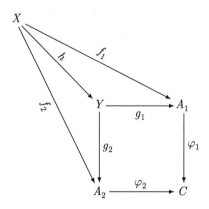

范畴 $\mathfrak{D}$ 的余泛对象 (如果存在)(Z, p_1, p_2) 称为范畴 $\mathfrak{C}$ 中态射对 (φ_1, φ_2) 的**拉回** (*pull-back*). 态射 $p_1, p_2, \varphi_1, \varphi_2$ 构成一个交换方图. 拉回 (Z, p_1, p_2) 也可用以下性质定义: 对于 $\mathfrak{C}$ 中任意的对象 X 以及满足 $\varphi_1 f_1 = \varphi_2 f_2$ 的态射 $f_i \in \mathrm{hom}_{\mathfrak{C}}(X, A_i)$,

必存在唯一的态射 $h : X \longrightarrow Z$ 使得 $p_i h = f_i$ (见下图).

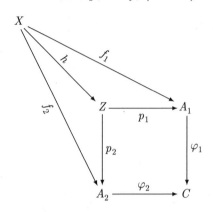

还可以用另一种方式定义态射对 (φ_1, φ_2) 的拉回. 在习题 1.3 里定义了 C 上 $\mathfrak{C}$ 对象的范畴 $\mathfrak{C}/C$. φ_i 可以看成是 $\mathfrak{C}/C$ 中的对象, φ_i 在范畴 $\mathfrak{C}/C$ 里的积就是 (φ_1, φ_2) 的拉回. 因此常常把这个拉回称为态射 (φ_1, φ_2) 的**纤维积** (*fiber product*), 记为 $A_1 \times_C A_2$.

例 3.9　范畴 $\mathfrak{C}$ 内的拉回的对偶概念称为**推出** (*push-out*). 请读者模仿例 3.8 用三种方式定义态射对的推出.

例 3.10　在 R 模的范畴 $\mathfrak{M}_R$ 内取定两个对象 A、B, 我们构造一个范畴 $\mathfrak{B}(A, B)$, 令它的对象集与态射集为

$$\mathrm{ob}(\mathfrak{B}(A, B)) = \{f : A \times B \longrightarrow C \text{ 是双线性映射} \,|\, C \in \mathrm{ob}(\mathfrak{M}_R)\},$$

$$\hom_{\mathfrak{B}(A, B)}(f, g) = \{h \in \hom_{\mathfrak{M}_R}(C, D) \,|\, g = hf\},$$

这里 $g : A \times B \longrightarrow D$ 也是双线性映射. 范畴 $\mathfrak{B}(A, B)$ 的泛对象就是 $i : A \times B \longrightarrow A \otimes_R B$.

习题 2.3

3.1　验证例 3.2 中构造的集合范畴 $\mathfrak{G}$ 的积与余积.

3.2　证明在群的范畴 $\mathfrak{G}$ 里, 加群 $\mathbb{Z}$ 是单元集 $X = \{1\}$ 上的自由对象. 并证明有理数加群 $\mathbb{Q}$ 不可能是自由对象.

3.3　试证明命题 3.3.

3.4　设有范畴 $\mathfrak{C}$ 以及其中的两个对象 A_1, A_2. 试定义一个范畴 $\mathfrak{D}$, 使得 $\mathfrak{D}$ 中的泛对象就是 A_1, A_2 在 $\mathfrak{C}$ 中的余积.

3.5 模仿例 3.8 用三种方式定义范畴 $\mathfrak{C}$ 里态射对的推出.

§2.4 可表函子与伴随函子

对于任意一个范畴 $\mathfrak{C}$, 必有一批与之共存的函子, 就是从范畴 $\mathfrak{C}$ 到集合范畴 $\mathfrak{S}$ 的 hom 函子 $h_A = \mathrm{hom}_{\mathfrak{C}}(A, -)$ 以及 $h^B = \mathrm{hom}_{\mathfrak{C}}(-, B)$. 我们把能与这些函子自然同构的函子称为可表函子.

定义 4.1 设 $\mathfrak{C}$ 是一个范畴, $\mathfrak{S}$ 是集合的范畴. $F: \mathfrak{C} \longrightarrow \mathfrak{S}$ 是一个共变函子. 如果存在 $A \in \mathrm{ob}(\mathfrak{C})$ 以及自然同构 $\alpha: \mathrm{hom}_{\mathfrak{C}}(A, -) \longrightarrow F$, 就称 F 是**可表函子** (*representable functor*), 二元组 (A, α) 称为 F 的**代表** (*representative*), 也称 F 可用对象 A 表示.

类似地对于一个反变函子 $G: \mathfrak{C} \longrightarrow \mathfrak{S}$, 如果存在 $B \in \mathrm{ob}(\mathfrak{C})$ 以及自然同构 $\beta: \mathrm{hom}_{\mathfrak{C}}(-, B) \longrightarrow G$, 就称 G 是**可表函子**, 二元组 (B, β) 称为 G 的**代表**.

可表函子与泛或余泛对象有着密切的联系. 我们这里给出几个例子.

例 4.1 设 $\mathfrak{C}$ 是一个具体范畴, 对于一个给定的集合 X, 我们定义函子 $F: \mathfrak{C} \longrightarrow \mathfrak{S}$ 如下: $F(A) = \mathrm{hom}_{\mathfrak{S}}(X, A)$. 设 $i: X \longrightarrow V$ 是 X 上的自由对象, 并定义集合的映射 $\alpha_A: \mathrm{hom}_{\mathfrak{C}}(V, A) \longrightarrow \mathrm{hom}_{\mathfrak{S}}(X, A)$ 为 $\alpha_A(\overline{f}) = \overline{f}i$, 则二元组 (V, α) 是 F 的代表.

例 4.2 设 $\mathfrak{M}_R$ 是 R 模的范畴, A、B 是两个取定的 R 模. 函子 $F: \mathfrak{M}_R \longrightarrow \mathfrak{S}$ 定义如下: 对于 $\mathfrak{M}_R$ 的一个对象 C 定义 $F(C)$ 为从 $A \times B$ 到 C 中的双线性映射的全体, 对于 $g \in \mathrm{Hom}_R(C, D)$, 定义 $F(g)$ 为把双线性映射 $f \in F(C)$ 变换为双线性映射 $gf \in F(D)$ 的映射. 如果我们定义 $\alpha_C: \mathrm{Hom}_R(A \otimes_R B, C) \longrightarrow F(C)$ 为 $\alpha_C(h) = hi$, 这里 $i: A \times B \longrightarrow A \otimes_R B$ 是典范双线性映射 (参见第一章第 7 节), 则 $(A \otimes_R B, \alpha)$ 表示了函子 F.

可表函子的性质当然会反映在它的代表上. 下面的 Yoneda (米田信夫, Yoneda Nobuo, 1930 — 1996) 引理就反映了这样的关系. 我们把以从范畴 $\mathfrak{C}$ 到集合的范畴的函子作为对象的范畴记为 $\mathfrak{F}$, 范畴 $\mathfrak{F}$ 的态射是从一个函子到另一个函子的自然变换. 设 $h: \mathfrak{C} \longrightarrow \mathfrak{F}$ 是一个函子, 它把 $\mathfrak{C}$ 中的对象 A 映为函子 $h_A \in \mathrm{ob}(\mathfrak{F})$. 下面的 Yoneda 引理实际上是说: 函子 h 建立了范畴 $\mathfrak{C}$ 与它的可表函子的对偶范畴间的一个等价. 这个引理也说明了可表函子的代表是唯一的.

引理 4.1 (Yoneda (米田) 引理)　设 A 和 B 是范畴 $\mathfrak{C}$ 的对象, 则有

$$\hom_{\mathfrak{F}}(h_A, h_B) \xrightarrow{\sim} \hom_{\mathfrak{C}}(B, A)$$
$$\varphi : h_A \longrightarrow h_B \longmapsto \varphi_A(1_A)$$

证明: 因为 φ 是从函子 h_A 到 h_B 的自然变换, $\varphi_A : \hom(A, A) \longrightarrow \hom(B, A)$ 是集合的映射, 它把恒等映射 1_A 映为 $\varphi_A(1_A)$. 因此命题中的定义的确是映射. 为了证明它是集合间的一一映射, 我们只要定义它的逆映射. 对于 $f \in \hom(B, A)$, 取它的像为自然变换 $\psi : h_A \longrightarrow h_B$, 对于 $C \in \mathrm{ob}(\mathfrak{C})$, 定义

$$\psi_C : \hom(A, C) \longrightarrow \hom(B, C)$$
$$g \longmapsto gf$$

具体的验证就略去了.　　　　　　　　　　　　　　　　　　　　　　　　　$\square$

接着我们还要介绍重要的伴随函子的概念. 为此先引入**乘积范畴** (*product category*). 范畴 $\mathfrak{C}$ 和 $\mathfrak{D}$ 的乘积范畴 $\mathfrak{C} \times \mathfrak{D}$ 的对象族是所有的二元组 (C, D), 其中 $C \in \mathrm{ob}(\mathfrak{C})$, $D \in \mathrm{ob}(\mathfrak{D})$. $\mathfrak{C} \times \mathfrak{D}$ 中的态射 $(C, D) \longrightarrow (C', D')$ 是二元组 $(f, g) \in \hom_{\mathfrak{C}}(C, C') \times \hom_{\mathfrak{D}}(D, D')$. 态射的合成是 $(f', g')(f, g) = (f'f, g'g)$.

多变量的函子可以被看成从乘积范畴出发的函子. 多变量函子的最重要的例子就是 hom 函子, 它可以被看成从 $\mathfrak{C} \times \mathfrak{C}$ 到集合范畴 $\mathfrak{S}$ 的函子. hom 函子关于第一个变量是反变的, 关于第二个变量是共变的. hom 函子把二元组 (C, D) 映为 $\hom_{\mathfrak{C}}(C, D)$, 而把态射的二元组 $(f, g) : (C, D) \longrightarrow (C', D')(f \in \hom_{\mathfrak{C}}(C', C)$, $g \in \hom_{\mathfrak{C}}(D, D'))$ 映为

$$\hom_{\mathfrak{C}}(f, g) : \hom_{\mathfrak{C}}(C, D) \longrightarrow \hom_{\mathfrak{C}}(C', D')$$
$$\varphi \longmapsto g\varphi f$$

如下图所示:

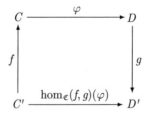

现在设 $F : \mathfrak{C} \longrightarrow \mathfrak{D}$ 和 $G : \mathfrak{D} \longrightarrow \mathfrak{C}$ 是共变函子, 则 $\hom_{\mathfrak{C}}(-, G(-))$ 和 $\hom_{\mathfrak{D}}(F(-), -)$ 都是从 $\mathfrak{C} \times \mathfrak{D}$ 到集合范畴里的函子, 它们都是关于第一个变量反

变, 关于第二个变量共变的函子. 这两个函子间的自然同构 $\alpha : \hom_{\mathfrak{C}}(-, G(-)) \longrightarrow$ $\hom_{\mathfrak{D}}(F(-), -)$, 就是对于每一对 $C \in \mathfrak{C}, D \in \mathfrak{D}$, 存在集合的一一映射

$$\alpha_{C,D} : \hom_{\mathfrak{C}}(C, G(D)) \xrightarrow{\sim} \hom_{\mathfrak{D}}(F(C), D)$$

使得对每一对态射 $f \in \hom_{\mathfrak{C}}(C', C)$ 以及 $g \in \hom_{\mathfrak{D}}(D, D')$ 都有以下的交换图:

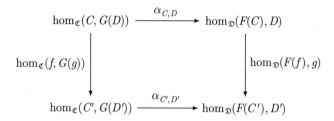

定义 4.2 设 $F : \mathfrak{C} \longrightarrow \mathfrak{D}$ 和 $G : \mathfrak{D} \longrightarrow \mathfrak{C}$ 是两个共变函子. 如果存在自然同构 $\alpha : \hom_{\mathfrak{C}}(-, G(-)) \longrightarrow \hom_{\mathfrak{D}}(F(-), -)$, 则称函子 G 是函子 F 的**右伴随函子** (*right adjoint functor*), 称函子 F 是函子 G 的**左伴随函子** (*left adjoint functor*), 称 (F, G) 为**伴随对** (*adjoint pair*).

例 4.3 第一章的命题 7.6 对于任意的 R 模 A、B 和 C 建立了以下的同构:

$$\mathrm{Hom}_R(A \otimes_R B, C) \cong \mathrm{Hom}_R(A, \mathrm{Hom}_R(B, C)).$$

这个等式给出了张量积函子 $- \otimes_R B$ 与 Hom 函子 $\mathrm{Hom}_R(B, -)$ 间的伴随关系.

伴随对与可表函子间有着密切的联系.

命题 4.2 共变函子 $G : \mathfrak{D} \longrightarrow \mathfrak{C}$ 有左伴随函子的充要条件是对任意的 $C \in \mathrm{ob}(\mathfrak{C})$, 函子 $\hom_{\mathfrak{C}}(C, G(-))$ 是可表的.

证明: ($\Rightarrow$) 设 $F : \mathfrak{C} \longrightarrow \mathfrak{D}$ 是 G 的左伴随函子, 则对每对 $C \in \mathrm{ob}(\mathfrak{C})$、$D \in \mathrm{ob}(\mathfrak{D})$ 都有集合间的一一映射

$$\alpha_{C,D} : \hom_{\mathfrak{D}}(F(C), D) \longrightarrow \hom_{\mathfrak{C}}(C, G(D)),$$

而且这个映射关于变量 C 和 D 都是自然的. 所以对于固定的 C, 二元组 $(F(C), \alpha_{C,-})$ 是函子 $\hom_{\mathfrak{C}}(C, G(-))$ 的代表.

($\Leftarrow$) 如果用 $A_C \in \mathrm{ob}(\mathfrak{D})$ 记函子 $\hom_{\mathfrak{C}}(C, G(-))$ 的代表, 那么可以定义一个共变函子 $F : \mathfrak{C} \longrightarrow \mathfrak{D}$ 使得 $F(C) = A_C$, 并且还有函子间的自然同构

$$\hom_{\mathfrak{D}}(F(-), -) \longrightarrow \hom_{\mathfrak{C}}(-, G(-)).$$

其证明是比较繁复的验证, 此处略去.   □

由可表函子的代表的唯一性可以推出同一个函子的左伴随函子是自然同构的.

习题 2.4

4.1 如果在范畴 $\mathfrak{C}$ 里取定了两个对象 A_1、A_2, 试定义一个共变函子 $F : \mathfrak{C} \longrightarrow \mathfrak{S}$ 使得 F 可用对象 $A_1 \amalg A_2$ 表示.

4.2 证明从 R 模范畴 $\mathfrak{M}_R$ 到集合范畴 $\mathfrak{S}$ 的忘却函子 (参见例 2.4) 以及从群的范畴 $\mathfrak{G}$ 到集合范畴 $\mathfrak{S}$ 的忘却函子都是可表函子.

4.3 设 $\mathfrak{M}_R$ 是 R 模的范畴, $\mathfrak{S}$ 是集合的范畴. $G : \mathfrak{M}_R \longrightarrow \mathfrak{S}$ 是忘却函子 (参见例 2.4), 验证 G 的左伴随函子 $F : \mathfrak{S} \longrightarrow \mathfrak{M}_R$ 就是把一个集合 X 映到以 X 为基的自由模的函子.

4.4 设 X 是一个取定的集合, $\mathfrak{S}$ 是集合的范畴. $h_X = \hom_{\mathfrak{S}}(X, -) : \mathfrak{S} \longrightarrow \mathfrak{S}$ 是共变 hom 函子. 证明定义为 $Y \mapsto X \times Y$ 的函子 $F : \mathfrak{S} \longrightarrow \mathfrak{S}$ 是函子 h_X 的左伴随函子.

§2.5 Abel 范畴

为了能把同调代数的概念和方法推广到模范畴以外的范畴, 有必要对一般的范畴附加适当的条件. 本节将引入 Abel 范畴的概念, 为建立同调代数打下基础.

我们先参考第一章命题 2.1 和 2.2 把单同态和满同态的概念推广到一般的范畴.

定义 5.1 设 $f : C \longrightarrow D$ 是范畴 $\mathfrak{C}$ 中的态射. 如果对所有的对象 $B \in \mathrm{ob}(\mathfrak{C})$ 以及所有满足 $fh = fg$ 的态射 $g, h \in \hom(B, C)$, 都有 $h = g$, 则称 f 是**单态射** (monomorphism) 或**单的** (monic). 如果对所有的对象 $E \in \mathrm{ob}(\mathfrak{C})$ 以及所有满足 $uf = vf$ 的态射 $u, v \in \hom(D, E)$, 都有 $u = v$, 则称 f 是**满态射** (epimorphism) 或**满的** (epic).

例 5.1 集合范畴中的单态射和满态射就是通常的单映射和满映射 (习题 5.1). 此外群范畴、环范畴以及 R 模范畴里的单态射就是通常所说的单同态. 群范畴和 R 模范畴里的满态射就是通常的满同态.

例 5.2 在环的范畴里, 满同态一定是满态射, 但反之不一定正确. 反例见习题 5.2.

例 5.3 习题 5.3 给出了一个单态射但不是单同态的例子.

命题 5.1 设 $f: A \longrightarrow B$ 和 $g: B \longrightarrow C$ 是范畴 $\mathfrak{C}$ 里的态射, 则

(1) 若 f 和 g 是单态射, 则 gf 也是单态射;

(2) 若 gf 是单态射, 则 f 也是单态射;

(3) 若 f 和 g 是满态射, 则 gf 也是满态射;

(4) 若 gf 是满态射, 则 g 也是满态射;

(5) 若 f 是同构, 则 f 既是单态射又是满态射. □

例 5.2 和 5.3 说明命题 5.1(5) 的逆命题不一定正确.

如果范畴 $\mathfrak{C}$ 的一个对象既是始对象又是终对象, 则称这个对象为**零对象** (*zero object*). 零对象都是互相同构的. 因此可把 $\mathfrak{C}$ 的零对象记为 $0_{\mathfrak{C}}$ 或 0. 对 $\mathfrak{C}$ 的任意对象 C 存在唯一的态射 $0 \longrightarrow C$ 以及 $C \longrightarrow 0$.

命题 5.2 设 $\mathfrak{C}$ 是带有零对象 0 的范畴, 则

(1) 对任意对象 A, $0 \longrightarrow A$ 是单态射, $A \longrightarrow 0$ 是满态射;

(2) 对任意两个对象 B 和 C, 存在唯一的态射

$$0_{CB} \in \hom_{\mathfrak{C}}(B, C),$$

称为**零态射** (*zero morphism*), 它对任意的态射 $f \in \hom_{\mathfrak{C}}(A, B)$ 以及 $g \in \hom_{\mathfrak{C}}(C, D)$ 都有

$$0_{CB}f = 0_{CA}, \quad g0_{CB} = 0_{DB}.$$

证明: (1) 见习题 5.5.

(2) 先证唯一性. 设有两族零态射 $\{0_{CB}\}$ 及 $\{0'_{CB}\}$, 则根据零态射的性质有

$$0_{CA} = 0_{CB}0'_{BA} = 0'_{CA}.$$

存在性: 很容易想到 $0_{CB}: B \longrightarrow C$ 应该是态射 $B \longrightarrow 0$ 与 $0 \longrightarrow C$ 的复合. 细节留给读者去完成. □

定义 5.2 设 $f, g \in \hom_{\mathfrak{C}}(B, C)$ 是范畴 $\mathfrak{C}$ 的两个态射. 态射对 (f, g) 的**差核** (*difference kernel*) 是一个态射 $i: K \longrightarrow B$, 它满足以下条件:

(1) $fi = gi$;

(2) 如果 $h: A \longrightarrow B$ 是一个态射, 满足 $fh = gh$, 则存在唯一的态射 $\bar{h}: A \longrightarrow K$ 使得 $i\bar{h} = h$.

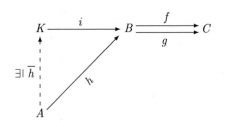

对偶地, 态射对 (f,g) 的**差余核** (*difference cokernel*) 是一个态射 $j : C \longrightarrow D$, 它满足以下条件:

(1) $jf = jg$;

(2) 如果 $h : C \longrightarrow E$ 是一个态射, 满足 $hf = hg$, 则存在唯一的态射 $\overline{h} : D \longrightarrow E$ 使得 $\overline{h}j = h$.

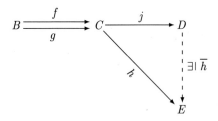

如果 $\mathfrak{C}$ 是带有零对象 0 的范畴, 则称 $(f, 0_{CB})$ 的差核为态射 f 的**核** (*kernel*), 称 $(f, 0_{CB})$ 的差余核为态射 f 的**余核** (*cokernel*).

例 5.4　在群、环与 R 模的范畴里, 态射对 $f, g : B \longrightarrow C$ 的差核就是 $K = \{ b \in B \,|\, f(b) = g(b) \}$ 到 B 内的包含同态 $i : K \longrightarrow B$. 在 R 模范畴里态射对 (f, g) 的差余核就是自然同态 $\nu : C \longrightarrow C/\operatorname{Im}(f - g)$.

不难证明差核和核是单态射, 差余核和余核是满态射 (习题 5.6). 事实上差核与差余核都是适当范畴的余泛对象或泛对象, 因此它们在同构意义下唯一 (习题 5.7).

现在我们要对范畴附加新的条件, 使得在这些范畴上也能建立与 Abel 群范畴或 R 模范畴一样的同调代数理论. Abel 群范畴或 R 模范畴的抽象就是 Abel 范畴. 在 1950 年代与 1960 年代早期, 许多注意力都集中在 Abel 范畴上, 因为它对同调代数的发展提供了一个充足的基础. 另一方面, B. Mitchell 证明了完全嵌入定理, 断言每个小 Abel 范畴 (这里的 "小" 意为范畴的对象族是一个集合) 均可被完全嵌入某个环上的模范畴, 而且正合关系仍然保持. 因此当我们在论证只涉及有限图以及核、余核、像等概念的问题时, 可以认为我们是在模的范畴里讨论, 从而可以运用图跟踪这样的方法, 把范畴的对象想象成一个集合. 不过在问题中不能牵涉到无限的图, 例如无限的积或余积, 完全嵌入定理在这种情形下是无效的.

定义 5.3 设 $\mathfrak{C}$ 是一个范畴, 如果它满足下列条件, 则称它是 Abel **范畴** (*abelian category*):

(Ab1) $\mathfrak{C}$ 有零对象;

(Ab2) $\mathfrak{C}$ 中任意两个对象的积与余积存在;

(Ab3) $\mathfrak{C}$ 的任何态射都有核与余核;

(Ab4) 每个单态射都是它的余核的核, 每个满态射都是它的核的余核;

(Ab5) 每个态射都可分解为 $f = me$ 的形式, 其中 m 是一个单态射, e 是一个满态射.

例 5.5 Abel 群的范畴与 R 模的范畴都是 Abel 范畴. 但群的范畴不是 Abel 范畴, 这是因为群同态的核必须是正规子群, 所以 (Ab4) 的前半部分不满足. 环的范畴也是同样的情形. 可见 Abel 范畴的条件是相当强的.

定义 5.4 设 $\mathfrak{C}$ 是一个范畴, 如果它满足下列条件, 则称它是**加性范畴** (*additive category*):

(AC1) $\mathfrak{C}$ 有零对象;

(AC2) 对每对对象 (A, B), $\hom_{\mathfrak{C}}(A, B)$ 是一个 Abel 加群, 且以零态射 0_{BA} 作为零元;

(AC3) 态射的复合是双线性的, 即对于 $A, B, C \in \mathrm{ob}(\mathfrak{C})$, $f, f_1, f_2 \in \hom_{\mathfrak{C}}(A, B)$, $g, g_1, g_2 \in \hom_{\mathfrak{C}}(B, C)$, 有

$$(g_1 + g_2)f = g_1 f + g_2 f,$$
$$g(f_1 + f_2) = gf_1 + gf_2;$$

(AC4) 对于 $\mathfrak{C}$ 中的任意有限多个对象 $A_1, \cdots, A_n$ 都存在唯一的对象 A, A 既是它们的积, 又是它们的余积. 以后把对象 A 称为 $A_1, \cdots, A_n$ 的**直和**, 记为 $A_1 \oplus \cdots \oplus A_n$.

定理 5.3 Abel 范畴一定是加性范畴. □

我们把这个定理的证明作为习题 5.8 供有兴趣的读者尝试. 其证明的思路大致如下: 首先利用两个对象 A_1 与 A_2 的积与余积的性质建立一个态射

$A_1 \amalg A_2 \longrightarrow A_1 \Pi A_2$. 再利用短正合列的同构引理 (第一章引理 2.9) 证明这个态射是同构, 这样就得到了两个对象的积与余积的同构性. 从这一点出发很容易归纳得到任意有限多个对象的积与余积的存在与同构. 最后从上述性质可以导出态射集合内的加法运算, 使它成为 Abel 群.

定义 5.5 设 $F : \mathfrak{C} \longrightarrow \mathfrak{D}$ 是两个 Abel 范畴间的函子, 如果对于 $\mathfrak{C}$ 中的任意两个对象 C 和 D, 有

$$F(C \oplus D) = F(C) \oplus F(D),$$

即函子 F 保持直和, 则称 F 为**加性函子** (additive functor).

命题 5.4 设 $F : \mathfrak{C} \longrightarrow \mathfrak{D}$ 是两个 Abel 范畴间的加性函子, 则函子 F 定义了 Abel 群 $\hom_{\mathfrak{C}}(C, D)$ 与 $\hom_{\mathfrak{D}}(F(C), F(D))$ 之间的群同态, 即

$$F(f + g) = F(f) + F(g), \quad F(0) = 0.$$

此外, 加性函子把分裂正合列映为分裂正合列.   □

我们略去了这个命题的证明. 事实上定理 5.3 的证明中已经蕴含了这个命题. 既然态射间的加法可以从积与余积的构造中推导出来, 那么保持积与余积的函子也应该保持态射的加法. 并且这个条件也是充分必要的.

定义 5.6 如果一个从 Abel 范畴到 Abel 范畴的共变加性函子 F 把任意的正合列

$$M' \longrightarrow M \longrightarrow M'' \longrightarrow 0$$

变换成一个右边正合的列:

$$F(M') \longrightarrow F(M) \longrightarrow F(M'') \longrightarrow 0,$$

则称 F 为**右正合函子** (right-exact functor); 如果 F 把任意的正合列

$$0 \longrightarrow M' \longrightarrow M \longrightarrow M''$$

变换成一个左边正合的列:

$$0 \longrightarrow F(M') \longrightarrow F(M) \longrightarrow F(M''),$$

则称 F 为**左正合函子** (left-exact functor).

类似地, 若 G 是反变加性函子, G 把任意的正合列

$$0 \longrightarrow M' \longrightarrow M \longrightarrow M''$$

变换成一个右边正合的列:

$$G(M'') \longrightarrow G(M) \longrightarrow G(M') \longrightarrow 0,$$

则称 G 为**右正合函子**; 如果 G 把任意的正合列

$$M' \longrightarrow M \longrightarrow M'' \longrightarrow 0$$

变换成一个左边正合的列:

$$0 \longrightarrow G(M'') \longrightarrow G(M) \longrightarrow G(M'),$$

则称 G 为**左正合函子**.

既是左正合又是右正合的函子称为**正合函子** (*exact functor*). 因此正合共变函子 F 或反变函子 G 把任意的短正合列

$$0 \longrightarrow M' \longrightarrow M \longrightarrow M'' \longrightarrow 0$$

变换成一个短正合列:

$$0 \longrightarrow F(M') \longrightarrow F(M) \longrightarrow F(M'') \longrightarrow 0$$

或

$$0 \longrightarrow G(M'') \longrightarrow G(M) \longrightarrow G(M') \longrightarrow 0.$$

例 5.6 在 R 模范畴 $\mathfrak{M}_R$ 到自身的函子中, 最重要的左正合函子就是两个 Hom 函子 $\mathrm{Hom}_R(A, -)$ 及 $\mathrm{Hom}_R(-, B)$. 张量积函子 $A \otimes_R -$ 则是最重要的右正合函子.

习题 2.5

5.1 证明集合范畴 $\mathfrak{S}$ 里的单态射和满态射就是单映射和满映射.

5.2 证明包含同态 $f : \mathbb{Z} \longrightarrow \mathbb{Q}$ 是环的范畴里的满态射, 但 f 显然不是满同态.

5.3 证明自然同态 $\nu : \mathbb{Q} \longrightarrow \mathbb{Q}/\mathbb{Z}$ 是可除 Abel 群范畴里的单态射, 但 ν 不是群的单同态.

5.4 证明命题 5.1.

5.5 证明态射 $0 \longrightarrow A$ 是单态射, $A \longrightarrow 0$ 是满态射.

5.6 证明态射对 $f, g : B \longrightarrow C$ 的差核是单态射, 差余核是满态射.

5.7 构造适当的范畴以证明态射对的差核与差余核分别是余泛对象及泛对象.

5.8 设范畴 $\mathfrak{C}$ 是 Abel 范畴. 根据完全嵌入定理, 在 R 模范畴里建立的只涉及有限图的性质在范畴 $\mathfrak{C}$ 里仍然有效. 因此我们可以利用第一章里得到的大部分定理和命题.

把 A_1 与 A_2 的积记为 $(A_1 \Pi A_2, \pi_1, \pi_2)$. 根据积的定义, 对于任意的态射 $f_i : B \longrightarrow A_i$ 存在唯一的态射 $h : B \longrightarrow A_1 \Pi A_2$ 使得 $\pi_i h = f_i$. 以下把态射 h 记为 $\{f_1, f_2\}$. 因而

$$\pi_i \{f_1, f_2\} = f_i, \quad i = 1, 2.$$

类似地把 A_1 与 A_2 的余积记为 $(A_1 \amalg A_2, \iota_1, \iota_2)$. 根据余积的定义, 对于任意的态射 $g_i : A_i \longrightarrow C$ 存在唯一的态射 $h : A_1 \amalg A_2 \longrightarrow C$ 使得 $h\iota_i = g_i$. 以下把态射 h 记为 $\langle g_1, g_2 \rangle$. 因而

$$\langle g_1, g_2 \rangle \iota_i = g_i, \quad i = 1, 2.$$

(1) $0 \longrightarrow A_1 \xrightarrow{\iota_1} A_1 \amalg A_2 \xrightarrow{\langle 0, 1_{A_2} \rangle} A_2 \longrightarrow 0$ 是正合列;

(2) $0 \longrightarrow A_1 \xrightarrow{\{1_{A_1}, 0\}} A_1 \Pi A_2 \xrightarrow{\pi_2} A_2 \longrightarrow 0$ 是正合列;

(3) 令 $\varphi = \langle \{1_{A_1}, 0\}, \{0, 1_{A_2}\} \rangle : A_1 \amalg A_2 \longrightarrow A_1 \Pi A_2$. 证明下图是交换的:

根据第一章引理 2.9 就能得到 φ 是同构. 以下把 $A_1 \Pi A_2$ 记为 $A_1 \oplus A_2$;

(4) 对于态射 $f, g : A \longrightarrow B$ 定义 $f +_L g = \langle f, g \rangle \{1_A, 1_A\}$, $f +_R g = \langle 1_B, 1_B \rangle \{f, g\}$, 则

$$0 +_L f = f = f +_L 0, \quad 0 +_R f = f = f +_R 0;$$

(5) 对于态射 $h : B \longrightarrow C$ 有 $hf +_L hg = h(f +_L g)$, 对于态射 $h' : D \longrightarrow A$ 有 $fh' +_R gh' = (f +_R g)h'$;

(6) $+_L$ 与 $+_R$ 是相同的, 并且满足结合律与交换律.

这样就得到了 (AC2)–(AC4).

§2.6　极限与余极限

本节将介绍极限与余极限这一对互相对偶的概念, 它们分别对应于 R 模范畴中的逆极限与正极限. 我们在这里只讨论余极限. 为了得到有关极限的相应结论, 只

要把余字去掉, 把所有的箭头都反向就可以了.

我们还是从 R 模范畴的正极限与逆极限着手.

设 $(I, \preceq)$ 是一个偏序集, 如果对于任意的一对 $\lambda, \mu \in I$ 总是存在一个 $\nu \in I$ 使得 $\lambda \preceq \nu$ 以及 $\mu \preceq \nu$, 则称 I 是一个**正向集** (*direct set*). 设 $\mathfrak{I}$ 是按照本章第 2.1 节例 1.10 定义的一个范畴: 即 $\mathrm{ob}(\mathfrak{I}) = I$, 对于任意的 $\lambda, \mu \in I$ 根据 $\lambda \preceq \mu$ 或 $\lambda \npreceq \mu$ 这两种情况分别定义 $\hom(\lambda, \mu)$ 为单元集或空集. 如果 $\mathfrak{M}_R$ 是 R 模的范畴, 则函子 $F : \mathfrak{I} \longrightarrow \mathfrak{M}_R$ 确定了一族 R 模 $\{M_\lambda \,|\, \lambda \in I\}$ 以及一族态射 $\{f_{\mu\lambda} \in \mathrm{Hom}_R(M_\lambda, M_\mu)\}$, 使得

(1) 对任意的 $\lambda \in I$, 有 $f_{\lambda\lambda} = 1_{M_\lambda}$;

(2) 对于任意的 $\lambda \preceq \mu \preceq \nu$, 有 $f_{\nu\mu} f_{\mu\lambda} = f_{\nu\lambda}$.

则称 $\{M_\lambda, f_{\mu\lambda}\}$ 是一个**正向系** (*direct system*).

对于一个正向系 $\{M_\lambda, f_{\mu\lambda}\}$, 如果存在一个 R 模 M 以及一族同态 $\{\varphi_\lambda : M_\lambda \longrightarrow M\}$, 它们满足下列性质:

(1) 对于任意的 $\lambda \preceq \mu$, 有 $\varphi_\lambda = \varphi_\mu f_{\mu\lambda}$;

(2) 如果有一个 R 模 N 以及一族同态 $\{\psi_\lambda : M_\lambda \longrightarrow N\}$, 它们满足下面的性质: 对于任意的 $\lambda \preceq \mu$, 有 $\psi_\lambda = \psi_\mu f_{\mu\lambda}$, 则必存在唯一的 R 模同态 $g : M \longrightarrow N$, 使得

$$\psi_\lambda = g\varphi_\lambda, \quad \text{对所有的 } \lambda \in I.$$

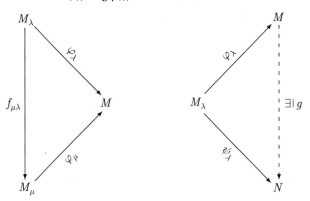

则称 M 是正向系 $\{M_\lambda, f_{\mu\lambda}\}$ 的**正极限** (*direct limit*), 记为

$$\varinjlim M_\lambda = M.$$

R 模范畴中的正极限总是存在的: 先作直和 $\tilde{M} = \bigoplus\limits_{\lambda \in I} M_\lambda$, 再作 $\tilde{M}$ 的子模

$$\tilde{N} = \langle \iota_\mu f_{\mu\lambda}(x_\lambda) - \iota_\lambda(x_\lambda) \mid \lambda \preceq \mu, x_\lambda \in M_\lambda \rangle.$$

令 $M = \tilde{M}/\tilde{N}$, $\varphi_\lambda = \nu \iota_\lambda (\nu : \tilde{M} \longrightarrow \tilde{M}/\tilde{N}$ 是自然同态), 则 M 就是 $\{M_\lambda\}$ 的正极限. (证略)

从 $\varinjlim M_\lambda$ 的构造可以看出: $\varinjlim M_\lambda$ 中的元素都可表示成 $\varphi_\lambda(m_\lambda)$ 的形式. 而且 $\varphi_\lambda(m_\lambda) = 0$ 当且仅当存在 $\lambda \preceq \mu \in I$ 使得 $f_{\mu\lambda}(m_\lambda) = 0$.

例 6.1 设 M 是一个 R 模, $\{M_\lambda \mid \lambda \in I\}$ 是 M 中所有有限生成子模构成的族. 当 $M_\lambda \subset M_\mu$ 时规定 $\lambda \preceq \mu$. 对于任意的一对有限生成子模 M_λ 以及 M_μ 必定有一个有限生成子模 $M_\lambda + M_\mu$ 包含这两个子模, 因此 I 是一个正向集. 当 $M_\lambda \subset M_\mu$ 时规定 $f_{\mu\lambda} : M_\lambda \longhookrightarrow M_\mu$ 为包含映射, 则 $\{M_\lambda, f_{\mu\lambda}\}$ 构成一个正向系. 不难看出

$$\varinjlim M_\lambda = M.$$

也就是说任意的模都是它的有限生成子模的正极限.

例 6.2 设 $X = \mathbb{C}$ 是通常的拓扑空间, $\{U \in I\}$ 是 X 中 0 点的开邻域构成的族. 当 $U \supseteq V$ 时规定 $U \preceq V$. 显然 I 是一个正向集. 对于每一个 $U \in I$, 设 A_U 是 U 上全纯函数所构成的加群. 当 $U \supseteq V$ 时定义 $f_{VU} : A_U \longrightarrow A_V$ 为全纯函数的限制映射, 则 $\{A_U, f_{VU}\}$ 构成一个正向系, 记

$$A = \varinjlim A_U,$$

则 A 同构于收敛幂级数的加群 $\mathbb{C}\{x\}$.

对偶地, 反变函子 $G : \mathfrak{I} \longrightarrow \mathfrak{M}_R$ 确定了一族 R 模 $\{M_\lambda \mid \lambda \in I\}$ 以及一族态射 $\{g_{\lambda\mu} \in \mathrm{Hom}_R(M_\mu, M_\lambda)\}$, 使得

(1) 对任意的 $\lambda \in I$, 有 $g_{\lambda\lambda} = 1_{M_\lambda}$;

(2) 对于任意的 $\lambda \preceq \mu \preceq \nu$, 有 $g_{\lambda\mu} g_{\mu\nu} = g_{\lambda\nu}$.

称 $\{M_\lambda, g_{\lambda\mu}\}$ 是一个**逆向系** (*inverse system*).

对于一个逆向系 $\{M_\lambda, f_{\lambda\mu}\}$, 如果存在一个 R 模 M' 以及一族同态 $\{\varphi_\lambda : M' \longrightarrow M_\lambda\}$, 它们满足下列性质:

(1) 对于任意的 $\lambda \preceq \mu$, 有 $\varphi_\lambda = f_{\lambda\mu}\varphi_\mu$;

(2) 如果有一个 R 模 N 以及一族同态 $\{\psi_\lambda : N \longrightarrow M_\lambda\}$, 它们满足下面的性质: 对于任意的 $\lambda \preceq \mu$, 有 $\psi_\lambda = f_{\lambda\mu}\psi_\mu$, 则必存在唯一的 R 模同态 $h : N \longrightarrow M'$, 使得

$$\psi_\lambda = \varphi_\lambda h, \quad \text{对所有的 } \lambda \in I,$$

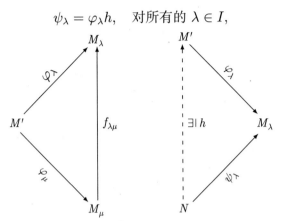

则称 M' 是逆向系 $\{M_\lambda\}$ 的**逆极限** (*inverse limit*), 记为

$$\varprojlim M_\lambda = M'.$$

R 模范畴中的逆极限总是存在的: 先作直积 $\overline{M} = \prod_{\lambda \in I} M_\lambda$, 再作 $\overline{M}$ 的子模

$$M' = \{x \in \overline{M} \mid f_{\lambda\mu}\pi_\mu(x) = \pi_\lambda(x), \lambda \preceq \mu\},$$

则 M' 就是 $\{M_\lambda\}$ 的逆极限. (细节略)

例 6.3 设 I 是由非负整数构成的偏序集, 对 $i \in I$, 定义加群 $M_i = \mathbb{Z}[x]/(x^i)$. 当 $i < j$ 时有自然同态 $f_{ij} : M_j \longrightarrow M_i$. 不难验证 $\{M_i, f_{ij}\}$ 构成一个逆向系. 记

$$M' = \varprojlim M_\lambda,$$

则有 $M' \cong \mathbb{Z}[[x]]$, 这里 $\mathbb{Z}[[x]] = \{a_0 + a_1 x + \cdots + a_n x^n + \cdots \mid a_i \in \mathbb{Z}\}$ 是形式幂级数加群.

现在我们定义一般范畴中的余极限, 请读者注意与上面定义的正极限相比较.

设 $\mathfrak{C}$ 和 $\mathfrak{B}$ 是两个范畴, 称函子 $F : \mathfrak{B} \longrightarrow \mathfrak{C}$ 为 $\mathfrak{C}$ 内以 $\mathfrak{B}$ 为基的**图** (*diagram*). 我们常常把 $\mathfrak{B}$ 看成 $\mathfrak{C}$ 的子范畴, 并把 $\mathfrak{B}$ 本身称为一个图.

设 $F : \mathfrak{B} \longrightarrow \mathfrak{C}$ 是一个图. 我们定义一个新的范畴 $\mathfrak{D}$, 它的对象是一个二元组 (C, ψ), 其中 $C \in \mathrm{ob}(\mathfrak{C})$, $\psi : F \longrightarrow C$ 为一族态射:

$$\{\psi_B : F(B) \longrightarrow C \mid \psi_B = \psi_{B'} F(f_{B'B}), \ \forall f_{B'B} \in \hom_{\mathfrak{B}}(B, B')\}.$$

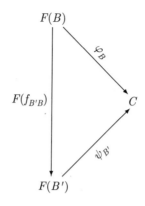

$\mathfrak{D}$ 的态射集合定义如下:

$$\mathrm{hom}_{\mathfrak{D}}((C,\psi),(C',\psi')) = \{g \in \mathrm{hom}_{\mathfrak{C}}(C,C') \mid \psi'_B = g\psi_B,\ \text{对所有的}\ B \in \mathrm{ob}(\mathfrak{B})\}.$$

如果范畴 $\mathfrak{D}$ 有泛对象 (A,φ), 就被定义为图 F 的**余极限** (*colimit*), 记为

$$\varinjlim F = A.$$

显然如果余极限存在, 则必定唯一.

定理 6.1 如果在范畴 $\mathfrak{C}$ 中任意对象集的余积存在, 任意两个有相同起点和终点的态射的差余核也存在, 那么当 $\mathfrak{B}$ 是小范畴时, 函子 $F : \mathfrak{B} \longrightarrow \mathfrak{C}$ 的余极限必存在, 而且 $\mathfrak{C}$ 上的保持余积与差余核的函子必定保持余极限. □

由于 R 模的范畴符合定理的条件, 因此 R 模范畴内的余极限总存在, 它就是前面讲到的正极限. 一般范畴里余极限的构造方法就是 R 模范畴里的方法的推广: 先作余积 (相当于模的直和), 再作差余核 (相当于取商).

第三章　同调代数

同调代数起源于拓扑中的同调论, 从 20 世纪 40 年代起开始成为代数中的一个独立分支. 同调代数在越来越多的数学分支中得到应用, 使得它成为数学研究的有力工具. 它可被用来证明非构造性的存在定理, 也可被用来衡量某种构造可能会遇到的障碍. 如果障碍是零, 这种构造就是可能实现的. 它也可被用来给出各种数学对象的整体不变量, 从而为这些数学对象的分类提供线索. 同调代数的另一个优点是可计算性, 在许多重要的情形里它往往是可以被计算的. 因此本章内容组织的重点也是把同调代数作为一种工具来学习, 多介绍几何背景以使抽象的概念多一分直观, 多举可计算的实例以提高读者解决具体问题的能力, 并可通过计算进一步加深对概念或定理证明的理解. 此外对一些烦琐的验证性的证明, 如果仅是常规计算而不提供新的思路或方法的, 也予省略, 不求完整, 以节省篇幅及减轻读者负担.

§3.1　复形及同调模

同调代数起源于拓扑学. 让我们先看下面的例子.

假定 $\mathbb{R}^k$ 是一个维数充分大的欧氏空间. 零维单形是一个点 P_0, 记为 $\sigma^0 = [P_0]$. 一维单形是一条线段, 记为 $\sigma^1 = [P_0 P_1]$. 二维单形是一个三角形, 记为 $\sigma^2 = [P_0 P_1 P_2]$. 三维单形是个四面体, 记为 $\sigma^3 = [P_0 P_1 P_2 P_3]$. 依次类推, n 维单形是在某个 $n-1$ 维单形张成的仿射子空间 $\sigma^{n-1} = [P_0 \cdots P_{n-1}] \subset \mathbb{R}^{n-1}$ 外取一点 P_n, 由线段 $P_n P_i$ ($i = 0, \cdots, n-1$) 以及 σ^{n-1} 围成的图形. n 维单形也称 n **单形** (*n-simplex*), 记为 $\sigma^n = [P_0 \cdots P_n]$.

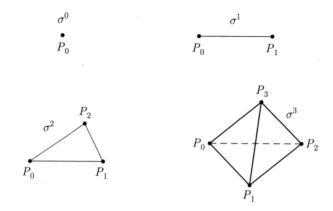

单形是有方向性的. 如果把单形的两个顶点交换位置, 而使其余顶点保持不动, 也就是对单形的顶点作一个对换, 就使得单形改变了方向. 我们可用公式表达为

$$[P_0 \cdots P_i \cdots P_j \cdots P_n] = -[P_0 \cdots P_j \cdots P_i \cdots P_n].$$

由于偶置换可以分解成偶数个对换的乘积, 奇置换可以分解成奇数个对换的乘积. 对于 $\sigma'^n = [P_{i_0} P_{i_1} \cdots P_{i_n}]$, 当 $(i_0, i_1, \cdots, i_n)$ 为偶置换时有 $\sigma'^n = \sigma^n$, 当 $(i_0, i_1, \cdots, i_n)$ 为奇置换时有 $\sigma'^n = -\sigma^n$.

n 单形 $\sigma^n = [P_0 P_1 \cdots P_n]$ 中的任意 $k+1$ 个顶点构成的 k 维单形 $[P_{i_0} P_{i_1} \cdots P_{i_k}]$ $(i_0 < \cdots < i_k, k < n)$ 称为 σ^n 的 k 维面. n 单形的**边缘** (boundary) $\partial_n \sigma^n$ 是由 $n+1$ 个 $n-1$ 维面构成的交错和:

$$\partial_n \sigma^n = \sum_{j=0}^{n} (-1)^j [P_0 P_1 \cdots \hat{P}_j \cdots P_n],$$

这里 $\hat{P}_j$ 表示 P_j 不出现. 从以下低维的实例很容易看出边缘的含义.

$$\partial_3 \sigma^3 = [P_1 P_2 P_3] - [P_0 P_2 P_3] + [P_0 P_1 P_3] - [P_0 P_1 P_2],$$
$$\partial_2 \sigma^2 = [P_1 P_2] - [P_0 P_2] + [P_0 P_1],$$
$$\partial_1 \sigma^1 = [P_1] - [P_0],$$
$$\partial_0 \sigma^0 = 0.$$

我们可以验证边缘的边缘必定等于零 (如果不是取交错和, 就没有这个结果), 即

$$\partial_{n-1} \partial_n \sigma^n = 0.$$

这是符合我们的几何直观的.

现在设有由不同维数的单形构成的族 K, K 满足以下两个性质:

(1) 如果单形 σ 属于 K, 那么 σ 的所有的面也属于 K;

(2) 对于 K 中任意两个单形 σ 和 τ, $\sigma \cap \tau$ 或者是空集, 或者是 σ 和 τ 的公共面.

则称 K 是**单纯复形** (simplicial complex). 空间 $\mathbb{R}^k$ 中被包含于 K 中某个单形的点的集合记为 $|K|$, 称为 K 的**支集** (support). K 中所含单形的最高维数称为 K 的**维数** (dimension). 通常我们总是假定 K 是有限集. 用 K_n 记 K 中的 n 单形的集合, 设 $K_0 = \{[P_0], [P_1], \cdots\}$, 这是一个有限集, 我们把这些顶点的次序固定下来, 那么 K_n 中的单形都可以写成 $[P_{i_0} P_{i_1} \cdots P_{i_n}]$ $(i_0 < i_1 < \cdots < i_n)$ 的形式. 以集合 K_n 作为基, 可以得到一个自由 R 模 $C_n(K)$. $C_n(K)$ 的元素被称为 n **链** (n-chain), 它可以唯一地写成 $c_n = \sum_i r_i \sigma_i^n$ 的形式, 这里 $\sigma_i^n \in K_n, r_i \in R$, 而且假定 σ_i^n 各不相同. 由性质 (1) 可知 $\partial_n \sigma_i^n \in C_{n-1}(K)$, 因此可利用线性性质定义 $C_n(K)$ 中的链的边缘为

$$\partial_n(c_n) = \partial_n \left(\sum_i r_i \sigma_i^n \right) \stackrel{\text{def}}{=} \sum_i r_i \partial_n \sigma_i^n \in C_{n-1}(K).$$

不难看出 $\partial_n : C_n(K) \longrightarrow C_{n-1}(K)$ 是 R 模同态, 称为**边缘算子** (boundary operator). 这样我们就得到了 R 模同态的一个序列

$$\cdots \longrightarrow C_n(K) \stackrel{\partial_n}{\longrightarrow} C_{n-1}(K) \stackrel{\partial_{n-1}}{\longrightarrow} \cdots \stackrel{\partial_1}{\longrightarrow} C_0(K) \longrightarrow 0.$$

其中边缘算子满足

$$\partial_n \partial_{n+1} = 0.$$

因而有

$$\operatorname{Im} \partial_{n+1} \subseteq \operatorname{Ker} \partial_n.$$

记 $Z_n(K) = \operatorname{Ker} \partial_n$, $B_n(K) = \operatorname{Im} \partial_{n+1}$. $Z_n(K)$ 中的链 c_n 就是边缘为零的链 (读者可以想象一下它的几何意义), 因此被称为 n **闭链** (n-cycle). 例如 $r([P_1 P_2] - [P_0 P_2] + [P_0 P_1])$ 就是一个 1 闭链. $Z_n(K)$ 被称为单纯复形 K 的 n 闭链模. $B_n(K)$ 中的链是某个 $n+1$ 链的边缘, 因此被称为 n **边缘** (n-boundary), $B_n(K)$ 称为单纯复形 K 的 n 边缘模. 包含关系 $B_n(K) \subseteq Z_n(K)$ 说明边缘一定是闭链. 为了衡量 $Z_n(K)$ 与 $B_n(K)$ 之间相差的大小, 我们取它们的商模, 称为单纯复形 K 的 n **同调模** (n-homology module):

$$H_n(K) = Z_n(K)/B_n(K).$$

有时为了说明所涉及的系数环 R, 也可记为 $H_n(K, R)$. $H_n(K) = 0$ 当且仅当 $Z_n(K) = B_n(K)$, 即所有的 n 闭链都是 n 边缘.

例 1.1　取由单形 $[P_0P_1P_2]$ 生成的单纯复形 K. 这里

$$K_2 = \{[P_0P_1P_2]\},$$
$$K_1 = \{[P_1P_2], [P_0P_2], [P_0P_1]\},$$
$$K_0 = \{[P_0], [P_1], [P_2]\},$$
$$K_n = \emptyset, \quad \text{对其余 } n.$$

因此

$$C_2(K) = R[P_0P_1P_2],$$
$$C_1(K) = R[P_1P_2] \oplus R[P_0P_2] \oplus R[P_0P_1],$$
$$C_0(K) = R[P_0] \oplus R[P_1] \oplus R[P_2],$$
$$C_n(K) = 0, \quad \text{对其余 } n.$$

如果 $c_2 = r[P_0P_1P_2] \in Z_2(K)$, 则 $\partial_2(c_2) = r[P_1P_2] - r[P_0P_2] + r[P_0P_1] = 0$, 由于 $C_1(K)$ 是自由模, 因此 $r = 0$, 即有 $Z_2(K) = 0$. 而 $B_2(K) = 0$ 是显然的, 从而 $H_2(K) = 0$.

如果 $c_1 = r_1[P_1P_2] + r_2[P_0P_2] + r_3[P_0P_1] \in Z_1(K)$, 则 $\partial_1(c_1) = (-r_2 - r_3)[P_0] + (-r_1 + r_3)[P_1] + (r_1 + r_2)[P_2] = 0$. 由于 $C_0(K)$ 是自由模, 因此有线性方程组

$$\begin{cases} -r_2 - r_3 = 0, \\ -r_1 \qquad + r_3 = 0, \\ r_1 + r_2 \qquad = 0, \end{cases}$$

解得 $r_1 = -r_2 = r_3$, 即 $Z_1(K) = \{r([P_1P_2] - [P_0P_2] + [P_0P_1])\} = B_1(K)$. 因此 $H_1(K) = 0$.

为了计算 $H_0(K)$, 注意到 $Z_0(K) = C_0(K)$, 我们作 R 模同态

$$\phi: Z_0(K) \longrightarrow R$$

$$\sum_{i=0}^{2} r_i[P_i] \longmapsto \sum_{i=0}^{2} r_i$$

ϕ 是个满同态, 因此 $Z_0(K)/\operatorname{Ker}\phi \cong R$. 而

$$\operatorname{Ker}\phi = \{r_0[P_0] + r_1[P_1] + r_2[P_2] \mid r_0 + r_1 + r_2 = 0\}.$$

由于 $r_0[P_0] + r_1[P_1] - (r_0 + r_1)[P_2] = \partial_1(-r_1[P_1P_2] - r_0[P_0P_2])$, 所以 $\operatorname{Ker}\phi \subseteq B_0(K)$. 而反向的包含是显然的, 因此等号成立, 即有 $H_0(K) \cong R$.

用类似的方法可以证明如果 K 是由一个 n 单形生成的单纯复形, 即 $K_n = \{[P_0 \cdots P_n]\}$, $K_j = \{[P_{i_0} \cdots P_{i_j}] \mid 0 \leqslant i_0 < \cdots < i_j \leqslant n\}(0 \leqslant j < n)$, 则有

$$H_0(K) = R,$$
$$H_j(K) = 0, \quad j \neq 0.$$

再设

$$K_1' = \{[P_1P_2], [P_0P_2], [P_0P_1]\},$$
$$K_0' = \{[P_0], [P_1], [P_2]\},$$
$$K_n' = \emptyset, \quad \text{对其余 } n.$$

因此

$$C_1(K') = R[P_1P_2] \oplus R[P_0P_2] \oplus R[P_0P_1],$$
$$C_0(K') = R[P_0] \oplus R[P_1] \oplus R[P_2],$$
$$C_n(K') = 0, \quad \text{对其余 } n.$$

由前面计算已经知道 $Z_1(K') = \{r([P_1P_2] - [P_0P_2] + [P_0P_1])\} \cong R$, 而 $B_1(K') = 0$, 因此 $H_1(K') = Z_1(K')/B_1(K') \cong R$. 同样地有 $H_0(K') \cong R$.

说明 1.1 比较上面两个例子可以发现: $H_1(K') = R$ 说明有这样的一维闭链, 它不是任何二维链的边缘. 这实际上提示存在一个二维的 "孔", 也就是三角形 $P_0P_1P_2$ 的内部. 另外, $H_0(K) = H_0(K') = R$ 又来源于 $|K|$ 和 $|K'|$ 都是连通的. 这些例子说明同调模的取值能够在某种程度上反映一个对象的拓扑性质, 尤其是这个对象的整体拓扑性质, 比如说有没有孔以及有几个孔. 又因平面上的圆盘 D^2 可以连续形变到实心三角形 $|K|$, 因此可以认为 $H_0(D^2) = R$, $H_1(D^2) = H_2(D^2) = 0$. 类似地, 平面上的圆周 S^1 可以连续形变为空心三角形 $|K'|$, 因此有 $H_0(S^1) = H_1(S^1) = R$. 如果某个拓扑空间 X 可以同胚于一个单纯复形 K 的支集 $|K|$, 则称 X 是可三角剖分的. 我们把单纯复形 K 的同调模作为拓扑空间 X 的同调模. 当然我们这样的定义是很不严格的. 这样做的目的只是为了借助拓扑给同调模这个抽象的概念一点几何的直观.

事实上, 同胚的拓扑空间具有相同的同调模, 因此一个拓扑空间的同调模是这个空间的**拓扑不变量**. 尽管这是很粗糙的不变量, 即不同胚的空间可能有相同的同调模 (例如任何 n 单形的同调模都是一样的), 但有不同同调模的空间肯定不是同胚的. 有时候这也能解决大问题. 例如 2 维平面 E 与 3 维空间里的球面 S^2 从局部来看都是同胚的, 要说明它们不同胚只有利用它们的整体性质, 即 S^2 含有一个 3 维的 "孔", 而 E 则没有孔. 也就是说 $H_2(S^2) = R$(读者可计算空心四面体的同调模以得到这个结果), 而 $H_2(E) = 0$.

当 $R = F$ 是一个域时, 同调模 $H_n(K, F)$ 都是域 F 上的向量空间, 我们知道相同维数的向量空间都是同构的, 因此可以用维数来刻画这些同调空间. $b_n(K) = \dim_F H_n(K, F)$ 称为第 n 个 Betti 数 (*Betti number*). Betti 数的交错和 $\chi(K) = \sum_{n=0}^{\infty} (-1)^n b_n(K)$ (注意这里假定 K 有限, 因此是有限和) 称为单纯复形 K 的 Euler **示性数** (*Euler characteristic*). 上面计算的实心和空心三角形的 Euler 示性数分别是 $\chi(K) = 1$ 和 $\chi(K') = 0$.

说明 1.2 Enrico Betti (1823—1892) 的中译名是贝蒂, Leonhard Euler (1707—1783) 的中译名是欧拉.

由于 $\dim C_n(K) = \dim C_n/Z_n + \dim H_n + \dim B_n$ 以及 $C_n/Z_n \cong B_{n-1}$, 所以 $b_n = \dim C_n - \dim B_n - \dim B_{n-1}$. 取交错和后就可得到 $\chi(K) = \sum (-1)^n \dim C_n(K) = \sum (-1)^n \#(K_n)$, 这里的 $\#(K_n)$ 表示 K_n 中单形的个数. 也就是说

$$\chi(K) = K \text{ 的 0 维单形数} - K \text{ 的 1 维单形数} + K \text{ 的 2 维单形数} - \cdots.$$

说明 1.3 我们常常会觉得用同调模作为不变量还不够简洁, 因此当 R 是域时, 就想到用同调模的维数作为更简洁的**数值**不变量. 这样就得到了 Betti 数与 Euler 示性数. 正如我们说这个空间含有 1 个或 2 个孔, 要比说这个空间的同调模是 R 或 $R \oplus R$ 要简洁得多.

*例 1.2 我们来观察实二维射影空间 $\mathbb{PR}^2 = \mathbb{R}^2 \cup l_\infty$. 这里 l_∞ 表示无穷远直线. 在图 (1) 中, 以 O 为球心的南半球面与实平面 $\mathbb{R}^2$ 相切于南极 O'. 从球心 O 出发作射线, 利用此射线与半球面以及平面的交点, 可以得到从除去赤道 s 的南半球面到实平面 $\mathbb{R}^2$ 上的一个同胚映射. 过切点 O' 的直线 l 在上述同胚之下对应于半球面上的大圆弧, 这个大圆弧与 s 交于 A、B 两点. 直线 $AB//l$. 平面上所有与 l 平行的直线在同胚映射下都对应于过 A、B 两点的大圆. 因此 A、B 应该是这个平行线束在无穷远直线上的交点. 但是平行线束与无穷远直线只能有一个交点, 因此 s 并不是无穷远直线, 而是无穷远直线的两重覆盖. 把 s 关于以 O 为中心的对称自同构作商就可得到无穷远直线, 即 $s/\{\pm 1\} = l_\infty$. 也就是说 s 上的对顶点对应

于无穷远直线上的同一个点.

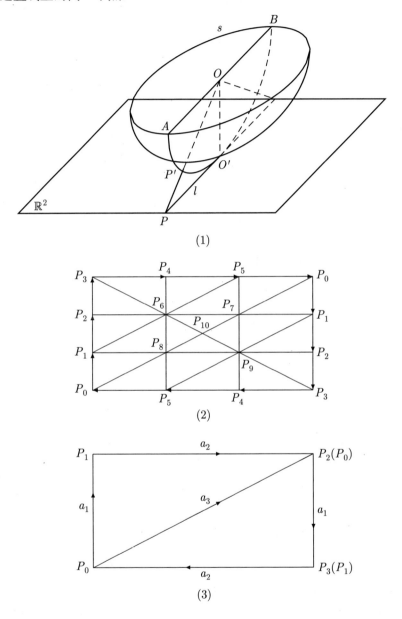

(1)

(2)

(3)

这个半球面可以同胚于平面上的一个圆盘. 为讨论方便, 将这个圆盘作连续形变就可得到一个矩形 (见图 (2)). 这个矩形的四条边关于中心的对称点应该被看作同一个点. 把这个矩形作三角剖分, 就可得到图 (2).

从图 (2) 的三角剖分出发可以构造出一个单纯复形 K, 其中 $K_2 = \{[P_0 P_1 P_8], \cdots\}$, $K_1 = \{[P_0 P_1], [P_1 P_2], \cdots\}$, $K_0 = \{[P_0], [P_1], \cdots\}$. 由于 $|K|$ 同胚于 $\mathbb{PR}^2$, 通过计

算 K 的同调模就可得到 $\mathbb{PR}^2$ 的同调模. 可是直接计算 K 的同调模是比较繁复的. 我们可把图 (2) 的剖分简化成图 (3) 的形式, 注意到 $P_0 = P_2$, $P_1 = P_3$, 我们可设 $K'_2 = \{[P_0P_1P_2], [P_0P_2P_3]\}$, $K'_1 = \{a_1, a_2, a_3\}$, $K'_0 = \{[P_0], [P_1]\}$, 其余的 K'_n 都取空集. 这样得到的 K' 不再是单纯复形, 我们姑且把它称为广义单纯复形. 对于同调模的计算来说, K 与 K' 有相同的同调模. 有兴趣的读者可以细心地验证一下确实有 $H_n(K) = H_n(K')$.

说明 1.4 其实三角剖分 (2) 是三角剖分 (3) 的**加细**, 三角剖分的加细不会影响它的同调模.

先看 $Z_2(K')$. $\partial_2(r_1[P_0P_1P_2]+r_2[P_0P_2P_3]) = (r_1+r_2)(a_1+a_2)+(r_2-r_1)a_3 = 0$ 等价于 $r_1 = r_2$ 以及 $2r_1 = 0$. 为简单起见, 我们只考虑两类特殊的 R: 如果 $2R = 0$, 则有 $Z_2(K') = R$. 如果 $R_2 = \{r \in R \mid 2r = 0\} = 0$, 则有 $Z_2(K') = 0$. 因此我们有

$$H_2(K') = \begin{cases} R, & \text{如果 } 2R = 0, \text{ 例如 } R = \mathbb{Z}_2 \text{ 的情形}; \\ 0, & \text{如果 } R_2 = 0, \text{ 例如 } R = \mathbb{Z} \text{ 或 } \mathbb{Q} \text{ 的情形}. \end{cases}$$

再计算 $H_1(K')$. $\partial_1(r_1a_1 + r_2a_2 + r_3a_3) = (r_2-r_1)[P_0] + (r_1-r_2)[P_1] = 0$ 等价于 $r_1 = r_2$, 即 $Z_1(K') = \{r(a_1 + a_2) + r_3a_3\}$. 作 R 模同态:

$$\phi : Z_1(K') \longrightarrow R/2R$$
$$r(a_1 + a_2) + r_3a_3 \longmapsto \overline{r - r_3}$$

如果 $r(a_1 + a_2) + r_3a_3 \in \mathrm{Ker}\,\phi$, 则必存在 $s \in R$ 使得 $r = r_3 + 2s$. 于是 $\partial(s[P_0P_1P_2]+(r_3+s)[P_0P_2P_3]) = r(a_1+a_2)+r_3a_3$, 这说明 $\mathrm{Ker}\,\phi \subseteq B_1(K')$. 反方向的包含是显然的, 因此 $H_1(K') \cong Z_1(K')/\mathrm{Ker}\,\phi \cong R/2R$. 特别地, $H_1(K', \mathbb{Z}_2) = H_1(K', \mathbb{Z}) = \mathbb{Z}_2$, $H_1(K', \mathbb{Q}) = 0$. 这里的 $\mathbb{Z}_2$ 的几何意义是: 无穷远直线 (实际上是实射影空间中的任意直线) 不是边缘, 但它的二重覆盖是边缘.

$H_0(K') = R$ 留给读者自证. 我们有 $H_n(\mathbb{PR}^2, R) = H_n(K', R)$.

当 $R = \mathbb{Q}$ 时可以得出 $\mathbb{PR}^2$ 的 Bett1 数为: $b_0 = 1$, 其余都等于 0. 因此 $\chi(\mathbb{PR}^2) = 1$. 另一方面, 在图 (2) 的三角剖分中有 11 个顶点, 30 个 1 单形, 20 个 2 单形, 因此 $\chi(\mathbb{PR}^2) = 11 - 30 + 20 = 1$.

现在我们要从具体的几何实例中抽象出一般的概念.

定义 1.1 称 R 模同态的序列

$$\cdots \longrightarrow C_n \xrightarrow{d_n} C_{n-1} \xrightarrow{d_{n-1}} \cdots \xrightarrow{d_1} C_0 \xrightarrow{d_0} C_{-1} \xrightarrow{d_{-1}} \cdots$$

为 R 模**复形** (*complex*), 如果其中的同态满足

$$d_{n-1}d_n = 0,$$

记为 $C_{\bullet} = (C_n, d_n)$. 这里的同态 d_n 被称为**边缘算子**或**微分** (*differential*).

因此例 1.1 中由一个单纯复形 K 生成的 $(C_n(K), \partial_n)$ 就构成一个 R 模复形.

定义 1.2　设 $C_{\bullet} = (C_n, d_n)$ 和 $D_{\bullet} = (D_n, \delta_n)$ 是两个 R 模复形, 如果存在一族 R 模同态 $\phi_n : C_n \longrightarrow D_n$ 使得

$$\phi_{n-1}d_n = \delta_n\phi_n.$$

(或简记为 $\phi d = \delta \phi$), 则称 $\phi = \{\phi_n\}$ 是从 R 模复形 $C_{\bullet}$ 到 $D_{\bullet}$ 内的**态射**.

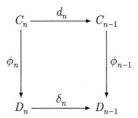

R 模复形关于上面定义的态射构成一个范畴, 记为 $\mathfrak{Comp}(\mathfrak{M}_R)$. 事实上这里的 R 模范畴可被任意的 Abel 范畴 $\mathfrak{C}$ 所取代, $\mathfrak{C}$ 上复形的范畴可记为 $\mathfrak{Comp}(\mathfrak{C})$.

为了说明 R 模复形的范畴如何依赖于 R 模的范畴, 我们列举以下一些性质而不加证明. 这些性质都可以根据定义来验证, 但有时会很繁复.

(1) 对于复形族 $\{C_{\alpha,\bullet} = (C_{\alpha,n}, d_{\alpha,n})\}$, 复形 $\left(\bigoplus\limits_{\alpha} C_{\alpha,n}, \bigoplus\limits_{\alpha} d_{\alpha,n}\right)$ 以及 $\left(\prod\limits_{\alpha} C_{\alpha,n}, \prod\limits_{\alpha} d_{\alpha,n}\right)$ 分别是复形范畴里的余积和积, 记为 $\bigoplus\limits_{\alpha} C_{\alpha,\bullet}$ 与 $\prod\limits_{\alpha} C_{\alpha,\bullet}$. 我们有

$$H_n\left(\bigoplus\limits_{\alpha} C_{\alpha,\bullet}\right) = \bigoplus\limits_{\alpha} H_n(C_{\alpha,\bullet}), \quad H_n\left(\prod\limits_{\alpha} C_{\alpha,\bullet}\right) = \prod\limits_{\alpha} H_n(C_{\alpha,\bullet}).$$

(2) 态射 $\phi : C_{\bullet} \longrightarrow D_{\bullet}$ 的核是 $(\mathrm{Ker}\,\phi_n, d_n)$, 像是 $(\mathrm{Im}\,\phi_n, \delta_n)$.

(3) 态射 $\phi : C_{\bullet} \longrightarrow D_{\bullet}$ 是单的或满的当且仅当所有的 ϕ_n 是单的或满的.

(4) 如果 $D_{\bullet}$ 是 $C_{\bullet}$ 的子复形, 则商复形 $C_{\bullet}/D_{\bullet} = (C_n/D_n, d_n)$.

还可以验证复形的范畴 $\mathfrak{Comp}(\mathfrak{M}_R)$ 是一个 Abel 范畴.

$Z_n(C_{\bullet}) = \mathrm{Ker}\,d_n$ 中的元素称为 n **闭链**, $B_n(C_{\bullet}) = \mathrm{Im}\,d_{n+1}$ 中的元素称为 n **边缘**. $H_n(C_{\bullet}) = Z_n/B_n$ 称为**同调模**. 我们往往把闭链 $c_n \in Z_n$ 在同调模 H_n 内对

应的同调类 $c_n + B_n(C_\bullet)$ 记为 $[c_n]$. 如果闭链 $c_n, c'_n \in Z_n$ 对应于同一个同调类, 也就是说 $[c_n] = [c'_n]$, 则称 c_n 和 c'_n 是**同调的** (*homologous*). $H_n(C_\bullet) = 0$ 当且仅当 R 模同态序列在 C_n 处正合, 因此同调模度量了复形与正合列之间的差异. 如果对所有的 n 都有 $H_n(C_\bullet) = 0$, 则称复形 $C_\bullet$ 是**零调的** (*acyclic*).

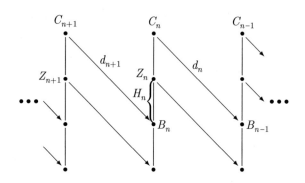

设 $\phi : C_\bullet \longrightarrow D_\bullet$ 是复形间的态射. 我们要验证 ϕ 诱导了相应的同调模之间的同态 $\tilde{\phi}_n : H_n(C_\bullet) \longrightarrow H_n(D_\bullet)$. 为此任取 $c_n \in Z_n(C_\bullet)$. 由于 $\delta_n(\phi_n(c_n)) = \phi_{n-1}(d_n(c_n)) = 0$, 因此 $\phi_n(c_n) \in Z_n(D_\bullet)$. 又若 $[c_n] = [c'_n]$, 则 $c_n - c'_n \in B_n(C_\bullet)$, 从而存在 $c_{n+1} \in C_{n+1}(C_\bullet)$ 使得 $c_n - c'_n = d_{n+1}(c_{n+1})$. 用 ϕ_n 映射后可得 $\phi_n(c_n) - \phi_n(c'_n) = \phi_n d_{n+1}(c_{n+1}) = \delta_{n+1}(\phi_{n+1}(c_{n+1})) \in B_n(D_\bullet)$, 即 $[\phi_n(c_n)] = [\phi_n(c'_n)]$, 可见对应 $[c_n] \mapsto [\phi_n(c_n)]$ 确实定义了一个映射 $\tilde{\phi}_n : H_n(C_\bullet) \longrightarrow H_n(D_\bullet)$. 不难验证 $\tilde{\phi}_n$ 是 R 模同态. 而且对于复形的态射 $\psi : D_\bullet \longrightarrow E_\bullet$ 有 $\widetilde{(\psi\phi)}_n = \tilde{\psi}_n \tilde{\phi}_n$ 成立. 这表明把一个复形 $C_\bullet$ 与它的第 n 个同调模 $H_n(C_\bullet)$ 相对应就定义了一个从复形的范畴到 R 模范畴的共变函子 $H_n : \mathfrak{Comp}(\mathfrak{M}_R) \longrightarrow \mathfrak{M}_R$. 而且这是个加性函子.

定义 1.3 设 $\phi : C_\bullet \longrightarrow D_\bullet$ 是复形间的态射, 如果对所有的 $n \in \mathbb{Z}$ 都有

$$\tilde{\phi}_n : H_n(C_\bullet) \xrightarrow{\sim} H_n(D_\bullet),$$

则称 ϕ 是**拟同构** (*quasi-isomorphism*).

从例 1.1 和 1.2 可以看到, 与单纯复形对应的复形当 $n < 0$ 时总有 $C_n = 0$. 我们把这样的复形称为**链复形** (*chain complex*) 或**正复形** (*positive complex*). 链复形的同态 d_n 一般称为**边缘** (*boundary*). 如果当 $n > 0$ 时有 $C_n = 0$, 那么这样的复形被称为**上链复形** (*cochain complex*) 或**负复形** (*negative complex*). 对于上链复形, C_{-n} 被记为 C^n, d_{-n} 被记为 d^n, 并称为**上边缘算子** (*coboundary operator*) 或**微分**.

这样就得到以下复形:

$$0 \longrightarrow C^0 \xrightarrow{d^0} C^1 \xrightarrow{d^1} C^2 \xrightarrow{d^2} \cdots$$

这里有

$$d^{n+1}d^n = 0.$$

记 $Z^n = \operatorname{Ker} d^n$, $B^n = \operatorname{Im} d^{n-1}$. 我们把 C^n 中的元素称为**上链** (cochain), Z^n 中的元素称为**上闭链** (cocycle), B^n 中的元素称为**上边缘** (coboundary), $H^n = Z^n/B^n$ 称为**上同调模** (cohomology module).

例 1.3 继续考察例 1.1 定义的单纯复形 K. 令 $C^n(K) = (C_n(K))^* = \operatorname{Hom}_R(C_n(K), R)$, 即 $C^n(K)$ 是 $C_n(K)$ 的对偶模 (参见 §1.5). 由于 $C_n(K)$ 是以 K_n 中的 n 单形 σ_i^n 为基的自由模, 所以 $C^n(K)$ 也是自由模, 而且有相应的对偶基 t_i^n, 这里 $t_i^n(\sigma_j^n) = \delta_{ij}$. 也就是说 t_i^n 是把 σ_i^n 映为 1, 其余的 σ_j^n 映为 0 的线性函数. $C^n(K)$ 中的上链可以唯一地表示为 $c^n = \sum_i r_i t_i^n$ 的形式. 然后定义上边缘算子 $d^n : C^n(K) \longrightarrow C^{n+1}(K)$ 为具有以下性质的 R 模同态:

$$(d^n c^n)(c_{n+1}) = c^n(\partial_{n+1} c_{n+1}), \ \forall c^n \in C^n(K), c_{n+1} \in C_{n+1}(K).$$

因此

$$(d^{n+1} d^n c^n)(c_{n+2}) = c^n(\partial_{n+1} \partial_{n+2} c_{n+2}) = 0, \quad \forall c^n \in C^n(K), c_{n+2} \in C_{n+2}(K).$$

可见 $d^{n+1}d^n = 0$. 这样 $(C^n(K), d^n)$ 构成一个上链复形. 如果我们把单形 $[P_0 \cdots P_n] \in K_n$ 在 $C^n(K)$ 中的对偶基记为 $t_{[P_0 \cdots P_n]}$, 则有

$$d^n t_{[P_0 \cdots P_n]} = \sum_{[P_0 \cdots P \cdots P_n] \in K_{n+1}} (-1)^k t_{[P_0 \cdots P_{k-1} P P_k \cdots P_n]}.$$

上链复形 $C^\bullet(K)$ 的上同调模

$$H^n(K, R) = H^n(C^\bullet(K)) = \operatorname{Ker} d^n / \operatorname{Im} d^{n-1}$$

称为单纯复形 K 的上同调模.

说明 1.5 当 K 有限且 $R = F$ 是一个域时, 向量空间 $H_n(K, F)$ 与 $H^n(K, F)$ 互相对偶, 因而

$$\dim_F H^n(K, F) = \dim_F H_n(K, F).$$

现在观察例 1.2 的实射影空间 $\mathbb{PR}^2$ 的情形. 如果 $R = F$ 是一个域, 则有

$$H^0(\mathbb{PR}^2, F) = F,$$

$$H^1(\mathbb{PR}^2, F) = H^2(\mathbb{PR}^2, F) = \begin{cases} 0, & \text{如果 } F \text{ 的特征数不等于 2;} \\ F, & \text{如果 } F \text{ 的特征数是 2.} \end{cases}$$

此外, $H^1(\mathbb{PR}^2, \mathbb{Z}) = 0$, $H^2(\mathbb{PR}^2, \mathbb{Z}) \cong \mathbb{Z}_2$. 具体计算留给读者 (习题 1.6).

例 1.4　设 R 是 $\mathbb{R}^3$ 上的光滑函数环.

$$C^0 = R,$$
$$C^1 = R\mathrm{d}x \oplus R\mathrm{d}y \oplus R\mathrm{d}z,$$
$$C^2 = R(\mathrm{d}y \wedge \mathrm{d}z) \oplus R(\mathrm{d}z \wedge \mathrm{d}x) \oplus R(\mathrm{d}x \wedge \mathrm{d}y),$$
$$C^3 = R(\mathrm{d}x \wedge \mathrm{d}y \wedge \mathrm{d}z).$$

则 C^n 中的元素就是 $\mathbb{R}^3$ 上的 n 次微分形式. 定义 d^n 为相应的外微分, 即

$$\mathrm{d}^0 f = \frac{\partial f}{\partial x}\mathrm{d}x + \frac{\partial f}{\partial y}\mathrm{d}y + \frac{\partial f}{\partial z}\mathrm{d}z,$$

$$\begin{aligned} \mathrm{d}^1(f_1\mathrm{d}x + f_2\mathrm{d}y + f_3\mathrm{d}z) &= \left(\frac{\partial f_3}{\partial y} - \frac{\partial f_2}{\partial z}\right)\mathrm{d}y \wedge \mathrm{d}z \\ &+ \left(\frac{\partial f_1}{\partial z} - \frac{\partial f_3}{\partial x}\right)\mathrm{d}z \wedge \mathrm{d}x + \left(\frac{\partial f_2}{\partial x} - \frac{\partial f_1}{\partial y}\right)\mathrm{d}x \wedge \mathrm{d}y, \end{aligned}$$

$$\begin{aligned} \mathrm{d}^2(f_1\mathrm{d}y \wedge \mathrm{d}z &+ f_2\mathrm{d}z \wedge \mathrm{d}x + f_3\mathrm{d}x \wedge \mathrm{d}y) \\ &= \left(\frac{\partial f_1}{\partial x} + \frac{\partial f_2}{\partial y} + \frac{\partial f_3}{\partial z}\right)\mathrm{d}x \wedge \mathrm{d}y \wedge \mathrm{d}z, \end{aligned}$$

则有 $\mathrm{d}^{n+1}\mathrm{d}^n = 0$. 因此

$$0 \longrightarrow C^0 \xrightarrow{\mathrm{d}^0} C^1 \xrightarrow{\mathrm{d}^1} C^2 \xrightarrow{\mathrm{d}^2} C^3 \longrightarrow 0 \longrightarrow \cdots$$

是一个上链复形. 这个复形的上同调模称为 de Rham (Georges de Rham, 1903 — 1990, 中译名德拉姆) 上同调模. 这种构造可以被推广到任意的微分流形 M 上面的光滑微分形式的情形.

习题 3.1

1.1　验证 R 模复形的全体构成 Abel 范畴.

1.2　设有链复形 $C_\bullet = (C_n, d_n)$, 其中 $C_n = \mathbb{Z}_8$ $(n \geqslant 1)$, $C_0 = 0$, $d_n(\overline{k}) = 4\overline{k}$. 试计算此复形的同调群.

1.3　试计算下面的线条图形所对应的单纯复形 K 的同调群.

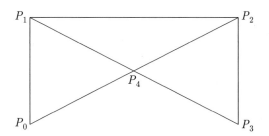

1.4 (图的同调) 设 Γ 是一个有限图, 含有 V 个顶点 $\{v_1, \cdots, v_V\}$ 以及 E 条边 $\{e_1, \cdots, e_E\}$. 假定这些边都是有向的. 设 C_0 是以顶点为基的自由 R 模, C_1 是以边为基的自由 R 模, 当 $n \neq 1, 2$ 时令 $C_n = 0$. 再定义同态 $d: C_1 \longrightarrow C_0$ 为 $d(e_i) = e_i$ 的终点 $-e_i$ 的起点. 假定 Γ 是 连通图, 证明同调模 $H_0(C_\bullet)$ 以及 $H_1(C_\bullet)$ 都是自由 R 模, 它们的秩分别等于 1 和 $E + 1 - V$ ($E + 1 - V$ 被称为图 Γ 的回路数).

1.5 为了计算环面 (torus) T 的同调模, 注意到环面可由矩形的两对对边同向黏合而成 (见 附图 (1)). 再把矩形按附图 (2) 作三角剖分, 得到一个单纯复形 K, 就可计算 K 的同调模. 与例 1.2 类似, 也可作附图 (3) 的剖分, 得到一个广义单纯复形 K'. 试计算 K' 的同调模. 并由此算出 Euler 示性数 $\chi(T)$.

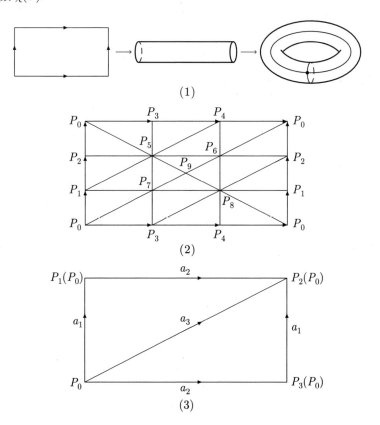

1.6 试计算 $H^1(\mathbb{PR}^2, \mathbb{Z})$ 及 $H^2(\mathbb{PR}^2, \mathbb{Z})$.

1.7 设 M 是 R 模, 如果对所有的 $n \in \mathbb{Z}$ 令 $C_n = M$, $d_n = 0$. 证明 $C_{\bullet} = (C_n, d_n)$ 是一个复形, 并求它的同调模 $H_n(C_{\bullet})$.

1.8 设有 R 模同态的短正合列

$$0 \longrightarrow M' \xrightarrow{\alpha} M \xrightarrow{\beta} M'' \longrightarrow 0,$$

令 $C_0 = 0$, $C_1 = M''$, $C_2 = M$, $C_3 = M'$, $C_n = 0$ $(n > 3)$, $d_2 = \beta$, $d_3 = \alpha$, 其余的 $d_n = 0$, 证明这样可得到链复形 $C_{\bullet} = (C_n, d_n)$. 并求同调模 $H_n(C_{\bullet})$.

1.9 设 $\alpha : (C_n, d_n) \longrightarrow (C'_n, d'_n)$ 是两个链复形间的态射. 对 $n \in \mathbb{Z}$ 令 $C''_n = C_{n-1} \oplus C'_n$, 定义 $d''_n : C''_n \longrightarrow C''_{n-1}$ 为

$$d''_n(c_{n-1}, c'_n) = (-d_{n-1}(c_{n-1}), -\alpha_{n-1}(c_{n-1}) + d'_n(c'_n)),$$

证明这样得到的 (C''_n, d''_n) 确是复形. 这个复形称为 α 的**映射锥** (mapping cone), 记为 $\operatorname{cone}(\alpha)$.

1.10 设 $C_{\bullet}$ 是一个复形. 证明以下 3 个条件是等价的:

(1) $C_{\bullet}$ 是正合列;

(2) $C_{\bullet}$ 是零调的;

(3) $C_{\bullet}$ 拟同构于零复形 0.

§3.2 同调的长正合列与同伦

我们已经知道 R 模复形的范畴 $\mathfrak{Comp}(\mathfrak{M}_R)$ 是一个 Abel 范畴. 因此我们也可以有复形的短正合列的概念. 下面要证明的定理说明从复形的短正合列可以导出它们的同调模间的长正合列.

定理 2.1 设 $0 \longrightarrow C'_{\bullet} \xrightarrow{\alpha} C_{\bullet} \xrightarrow{\beta} C''_{\bullet} \longrightarrow 0$ 是复形态射的短正合列, 则对每个 $n \in \mathbb{Z}$ 可以定义一个 R 模**连接同态** (connecting homomorphism) $\Delta_n : H_n(C''_{\bullet}) \longrightarrow H_{n-1}(C'_{\bullet})$ 使得有以下的长正合列:

$$\cdots \longrightarrow H_n(C'_{\bullet}) \xrightarrow{\tilde{\alpha}_n} H_n(C_{\bullet}) \xrightarrow{\tilde{\beta}_n} H_n(C''_{\bullet}) \xrightarrow{\Delta_n} H_{n-1}(C'_{\bullet}) \xrightarrow{\tilde{\alpha}_{n-1}} H_{n-1}(C_{\bullet}) \longrightarrow \cdots$$

证明: 利用蛇形引理可使证明大大简化.

先看以下交换图:

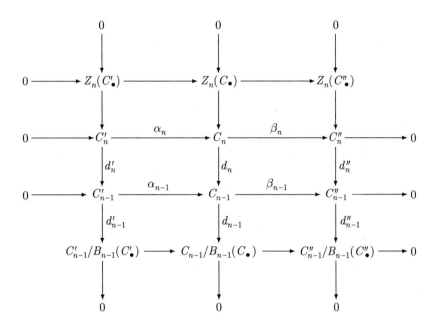

上面图中的中间两行是正合的, 竖直的各列也都正合. 根据蛇形引理, 第二与第五行也正合. 适当改变下标后即可得到以下交换图, 其中水平的两行都正合:

$$C_n'/B_n(C_\bullet') \longrightarrow C_n/B_n(C_\bullet) \longrightarrow C_n''/B_n(C_\bullet'') \longrightarrow 0$$

$$0 \longrightarrow Z_{n-1}(C_\bullet') \longrightarrow Z_{n-1}(C_\bullet) \longrightarrow Z_{n-1}(C_\bullet'')$$

（竖直箭头为 $\overline{d_n'}$, $\overline{d_n}$, $\overline{d_n''}$）

对这个图应用蛇形引理, 注意到 $\operatorname{Ker}\overline{d_n} \cong H_n(C_\bullet)$, $\operatorname{Coker}\overline{d_n} \cong H_{n-1}(C_\bullet)$, 就可得到下面的正合列:

$$H_n(C_\bullet') \xrightarrow{\tilde{\alpha}_n} H_n(C_\bullet) \xrightarrow{\tilde{\beta}_n} H_n(C_\bullet'') \xrightarrow{\Delta_n} H_{n-1}(C_\bullet') \xrightarrow{\tilde{\alpha}_{n-1}} H_{n-1}(C_\bullet) \xrightarrow{\tilde{\beta}_{n-1}} H_{n-1}(C_\bullet'')$$

把这些正合列粘接起来, 就可得到所需的长正合列. □

这里的连接同态 Δ_n 就是蛇形引理中所定义的. 我们可以简写成下面的形式:

$$\Delta_n : H_n(C_\bullet'') \longrightarrow H_{n-1}(C_\bullet'),$$
$$z_n'' + B_n(C_\bullet'') \longmapsto \alpha_{n-1}^{-1} d_n \beta_n^{-1}(z_n'') + B_{n-1}(C_\bullet').$$

上述定理中定义的连接同态也是自然的, 也就是说, 短正合列之间的态射的交换图可以导出长正合列之间的相应同态的交换图, 如下述命题所示.

命题 2.2　如果有两个短正合列以及它们之间的态射的交换图：

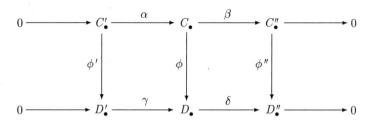

则有相应长正合列间的交换图：

$$\cdots \longrightarrow H_n(C'_\bullet) \xrightarrow{\tilde{\alpha}_n} H_n(C_\bullet) \xrightarrow{\tilde{\beta}_n} H_n(C''_\bullet) \xrightarrow{\Delta_n} H_{n-1}(C'_\bullet) \longrightarrow \cdots$$

$$\left\downarrow \tilde{\phi}'_n \qquad\qquad \left\downarrow \tilde{\phi}_n \qquad\qquad \left\downarrow \tilde{\phi}''_n \qquad\qquad \left\downarrow \tilde{\phi}'_{n-1}$$

$$\cdots \longrightarrow H_n(D'_\bullet) \xrightarrow{\tilde{\gamma}_n} H_n(D_\bullet) \xrightarrow{\tilde{\delta}_n} H_n(D''_\bullet) \xrightarrow{\Delta_n} H_{n-1}(D'_\bullet) \longrightarrow \cdots$$

证明留给读者作为习题.

说明 2.1　定理 2.1 和命题 2.2 所得到的长正合列可以被表示成如下的**正合三角形** (*exact triangle*)：

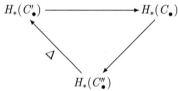

由这种图形引出了**三角化范畴** (*triangulated category*) 的概念. 复形及其态射的同伦等价类的范畴就是三角化范畴的一个例子.

例 2.1　在例 1.1 中给出了由实心三角形生成的单纯复形 K 以及由空心三角形生成的单纯复形 K'. K' 是 K 的子复形, 因此由它们生成的复形 $C'_\bullet = (C_n(K'), \partial_n)$ 是 $C_\bullet = (C_n(K), \partial_n)$ 的子复形. 它们的商复形 $C''_\bullet = (C''_n, d''_n)$ 是：

$$C''_2 = C_2(K)/C_2(K') \cong C_2(K) = R[P_0P_1P_2],$$
$$C''_1 = C_1(K)/C_1(K') = 0,$$
$$C''_0 = C_0(K)/C_0(K') = 0,$$
$$C''_n = 0, \quad 对其余的 n.$$

这里的边缘算子 d_n'' 是由 ∂_n 在商模上的诱导同态. 拓扑上把复形 $C_\bullet''$ 称为相对复形, 并把 C_n'' 记为 $C_n(K, K')$. $C_\bullet''$ 的同调模 $H_n(C_\bullet'')$ 被称为相对同调模, 记为 $H_n(K, K')$.

从复形的短正合列:

$$0 \longrightarrow C_\bullet' \longrightarrow C_\bullet \longrightarrow C_\bullet'' \longrightarrow 0$$

可以导出同调模的长正合列:

$$\cdots \longrightarrow H_2(K') = 0 \longrightarrow H_2(K) = 0 \longrightarrow H_2(K, K') = R \longrightarrow$$

$$\xrightarrow{\Delta_2} H_1(K') = R \longrightarrow H_1(K) = 0 \longrightarrow H_1(K, K') = 0 \longrightarrow$$

$$\xrightarrow{\Delta_1} H_0(K') = R \longrightarrow H_0(K) = R \longrightarrow H_0(K, K') = 0 \longrightarrow \cdots$$

我们知道复形间的态射 $\alpha : C_\bullet \longrightarrow C_\bullet'$ 可以诱导同调模之间的同态 $\tilde{\alpha}_n : H_n(C_\bullet) \longrightarrow H_n(C_\bullet')$. 另一个态射 $\beta : C_\bullet \longrightarrow C_\bullet'$ 也能诱导相应的同态 $\tilde{\beta}_n$. 一般说来这两者是不相同的, 但是当态射 α 和 β 同伦时, 就有 $\tilde{\alpha}_n = \tilde{\beta}_n$ 对所有的整数 n 成立.

定义 2.1 设 $\alpha, \beta : C_\bullet \longrightarrow C_\bullet'$ 是复形间的态射. 如果存在一族 R 模同态 $s_n : C_n \longrightarrow C_{n+1}'$, $n \in \mathbb{Z}$, 使得

$$\alpha_n - \beta_n = d_{n+1}' s_n + s_{n-1} d_n,$$

则称 α 和 β 是**同伦的** (*homotopic*), 记为 $\alpha \sim \beta$.

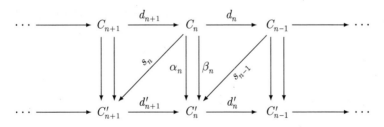

命题 2.3 设复形的态射 $\alpha, \beta : C_\bullet \longrightarrow C_\bullet'$ 是同伦的, 则

$$\tilde{\alpha}_n = \tilde{\beta}_n : H_n(C_\bullet) \longrightarrow H_n(C_\bullet'), \quad n \in \mathbb{Z}.$$

证明: 任取 $z_n \in Z_n(C_\bullet)$, 则有

$$\tilde{\alpha}_n(z_n + B_n(C_\bullet)) = \alpha_n(z_n) + B_n(C_\bullet')$$

$$= (\beta_n + d'_{n+1}s_n + s_{n-1}d_n)(z_n) + B_n(C'_\bullet)$$
$$= \beta_n(z_n) + d'_{n+1}s_n(z_n) + B_n(C'_\bullet)$$
$$= \beta_n(z_n) + B_n(C'_\bullet)$$
$$= \tilde{\beta}_n(z_n + B_n(C_\bullet)).\qquad\qquad \square$$

定义 2.2   设 $\alpha : C_\bullet \longrightarrow C'_\bullet$ 是复形的态射. 如果 $\alpha \sim 0$, 则称 α 是**零伦的** (*null homotopic*). 如果又存在态射 $\beta : C'_\bullet \longrightarrow C_\bullet$ 使得 $\beta\alpha \sim 1_{C_\bullet}$, $\alpha\beta \sim 1_{C'_\bullet}$, 则称 α 为**同伦等价** (*homotopic equivalence*).

例 2.2   在拓扑中两个映射同伦是指它们可以互相连续变化. 即一个映射可以连续地变化到另一个映射. 例如一个实心三角形 $[P_0P_1P_2]$ 到它自身的恒等映射可以连续变形为把所有的点都映到顶点 $[P_0]$ 的常值映射 (如图所示).

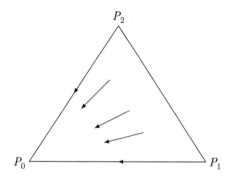

这两个映射诱导出复形到自己的态射 $\alpha, \beta : C_\bullet \longrightarrow C_\bullet$. α 就是恒等态射, 而当 $n \neq 0$ 时, $\beta_n = 0$, $\beta_0([P_0]) = \beta_0([P_1]) = \beta_0([P_2]) = [P_0]$. s_n 的定义如下:

$$s_1([P_1P_2]) = [P_0P_1P_2],$$
$$s_1([P_0P_2]) = 0,$$
$$s_1([P_0P_1]) = 0,$$
$$s_0([P_0]) = 0,$$
$$s_0([P_1]) = [P_0P_1],$$
$$s_0([P_2]) = [P_0P_2].$$

其余的 $s_n = 0$. 读者可以自己检验 $\alpha \sim \beta$, $\tilde{\alpha}_0 = \tilde{\beta}_0 = 1$, $\tilde{\alpha}_n = \tilde{\beta}_n = 0$ $(n \neq 0)$.

说明 2.2 同伦的概念来自拓扑, 它是使同调模间的同态相等的充分但不必要条件. 章璞等的论文[*] 指出: 如果我们把定义 2.1 中 R 模同态 s_n 放宽成集合映射, 命题 2.3 仍然成立, 相应的复形间的态射称为集合同伦的 (*setwise homotopic*). 并且证明了集合同伦是使同调模间的同态相等的充分必要条件. 详情可参见习题 2.11, 2.12.

习题 3.2

2.1 证明命题 2.2.

2.2 设 $0 \longrightarrow A_\bullet \longrightarrow B_\bullet \longrightarrow C_\bullet \longrightarrow 0$ 是复形态射的短正合列. 证明当这 3 个复形中有两个是正合时, 第 3 个复形一定正合.

2.3 (3×3 引理) 设在一个 Abel 范畴中有如下由三个短正合行构成的交换图 (见附图. 比较第一章的习题 2.17):

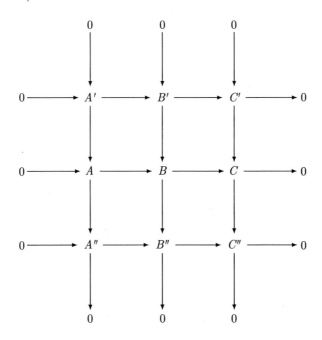

证明:

(1) 如果中间的列正合, 则右端的列为正合当且仅当左端的列为正合;

(2) 如果两端两列都正合, 而且复合态射 $B' \longrightarrow B''$ 是零态射, 则中间的列也正合.

2.4 设 $f: C_\bullet \longrightarrow D_\bullet$ 是两个链复形间的态射. 如果链复形 $\mathrm{Ker}(f)$ 和 $\mathrm{Coker}(f)$ 都是零调的, 证明 f 是拟同构.

---

[*]Ning Bian, Pu Zhang, Guang-Lian Zhang. Setwise homotopy category, Applied Categorical Structures, 17(2009), 561–565

2.5　证明同伦关系是传递的, 即从 $\alpha \sim \beta$ 和 $\beta \sim \gamma$ 可得 $\alpha \sim \gamma$.

2.6　设有复形间的态射 $\alpha, \beta : C_\bullet \longrightarrow C'_\bullet$, $\gamma, \delta : C'_\bullet \longrightarrow C''_\bullet$. 证明从 $\alpha \sim \beta$ 和 $\gamma \sim \delta$ 可以得到 $\gamma\alpha \sim \delta\beta$.

2.7　设 $R = \mathbb{Z}$. 有两个复形 $C_\bullet$ 和 $C'_\bullet$ 分别定义为

$$C_1 = \mathbb{Z}s_1, \quad C_0 = \mathbb{Z}s_0, \quad C_n = 0, n \neq 0, 1; \quad d_1(s_1) = 2s_0;$$
$$C'_1 = \mathbb{Z}t_1, \quad C'_n = 0, n \neq 1.$$

其中 C_0, C_1, C'_1 都是秩为 1 的自由 $\mathbb{Z}$ 模. 态射 $\alpha : C_\bullet \longrightarrow C'_\bullet$ 定义为

$$\alpha_1(s_1) = t_1, \quad \alpha_n = 0, n \neq 1.$$

试验证 α 以及零态射 $0 : C_\bullet \longrightarrow C'_\bullet$ 都诱导了同调模间的零同态, 但是 α 不同伦于 0.

2.8　设 $C_\bullet$ 是一个复形. 如果存在同态 $s_n : C_n \longrightarrow C_{n+1}$ 使得 $d = dsd$, 则称复形 $C_\bullet$ 是**分裂的**. 如果 $C_\bullet$ 又是零调的, 则被称为**分裂正合的**. 现设 $R = \mathbb{Z}$ 或 $\mathbb{Z}_4$, $C_\bullet$ 是如下复形

$$\cdots \xrightarrow{2} \mathbb{Z}_4 \xrightarrow{2} \mathbb{Z}_4 \xrightarrow{2} \cdots$$

其中同态 2 表示取元素的 2 倍元. 证明此复形是零调的, 但不是分裂的.

*2.9　证明链复形 $C_\bullet$ 是分裂正合的 (定义见习题 2.8) 当且仅当 $1_{C_\bullet}$ 是零伦的.

2.10　设 $\mathrm{cone}(1_{C_\bullet})$ 是复形 $C_\bullet$ 的恒等态射的映射锥 (参见习题 1.9). 证明 $\mathrm{cone}(1_{C_\bullet})$ 是分裂正合的 (定义见习题 2.8), 其分裂映射 s_n 定义为 $s_n((c_{n-1}, c_n)) = (-c_n, 0)$.

*2.11　证明: 若 R 模复形的态射 $\alpha, \beta : C_\bullet \longrightarrow C'_\bullet$ 在同调模上诱导相同的同态 $\tilde\alpha_n = \tilde\beta_n : H_n(C_\bullet) \longrightarrow H_n(C'_\bullet)$, 则存在一族集合映射 $s_n : C_n \longrightarrow C'_{n+1}, n \in \mathbb{Z}$, 使得 $\alpha_n - \beta_n = d'_{n+1}s_n + s_{n-1}d_n$.

*2.12　对于 $\mathbb{Z}$ 模的正合复形:

$$C_\bullet : \quad 0 \longrightarrow C_2 = \mathbb{Z} \xrightarrow{d_2} C_1 = \mathbb{Z} \xrightarrow{d_1} C_0 = \mathbb{Z}/2\mathbb{Z} \longrightarrow 0,$$

其中 $d_2(c_2) = 2c_2, d_1(c_1) = c_1 + 2\mathbb{Z}$. 试定义集合映射 $s_i : C_i \longrightarrow C_{i+1}, i = 0, 1$, 使得复形的态射 $1_{C_\bullet}, 0 : C_\bullet \longrightarrow C_\bullet$ 是集合同伦的.

§3.3　模的分解

定义 3.1　设 M 是一个 R 模, $C_\bullet = (C, d)$ 是一个链复形. 如果所有的 C_n 都是投射模, 则称 $C_\bullet$ 是**投射的** (projective). 如果当 $n > 0$ 时有 $H_n(C_\bullet) = 0$, 则称 $C_\bullet$ 是**零调的** (acyclic). 如果存在一个同态 $\varepsilon : C_0 \longrightarrow M$ 使得 $\varepsilon d_1 = 0$, 则称 $(C_\bullet, \varepsilon)$

(或简称 $C_\bullet$) 是 M 的复形, 称 ε 为**增广同态** (*augmentation homomorphism*). 如果以下序列

$$\cdots \longrightarrow C_n \xrightarrow{d_n} C_{n-1} \longrightarrow \cdots \longrightarrow C_1 \xrightarrow{d_1} C_0 \xrightarrow{\varepsilon} M \longrightarrow 0$$

正合, 则称 $(C_\bullet, \varepsilon)$ 是 M 的一个**分解** (*resolution*). 如果 $C_\bullet$ 是投射复形, 则称 $(C_\bullet, \varepsilon)$ 是一个**投射分解** (*projective resolution*). 如果所有的 C_n 都是自由模, 则称 $(C_\bullet, \varepsilon)$ 是一个**自由分解** (*free resolution*).

从这个定义可以看出, 如果 $(C_\bullet, \varepsilon)$ 是 M 的分解, 则有 $H_0(C_\bullet) \cong M$, 并且对 $n \neq 0$ 有 $H_n(C_\bullet) = 0$.

定理 3.1 设 $\phi: M \longrightarrow M'$ 是 R 模同态, $(C_\bullet, \varepsilon)$ 是 M 的投射复形, $(C'_\bullet, \varepsilon')$ 是 M' 的分解. 则存在态射 $\alpha: C_\bullet \longrightarrow C'_\bullet$ 使得 $\phi\varepsilon = \varepsilon'\alpha_0$. 并且满足上述条件的态射都是同伦的.

证明: 如图所示, 我们首先要求出同态 α_0 使得图成为交换图.

$$
\begin{array}{ccccc}
C_0 & \xrightarrow{\varepsilon} & M & \longrightarrow & 0 \\
\downarrow{\scriptstyle\alpha_0} & & \downarrow{\scriptstyle\phi} & & \\
C'_0 & \xrightarrow{\varepsilon'} & M' & \longrightarrow & 0
\end{array}
$$

由于 ε' 是满同态, C_0 是投射模, 必存在同态 $\alpha_0: C_0 \longrightarrow C'_0$ 使得 $\varepsilon'\alpha_0 = \phi\varepsilon$. 然后我们可以使用归纳法, 假设满足条件的同态 $\alpha_0, \cdots, \alpha_{n-1}$ 已经求得, 如图所示. 我们要求出 α_n 使得它成为交换图.

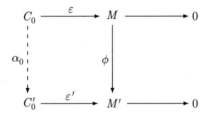

我们有 $d'_{n-1}\alpha_{n-1}d_n = \alpha_{n-2}d_{n-1}d_n = 0$. 因此 $\alpha_{n-1}d_n(C_n) \subseteq \operatorname{Ker} d'_{n-1} = \operatorname{Im} d'_n = d'_n(C'_n)$. 如果把 C'_{n-1} 换成 $d'_n(C'_n)$, $d'_n: C'_n \longrightarrow d'_n(C'_n)$ 就是满同态, 再利用 C_n 的投射性, 一定存在同态 $\alpha_n: C_n \longrightarrow C'_n$ 使得 $d'_n\alpha_n = \alpha_{n-1}d_n$. 这样就证得了 α 的存在性.

现在设 α 和 β 都满足定理的条件, 令 $\gamma = \alpha - \beta$. 则

$$\varepsilon'\gamma_0 = \varepsilon'\alpha_0 - \varepsilon'\beta_0 = \phi\varepsilon - \phi\varepsilon = 0,$$

$$d'_n\gamma_n = \gamma_{n-1}d_n, \quad n \geqslant 1.$$

我们有以下的交换图:

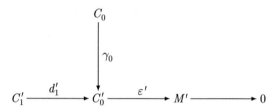

由于 $\varepsilon'\gamma_0 = 0$, $\gamma_0(C_0) \subseteq \operatorname{Ker}\varepsilon' = \operatorname{Im}d'_1$. 考虑满同态 $d'_1 : C'_1 \longrightarrow d'_1(C'_1)$, 由于 C_0 是投射模, 存在 $s_0 : C_0 \longrightarrow C'_1$ 使得 $\gamma_0 = d'_1 s_0$. 现在假定我们已经作出了满足条件 $\gamma_i - s_{i-1}d_i = d'_{i+1}s_i$ $(i = 1, \cdots, n-1)$ 的 $s_0, \cdots, s_{n-1}$. 考虑 $\gamma_n - s_{n-1}d_n$.

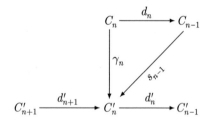

我们有

$$d'_n(\gamma_n - s_{n-1}d_n) = \gamma_{n-1}d_n - d'_n s_{n-1}d_n$$

$$= (\gamma_{n-1} - d'_n s_{n-1})d_n = s_{n-2}d_{n-1}d_n = 0.$$

因此 $(\gamma_n - s_{n-1}d_n)(C_n) \subseteq \operatorname{Ker}d'_n = \operatorname{Im}d'_{n+1}$. 由 C_n 的投射性可知存在同态 $s_n : C_n \longrightarrow C'_{n+1}$ 使得 $d'_{n+1}s_n = \gamma_n - s_{n-1}d_n$. 这样就证明了 $\alpha \sim \beta$. $\square$

推论 3.2 模的任意两个投射分解都是同伦等价的.

证明: 对于 M 的两个投射分解 $(C_\bullet, \varepsilon)$ 和 $(C'_\bullet, \varepsilon')$, 在定理 3.1 中取 $M' = M$, ϕ 为恒等映射 1_M, 就可得到复形态射 $\alpha : C_\bullet \longrightarrow C'_\bullet$, 满足 $\varepsilon = \varepsilon'\alpha_0$, 以及复形态射 $\beta : C'_\bullet \longrightarrow C_\bullet$, 满足 $\varepsilon' = \varepsilon\beta_0$.

再考虑复形态射

$$\beta\alpha : C_\bullet \longrightarrow C_\bullet \quad \text{和} \quad 1_{C_\bullet} : C_\bullet \longrightarrow C_\bullet,$$

它们满足 $1_M \varepsilon = \varepsilon \beta_0 \alpha_0$ 以及 $1_M \varepsilon = \varepsilon 1_{C_0}$, 故由定理 3.1 我们知道 $\beta \alpha \sim 1_{C_{\bullet}}$. 同理有 $\alpha \beta \sim 1_{C'_{\bullet}}$. 这就说明 M 的上述两个投射分解是同伦等价的. □

因此定理 3.1 通常称为比较定理. 比较定理的一个重要意义是, 模的任何两个投射分解在同伦等价的意义下是唯一的.

例 3.1 设 K 是例 1.1 中的单纯复形, $C_{\bullet} = (C_n(K), \partial_n)$ 是一个由自由模构成的链复形. 不难看出序列:

$$\cdots \longrightarrow C_2(K) \xrightarrow{\partial_2} C_1(K) \xrightarrow{\partial_1} C_0(K) \xrightarrow{\nu} H_0(K) \longrightarrow 0$$

是正合的, 这里 $\nu : C_0(K) \longrightarrow H_0(K) \cong C_0(K)/B_0(K)$ 是自然同态. 因此 $(C_{\bullet}, \nu)$ 就是 $H_0(K)$ 的自由分解.

例 3.2 设 F 是一个域, $R = F[x, y, z]$, $M = \langle x, y, z \rangle$ 是 R 的由 x、y、z 生成的理想. 我们可取 $C_0 = R \oplus R \oplus R$, 定义同态

$$\varepsilon : C_0 = R \oplus R \oplus R \longrightarrow M$$
$$(f_1, f_2, f_3) \longmapsto x f_1(x, y, z) + y f_2(x, y, z) + z f_3(x, y, z),$$

则 $\operatorname{Ker} \varepsilon = \langle (0, z, -y), (-z, 0, x), (y, -x, 0) \rangle$ (请读者验证). 令 $C_1 = R \oplus R \oplus R$, 定义同态:

$$d_1 : C_1 = R \oplus R \oplus R \longrightarrow C_0 = R \oplus R \oplus R$$
$$(g_1, g_2, g_3) \longmapsto (-z g_2 + y g_3, z g_1 - x g_3, -y g_1 + x g_2),$$

则 $\operatorname{Im} d_1 = \operatorname{Ker} \varepsilon$. $\operatorname{Ker} d_1 = \langle (x, y, z) \rangle$. 我们取 $C_2 = R$, 定义同态:

$$d_2 : C_2 = R \longrightarrow C_1 = R \oplus R \oplus R$$
$$h \longmapsto (xh, yh, zh),$$

则 d_2 是单同态并且 $\operatorname{Im} d_2 = \operatorname{Ker} d_1$. 这样就有以下的正合序列:

$$0 \longrightarrow C_2 \xrightarrow{d_2} C_1 \xrightarrow{d_1} C_0 \xrightarrow{\varepsilon} M \longrightarrow 0.$$

说明 (C, d) 以及 ε 构成了 M 的自由分解.

例 3.3 我们举一个无限长度的自由分解的例子. 设 F 是一个域, $r > 1$, $R = F[x]/(x^r)$. 取 $M = R/Rx^s$, 这里 $0 < s < r$. 取 $C_n = R$ $(n \geqslant 0)$, 令

$$\varepsilon : C_0 \longrightarrow M,$$
$$c \longmapsto c + Rx^s.$$

如果我们用 $R \xrightarrow{x^m} R$ 表示同态 $c \mapsto cx^m$, 就可得到以下的正合列:

$$\cdots \longrightarrow R \xrightarrow{x^{r-s}} R \xrightarrow{x^s} R \xrightarrow{x^{r-s}} R \xrightarrow{x^s} R \xrightarrow{\varepsilon} M \longrightarrow 0.$$

即 $(C_\bullet, \varepsilon)$ 是 M 的自由分解.

> **说明 3.1**   从刚才的例子可以看出, 对于任意的 R 模 M, 我们总是可以作出它的一个自由
> 分解: 根据第一章的命题 4.3, 存在自由模 C_0 以及满同态 $\varepsilon : C_0 \longrightarrow M$. 对于模 $\mathrm{Ker}\,\varepsilon$, 又
> 存在自由模 C_1 以及满同态 $d_1 : C_1 \longrightarrow \mathrm{Ker}\,\varepsilon$. 用同样的方法不断往上做, 就可得到一个正
> 合列:
>
> $$\cdots \longrightarrow C_n \xrightarrow{d_n} C_{n-1} \longrightarrow \cdots \xrightarrow{d_1} C_0 \xrightarrow{\varepsilon} M \longrightarrow 0,$$
>
> 其中 C_n 都是自由模. 因此 $(C_\bullet, \varepsilon)$ 是 M 的一个自由分解. 我们知道自由模可以被看成是
> 最容易掌握的 R 模, 自由分解实际上就是试图用一系列的自由模来近似描述已给的模 M.
> 自由分解的长度也可以看成是这个模与自由模的相差的一种度量. 当 R 是一个域时, 每个
> 模都是自由模, 因此任何一个模都可以作一个使 $C_n = 0$ $(n > 0)$ 的自由分解. 而当 R 是主
> 理想整环时, 每个模都存在一个使 $C_n = 0(n > 1)$ 的自由分解. 可见 R 模的最短自由分解
> 的长度 (即以后要定义的同调维数) 反映了环的某种性质, 可以认为它是环与域的相差的某
> 种度量.

因为自由模一定是投射模, 因此自由分解也是投射分解. 投射分解的概念完全
适用于任何的 Abel 范畴. 这表明在 R 模的范畴里每个对象都有投射分解. 可是在
有的 Abel 范畴里却不能保证投射分解的存在 (例如层的范畴). 这时就要用到投射
分解的对偶概念: 内射分解.

定义 3.2   设 M 是一个 R 模, $D^\bullet = (D^n, d^n)$ 是一个上链复形. 如果所有的
D^n 都是内射模, 则称 $D^\bullet$ 是**内射的** (injective). 如果当 $n > 0$ 时有 $H^n(D^\bullet) = 0$,
则称 $D^\bullet$ 是**零调的** (acyclic). 如果存在一个同态 $\eta : M \longrightarrow D^0$ 使得 $d^0 \eta = 0$, 则称
$(D^\bullet, \eta)$ (或 $D^\bullet$) 是 M 的复形. 如果以下序列

$$0 \longrightarrow M \xrightarrow{\eta} D^0 \xrightarrow{d^0} D^1 \xrightarrow{d^1} D^2 \longrightarrow \cdots$$

正合, 则称 $(D^\bullet, \eta)$ 是 M 的一个**分解** (resolution). 如果 $D^\bullet$ 是内射复形, 则称
$(D^\bullet, \eta)$ 是一个**内射分解** (injective resolution).

与定理 3.1 对偶, 有以下定理:

定理 3.3   设 $\phi : M' \longrightarrow M$ 是 R 模同态, $(D^\bullet, \eta)$ 是 M 的内射复形, $(D'^\bullet, \eta')$
是 M' 的分解, 则存在态射 $\alpha : D'^\bullet \longrightarrow D^\bullet$ 使得 $\eta\phi = \alpha^0 \eta'$. 并且满足上述条件的

态射都是同伦的.

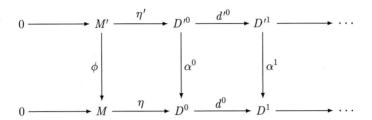

证明作为习题. □

从定理 3.3 同样可以推出: 模的任何两个内射分解在同伦等价的意义下是唯一的.

对于任意的 R 模 M, 根据第一章的定理 6.8, M 可被嵌入一个内射模 D^0, 即有单同态 $\eta : M \longrightarrow D^0$. 取 $\operatorname{Coker} \eta$, 同理存在一个内射模 D^1 以及一个单同态 $d^0 : \operatorname{Coker} \eta \longrightarrow D^1$. 如此继续下去, 就可得到一个正合列:

$$0 \longrightarrow M \xrightarrow{\eta} D^0 \xrightarrow{d^0} D^1 \xrightarrow{d^1} D^2 \longrightarrow \cdots$$

$(D^\bullet, \eta)$ 就是 M 的内射分解. 因此任何 R 模都有内射分解.

习题 3.3

3.1 设 F 是域, $R = F[x, y]$, $M = \langle f(x, y), g(x, y) \rangle$ 是 R 的理想, 被看作 R 模. 假定 $f(x, y)$ 和 $g(x, y)$ 是互素的多项式. 试作出 M 的自由分解.

3.2 设 R 是一个主理想整环. 证明每个有限生成的 R 模都存在一个使 $C_n = 0(n > 1)$ 的自由分解. (提示: 利用第一章的定理 4.6)

3.3 设 M 是环 $\mathbb{Z}$ 内由 6 和 9 生成的理想. 试写出 $\mathbb{Z}$ 模 M 的两种不同的自由分解.

3.4 证明定理 3.3.

§3.4　导出函子

投射分解和内射分解的主要应用是定义导出函子. 其思想是这样的: 我们遇到的函子 F 往往是加性的, 但不一定是正合函子, 只是左正合或右正合的函子. 例如一个右正合函子 F 把一个任意的短正合列

$$0 \longrightarrow M' \longrightarrow M \longrightarrow M'' \longrightarrow 0$$

变换成一个只有右边的部分继续保持正合的序列:

$$F(M') \longrightarrow F(M) \longrightarrow F(M'') \longrightarrow 0.$$

这时我们关心的问题之一就是在什么情况下能补上左边缺少的部分, 使这个正合列延伸出去, 从而对最左边的同态的核提供一点信息? 导出函子就能解决这些问题. 例如函子 F 的第一个左导出函子 L_1F 以及一个连接同态 Δ_1 就能给出以下的正合列:

$$L_1F(M'') \xrightarrow{\Delta_1} F(M') \longrightarrow F(M) \longrightarrow F(M'') \longrightarrow 0.$$

应用左导出函子还能进一步把这个正合列向左边伸展直至无限 (实际上是在某个时候全部消失为零). 这就是引入导出函子的缘由.

以下我们假设所有的函子都是加性函子.

定义 4.1　设 F 是从 R 模范畴到自身的右正合共变函子, M 是一个 R 模, $(C_\bullet, \varepsilon)$ 是 M 的一个投射分解:

$$\cdots \longrightarrow C_2 \xrightarrow{d_2} C_1 \xrightarrow{d_1} C_0 \longrightarrow 0.$$

用函子 F 作用后可以得到一个新的链复形:

$$\cdots \longrightarrow F(C_2) \xrightarrow{F(d_2)} F(C_1) \xrightarrow{F(d_1)} F(C_0) \longrightarrow 0.$$

则定义函子 F 的第 n 个**左导出函子** (left derived functor) 为

$$L_nFM = H_n(F(C_\bullet)), \quad n \geqslant 0.$$

由于 F 是右正合函子, 我们有以下的正合列:

$$F(C_1) \xrightarrow{F(d_1)} F(C_0) \xrightarrow{F(\varepsilon)} F(M) \longrightarrow 0.$$

因此

$$L_0F(M) = H_0(F(C_\bullet)) = F(C_0)/\operatorname{Im} F(d_1) \cong F(M).$$

从定义马上可以看出, 如果 F 是正合函子, 那么序列

$$\cdots \longrightarrow F(C_2) \xrightarrow{F(d_2)} F(C_1) \xrightarrow{F(d_1)} F(C_0) \xrightarrow{F(\varepsilon)} F(M) \longrightarrow 0$$

是正合列, 从而

$$L_nF(M) = 0, \quad n > 0.$$

这表明导出函子度量了一个函子离开正合函子的差距. 函子 F 是正合函子, 则它的所有 $n > 0$ 的导出函子都是零函子. 反之, 在建立了以下的关于导出函子的长正合列的定理 4.1 后, 就可知道上述条件是充要条件.

在定义 4.1 中有两个问题需要解决: 一是导出函子如何作用在态射上; 二是导出函子的定义是否唯一. 这是由投射分解的不唯一性引起的. 不过根据推论 3.2, 模的任意两个投射分解都是同伦等价的, 这两个投射分解用 F 作用后, 当然也是同伦等价的, 从而它们的各个同调模都是同构的, 由此即得到导出函子的唯一性.

设 M' 是另一个 R 模, 且有一个模同态 $\phi : M \longrightarrow M'$. 设 $(C'_\bullet, \varepsilon')$ 是 M' 的投射分解. 根据定理 3.1 我们可得到一个态射 $\alpha : C_\bullet \longrightarrow C'_\bullet$ 使得 $\phi\varepsilon = \varepsilon'\alpha_0$. 用函子 F 作用后即可得到以下交换图:

$$
\begin{array}{ccccccccc}
\cdots & \longrightarrow & F(C_1) & \xrightarrow{F(d_1)} & F(C_0) & \xrightarrow{F(\varepsilon)} & F(M) & \longrightarrow & 0 \\
& & \downarrow{\scriptstyle F(\alpha_1)} & & \downarrow{\scriptstyle F(\alpha_0)} & & \downarrow{\scriptstyle F(\phi)} & & \\
\cdots & \longrightarrow & F(C'_1) & \xrightarrow{F(d'_1)} & F(C'_0) & \xrightarrow{F(\varepsilon')} & F(M') & \longrightarrow & 0
\end{array}
$$

因而有同态 $\widetilde{F(\alpha_n)} : H_n(F(C_\bullet)) \longrightarrow H_n(F(C'_\bullet))$, 而且这些同态与 α 的选取无关. 这是因为如果有另一个具有相同性质的态射 $\beta : C_\bullet \longrightarrow C'_\bullet$, 则 $\alpha \sim \beta$, 也就是说存在同态 $s_n : C_n \longrightarrow C'_{n+1}$ 使得 $\alpha_n - \beta_n = d'_{n+1}s_n + s_{n-1}d_n$. 用函子 F 作用后可得

$$F(\alpha_n) - F(\beta_n) = F(d'_{n+1})F(s_n) + F(s_{n-1})F(d_n).$$

从而 $F(\alpha) \sim F(\beta)$ 导致 $\widetilde{F(\alpha_n)} = \widetilde{F(\beta_n)}$. 这样我们就可以定义导出函子对态射的作用:

$$L_nF(\phi) = \widetilde{F(\alpha_n)} : L_nF(M) \longrightarrow L_nF(M').$$

请读者自己验证 L_nF 确实是函子.

现在如果 M 有另一个投射分解 $(D_\bullet, \eta)$, 则由恒等同构 $1_M : M \longrightarrow M$ 可诱导出唯一的同构 $\eta_n : H_n(F(C_\bullet)) \longrightarrow H_n(F(D_\bullet))$. 类似地, M' 的另一个投射分解 $(D'_\bullet, \eta')$ 也可诱导出唯一的同构 $\eta'_n : H_n(F(C'_\bullet)) \longrightarrow H_n(F(D'_\bullet))$. 这样 L_nF 就变换成 $\eta'_n(L_nF)\eta_n^{-1}$.

因此在构造导出函子时投射分解的取法可以是任意的. 我们在以后的讨论中常常会根据需要选取合适的投射分解或者在必要时改变原有的选取, 这些都不会影响对导出函子的讨论.

以下的定理是导出函子最重要的性质:

定理 4.1　设 F 是一个右正合函子, 则对任意的短正合列

$$0 \longrightarrow M' \xrightarrow{\alpha} M \xrightarrow{\beta} M'' \longrightarrow 0,$$

存在自然的连接同态 $\Delta_n : L_nF(M'') \longrightarrow L_{n-1}F(M')$, $n > 0$, 使得有以下的长正合列:

$$\cdots \longrightarrow L_{n+1}F(M'') \xrightarrow{\Delta_{n+1}} L_nF(M') \xrightarrow{L_nF(\alpha)} L_nF(M) \longrightarrow$$
$$\xrightarrow{L_nF(\beta)} L_nF(M'') \xrightarrow{\Delta_n} L_{n-1}F(M') \longrightarrow \cdots \longrightarrow L_1F(M'') \longrightarrow$$
$$\xrightarrow{\Delta_1} F(M') \xrightarrow{F(\alpha)} F(M) \xrightarrow{F(\beta)} F(M'') \longrightarrow 0.$$

证明: 我们分几步完成证明.

(1) 构造 M'、M 和 M'' 的合适的投射分解 $(C'_\bullet, \varepsilon')$、$(C_\bullet, \varepsilon)$ 和 $(C''_\bullet, \varepsilon'')$, 使得有链复形的正合列 $0 \longrightarrow C'_\bullet \xrightarrow{i} C_\bullet \xrightarrow{p} C''_\bullet \longrightarrow 0$.

我们先任取 M' 和 M'' 的投射分解 $(C'_\bullet, \varepsilon')$ 和 $(C''_\bullet, \varepsilon'')$, 然后再构造投射复形 $C_\bullet = C'_\bullet \oplus C''_\bullet$, 证明这就是所需的分解.

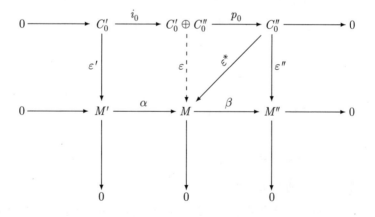

在上面的图中 i_0 是典范内射, 定义为 $i_0(c'_0) = (c'_0, 0)$. p_0 是典范射影, 定义为 $p_0(c'_0, c''_0) = c''_0$. 因此上面的行是分裂正合的. 由于 C''_0 是投射模, 存在同态 $\varepsilon^* : C''_0 \longrightarrow M$ 使得 $\varepsilon'' = \beta\varepsilon^*$. 我们定义

$$\varepsilon : C'_0 \oplus C''_0 \longrightarrow M$$
$$(c'_0, c''_0) \longmapsto \alpha\varepsilon'(c'_0) + \varepsilon^*(c''_0).$$

这样定义的 ε 使得上图保持交换性. 利用第一章中证明的引理 2.9, 从 ε' 与 ε'' 的满射性即可得到 ε 的满射性. $C_0 = C_0' \oplus C_0''$ 仍是投射模.

我们再来观察下面的交换图:

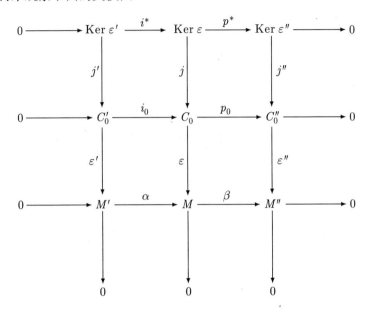

根据蛇形引理 (第一章引理 2.10) 就可知道顶上的行是正合的. 我们用这个正合列

$$0 \longrightarrow \operatorname{Ker}\varepsilon' \xrightarrow{i^*} \operatorname{Ker}\varepsilon \xrightarrow{p^*} \operatorname{Ker}\varepsilon'' \longrightarrow 0$$

代替

$$0 \longrightarrow M' \xrightarrow{\alpha} M \xrightarrow{\beta} M'' \longrightarrow 0,$$

就可用同样的方法构造 $C_1 = C_1' \oplus C_1''$ 以及 $d_1 : C_1 \longrightarrow C_0$. 如此递推地进行下去就可得到所需的三个投射分解.

(2) 利用定理 2.1 及命题 2.2 得到所需结论.

由 (1), 我们得到了投射复形的一个分裂正合列

$$0 \longrightarrow C'_\bullet \xrightarrow{i} C_\bullet \xrightarrow{p} C''_\bullet \longrightarrow 0.$$

用 F 作用后仍然得到一个分裂正合列:

$$0 \longrightarrow F(C'_\bullet) \xrightarrow{F(i)} F(C_\bullet) \xrightarrow{F(p)} F(C''_\bullet) \longrightarrow 0.$$

对这个正合列利用定理 2.1 及命题 2.2 就可得到定理所需的结论. $\qquad\square$

小结一下, 一个右正合共变函子 F 的左导出函子 $L_n F$ 有以下性质:

(LD1) $L_0 F \cong F$;

(LD2) 当 P 是投射模时, 对所有的 $n > 0$ 有 $L_n F(P) = 0$; (证明作为习题)

(LD3) 对任意的短正合列

$$0 \longrightarrow M' \xrightarrow{\alpha} M \xrightarrow{\beta} M'' \longrightarrow 0$$

存在连接同态 $\Delta_n : L_n F(M'') \longrightarrow L_{n-1} F(M')$, $n > 0$, 使得有以下的长正合列:

$$\cdots \longrightarrow L_{n+1} F(M'') \xrightarrow{\Delta_{n+1}} L_n F(M') \xrightarrow{L_n F(\alpha)} L_n F(M) \longrightarrow$$
$$\xrightarrow{L_n F(\beta)} L_n F(M'') \xrightarrow{\Delta_n} L_{n-1} F(M') \longrightarrow \cdots \longrightarrow L_1 F(M'') \longrightarrow$$
$$\xrightarrow{\Delta_1} F(M') \xrightarrow{F(\alpha)} F(M) \xrightarrow{F(\beta)} F(M'') \longrightarrow 0.$$

(LD4) 连接同态是自然的, 即如果有两个短正合列以及它们之间的态射的交换图:

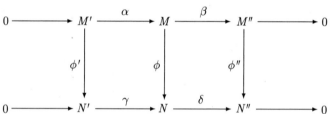

则有相应的交换图:

$$\begin{CD}
L_n F(M'') @>{\Delta_n}>> L_{n-1} F(M') \\
@V{L_n F(\phi'')}VV @VV{L_{n-1} F(\phi')}V \\
L_n F(N'') @>{\Delta_n}>> L_{n-1} F(N')
\end{CD}$$

而反过来, 左导出共变函子也可以由这四条公理完全确定 (请读者自行证明, 参见题 4.2).

上面讨论的仅是右正合共变函子的左导出函子, 对于右正合反变函子也可以定义左导出函子, 不过要利用 M 的内射分解 $(D^\bullet, \eta)$. 定义为

$$L_n F(M) = H_n(F(D^\bullet)).$$

对于左正合的函子, 我们考虑的是**右导出函子** (*right derived functor*). 例如设 F 是左正合的反变函子, 我们就作 M 的投射分解:

$$\cdots \longrightarrow C_2 \xrightarrow{d_2} C_1 \xrightarrow{d_1} C_0 \longrightarrow 0,$$

用 F 作用后得到

$$0 \longrightarrow F(C_0) \xrightarrow{F(d_1)} F(C_1) \xrightarrow{F(d_2)} F(C_2) \longrightarrow \cdots$$

然后定义函子 F 的右导出函子为

$$R^n F(M) = H^n(F(C_\bullet)).$$

与左导出函子相对应, 左正合反变函子 F 的右导出函子满足以下四条性质:

(RD1) $R^0 F \cong F$;

(RD2) 当 P 是投射模时, 对所有的 $n > 0$ 有 $R^n F(P) = 0$;

(RD3) 对任意的短正合列

$$0 \longrightarrow M' \xrightarrow{\alpha} M \xrightarrow{\beta} M'' \longrightarrow 0$$

存在连接同态 $\Delta^n : R^n F(M') \longrightarrow R^{n+1} F(M''), \, n \geqslant 0$, 使得有以下的长正合列:

$$0 \longrightarrow F(M'') \xrightarrow{F(\beta)} F(M) \xrightarrow{F(\alpha)} F(M') \longrightarrow$$
$$\xrightarrow{\Delta^0} R^1 F(M'') \longrightarrow \cdots \longrightarrow R^{n-1} F(M') \xrightarrow{\Delta^{n-1}} R^n F(M'') \longrightarrow$$
$$\xrightarrow{R^n F(\beta)} R^n F(M) \xrightarrow{R^n F(\alpha)} R^n F(M') \xrightarrow{\Delta^n} R^{n+1} F(M'') \longrightarrow \cdots$$

(RD4) 连接同态是自然的, 即如果有两个短正合列以及它们之间的态射的交换图:

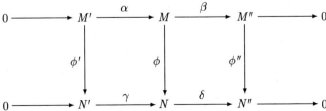

则有相应的交换图:

$$R^n F(M') \xrightarrow{\Delta^n} R^{n+1} F(M'')$$

$$R^n F(\phi') \uparrow \qquad\qquad\qquad \uparrow R^{n+1} F(\phi'')$$

$$R^n F(N') \xrightarrow{\Delta^n} R^{n+1} F(N'')$$

类似地, 右导出反变函子也可以由这四条公理完全确定.

对于左正合的共变函子 F, 我们可作 M 的内射分解:

$$0 \longrightarrow D^0 \xrightarrow{d^0} D^1 \xrightarrow{d^1} D^2 \longrightarrow \cdots,$$

用 F 作用后得到

$$0 \longrightarrow F(D^0) \xrightarrow{F(d^0)} F(D^1) \xrightarrow{F(d^1)} F(D^2) \longrightarrow \cdots,$$

然后定义函子 F 的右导出函子为

$$R^n F(M) = H^n(F(D^\bullet)).$$

左正合共变函子 F 的右导出函子满足以下四条性质:

(RD′1) $R^0 F \cong F$;

(RD′2) 当 J 是内射模时, 对所有的 $n > 0$ 有 $R^n F(J) = 0$;

(RD′3) 对任意的短正合列

$$0 \longrightarrow M' \xrightarrow{\alpha} M \xrightarrow{\beta} M'' \longrightarrow 0$$

存在连接同态 $\Delta^n : R^n F(M'') \longrightarrow R^{n+1} F(M')$, $n \geqslant 0$, 使得有以下的长正合列:

$$0 \longrightarrow F(M') \xrightarrow{F(\alpha)} F(M) \xrightarrow{F(\beta)} F(M'') \longrightarrow$$

$$\xrightarrow{\Delta^0} R^1 F(M') \longrightarrow \cdots \longrightarrow R^{n-1} F(M'') \xrightarrow{\Delta^{n-1}} R^n F(M') \longrightarrow$$

$$\xrightarrow{R^n F(\alpha)} R^n F(M) \xrightarrow{R^n F(\beta)} R^n F(M'') \xrightarrow{\Delta^n} R^{n+1} F(M') \longrightarrow \cdots$$

(RD′4) 连接同态是自然的, 即如果有两个短正合列以及它们之间的态射的交换图:

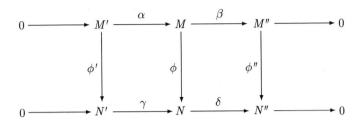

则有相应的交换图:

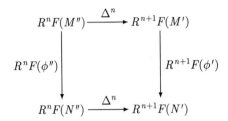

右导出共变函子也可以由这四条公理完全确定.

习题 3.4

4.1 证明当 P 是投射模时, 对所有的 $n > 0$ 有 $L_n F(P) = 0$.

*4.2 证明左导出共变函子可以由 (LD1)–(LD4) 这四条公理在自然同构意义下完全确定. (提示: 考虑短正合列 $0 \longrightarrow K \longrightarrow P \longrightarrow M \longrightarrow 0$, 其中 P 是投射模.)

4.3 证明右导出反变函子的四条性质 (RD1)–(RD4).

§3.5 Tor

设 M 是一个 R 模, 我们知道张量积函子 $M \otimes_R -$ 是一个右正合的共变函子. 这个函子的左导出函子称为 Tor 函子, 记为

$$\operatorname{Tor}_n^R(M, -) = L_n(M \otimes_R -).$$

在不会引起混淆的场合也可简记为 $\operatorname{Tor}_n(M, -)$, 把右上角的 R 省去. 根据第 4 节中定理 4.1 以及由此总结出的关于右正合共变函子的左导出函子的四条性质, Tor 函子有以下性质:

(1) $\operatorname{Tor}_0(M, N) \cong M \otimes_R N$;

(2) 当 P 是投射模时, 对所有的 $n > 0$ 有 $\operatorname{Tor}_n(M, P) = 0$;

(3) 对任意的短正合列

$$0 \longrightarrow N' \xrightarrow{\alpha} N \xrightarrow{\beta} N'' \longrightarrow 0$$

有以下的长正合列:

$$\cdots \longrightarrow \operatorname{Tor}_{n+1}(M, N'') \longrightarrow \operatorname{Tor}_n(M, N') \longrightarrow \operatorname{Tor}_n(M, N) \longrightarrow$$
$$\longrightarrow \operatorname{Tor}_n(M, N'') \longrightarrow \operatorname{Tor}_{n-1}(M, N') \longrightarrow \cdots \longrightarrow \operatorname{Tor}_1(M, N'') \longrightarrow$$
$$\longrightarrow M \otimes N' \longrightarrow M \otimes N \longrightarrow M \otimes N'' \longrightarrow 0;$$

(4) 连接同态是自然的, 即如果有两个短正合列以及它们之间的态射的交换图:

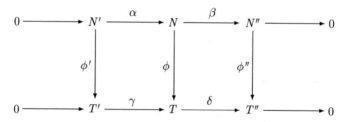

则有相应的交换图:

$$
\begin{array}{ccc}
\operatorname{Tor}_n(M, N'') & \xrightarrow{\Delta_n} & \operatorname{Tor}_{n-1}(M, N') \\
\downarrow {\scriptstyle \operatorname{Tor}_n(M, \phi'')} & & \downarrow {\scriptstyle \operatorname{Tor}_{n-1}(M, \phi')} \\
\operatorname{Tor}_n(M, T'') & \xrightarrow{\Delta_n} & \operatorname{Tor}_{n-1}(M, T')
\end{array}
$$

我们知道一个函子是正合函子的充要条件是它的 $n > 0$ 的导出函子都是零函子. 而在第一章第 7 节已经讨论过, 张量积函子 $M \otimes -$ 成为正合函子当且仅当 M 是平坦模. 这样我们又得到了平坦模的新的特征.

定理 5.1　下列关于 R 模 M 的条件是等价的:

(1) M 是平坦模;

(2) 对所有的 $n > 0$ 以及任意的 R 模 N, $\operatorname{Tor}_n(M, N) = 0$;

(3) 对任意的 R 模 N, $\operatorname{Tor}_1(M, N) = 0$.

证明: 定理前面的讨论已经证明了 $(1) \Rightarrow (2) \Rightarrow (3)$. 剩下只需证明 $(3) \Rightarrow (1)$. 对于任意的短正合列

$$0 \longrightarrow N' \longrightarrow N \longrightarrow N'' \longrightarrow 0,$$

取函子 $M \otimes -$ 的长正合列, 即有正合列

$$\mathrm{Tor}_1(M, N'') \longrightarrow M \otimes N' \longrightarrow M \otimes N \longrightarrow M \otimes N'' \longrightarrow 0.$$

从 $\mathrm{Tor}_1(M, N'') = 0$ 即可得到短正合列

$$0 \longrightarrow M \otimes N' \longrightarrow M \otimes N \longrightarrow M \otimes N'' \longrightarrow 0.$$

因此 M 是平坦模. $\qquad\qquad\qquad\qquad\qquad\qquad\qquad\qquad\qquad\qquad\qquad\qquad$ □

我们当然很想知道 Tor 的含义是什么. 现在就看几个例子.

例 5.1 设 $x \in R$ 不是零因子, R/Rx 是一个 R 模. 我们要计算 $\mathrm{Tor}_1^R(M, R/Rx)$. 作一个投射分解

$$0 \longrightarrow C_1 = R \xrightarrow{d_1} C_0 = R \xrightarrow{\varepsilon} R/Rx \longrightarrow 0,$$
$$r \longmapsto \quad rx,$$
$$r \quad \longmapsto r + Rx.$$

由于 x 不是零因子, 因此 d_1 是单同态. 上面序列的正合性不难看出. 用张量积函子 $M \otimes_R -$ 作用后得到

$$0 \longrightarrow M \otimes_R R \cong M \xrightarrow{1_M \otimes d_1} M \otimes_R R \cong M \longrightarrow 0,$$

因此

$$\mathrm{Tor}_1^R(M, R/Rx) \cong \mathrm{Ker}\, 1_M \otimes d_1 \cong \{m \in M \mid xm = 0\}.$$

也就是说 $\mathrm{Tor}_1^R(M, R/Rx)$ 是 M 中被 x 零化的元素集. 这些元素当然都是 M 的扭元素. 事实上 Tor 就是 Torsion 的缩写.

设 M 是一个 R 模, 如果对于所有的 R 模 N 都有 $\mathrm{Tor}_1^R(M, N) = 0$, 则 M 是平坦模, 从而也是无扭的 (第一章命题 7.15).

现在我们要证明 $\mathrm{Tor}_n^R(M, N)$ 关于它的第一个变量 M 也是一个函子. 设有 R 模同态 $\alpha : M \longrightarrow M'$. 我们构造 N 的一个投射分解 $(C_\bullet, \varepsilon)$, 分别用 M 和 M' 作张量积后可以得到以下交换图:

$$
\begin{array}{ccccccc}
\cdots & \longrightarrow & M \otimes_R C_1 & \longrightarrow & M \otimes_R C_0 & \longrightarrow & 0 \\
& & \downarrow {\scriptstyle \alpha \otimes 1_{C_1}} & & \downarrow {\scriptstyle \alpha \otimes 1_{C_0}} & & \\
\cdots & \longrightarrow & M' \otimes_R C_1 & \longrightarrow & M' \otimes_R C_0 & \longrightarrow & 0
\end{array}
$$

根据左导出函子的定义, 顶行的第 n 个同调模就是 $\mathrm{Tor}_n^R(M, N)$, 底下的行的第 n 个同调模是 $\mathrm{Tor}_n^R(M', N)$. R 模同态 $\alpha \otimes 1_{C_n}$ 诱导了同调模之间的同态 $\mathrm{Tor}_n^R(\alpha, N) : \mathrm{Tor}_n^R(M, N) \longrightarrow \mathrm{Tor}_n^R(M', N)$, 不难验证这样定义的 $\mathrm{Tor}_n^R(-, N)$ 是从 R 模范畴到自身的一个共变函子.

如果有 R 模的短正合列

$$0 \longrightarrow M' \longrightarrow M \longrightarrow M'' \longrightarrow 0.$$

仍然设 $C_\bullet$ 是 N 的投射分解. 用 $M \otimes_R C_\bullet$ 记以下的链复形:

$$\cdots \longrightarrow M \otimes_R C_1 \longrightarrow M \otimes_R C_0 \longrightarrow 0,$$

则有链复形间的一个序列

$$0 \longrightarrow M' \otimes_R C_\bullet \longrightarrow M \otimes_R C_\bullet \longrightarrow M'' \otimes_R C_\bullet \longrightarrow 0.$$

由于 C_n 都是投射模, 因此序列

$$0 \longrightarrow M' \otimes_R C_n \longrightarrow M \otimes_R C_n \longrightarrow M'' \otimes_R C_n \longrightarrow 0$$

都是正合的. 这说明上述链复形的序列也是一个短正合列. 利用定理 2.1 就可得到关于第一个变量的长正合列

$$\cdots \longrightarrow \mathrm{Tor}_{n+1}(M'', N) \longrightarrow \mathrm{Tor}_n(M', N) \longrightarrow \mathrm{Tor}_n(M, N) \longrightarrow$$
$$\longrightarrow \mathrm{Tor}_n(M'', N) \longrightarrow \mathrm{Tor}_{n-1}(M', N) \longrightarrow \cdots \longrightarrow \mathrm{Tor}_1(M'', N) \longrightarrow$$
$$\longrightarrow M' \otimes N \longrightarrow M \otimes N \longrightarrow M'' \otimes N \longrightarrow 0.$$

类似地, 函子 $- \otimes_R N$ 也可定义左导出函子 $\overline{\mathrm{Tor}}_n^R(-, N)$. 可以证明对于任意的 R 模 M 和 N 有

$$\mathrm{Tor}_n^R(M, N) \cong \overline{\mathrm{Tor}}_n^R(M, N).$$

习题 3.5

5.1　计算 $\mathrm{Tor}_n^{\mathbb{Z}}(\mathbb{Z}, \mathbb{Z})$, $\mathrm{Tor}_n^{\mathbb{Z}}(\mathbb{Z}, \mathbb{Z}_s)$ 以及 $\mathrm{Tor}_n^{\mathbb{Z}}(\mathbb{Z}_s, \mathbb{Z}_t)$.

§3.6　Ext

设 N 是一个 R 模, 则函子 $\mathrm{Hom}_R(-, N)$ 是一个左正合的反变函子. 这个函子的右导出函子称为 Ext 函子, 记为

$$\mathrm{Ext}_R^n(-, N) = H^n(\mathrm{Hom}_R(-, N)).$$

在不会引起混淆的场合也可简记为 $\mathrm{Ext}^n(-, N)$, 把右下角的 R 省去. 左正合反变函子的右导出函子 Ext 有以下性质:

(1) $\mathrm{Ext}^0_R(M, N) \cong \mathrm{Hom}_R(M, N)$;

(2) 当 P 是投射模时, 对所有的 $n > 0$ 有 $\mathrm{Ext}^n(P, N) = 0$;

(3) 对任意的短正合列

$$0 \longrightarrow M' \xrightarrow{\alpha} M \xrightarrow{\beta} M'' \longrightarrow 0,$$

有以下的长正合列:

$$0 \longrightarrow \mathrm{Hom}(M'', N) \longrightarrow \mathrm{Hom}(M, N) \longrightarrow \mathrm{Hom}(M', N) \longrightarrow$$
$$\longrightarrow \mathrm{Ext}^1(M'', N) \longrightarrow \cdots \longrightarrow \mathrm{Ext}^{n-1}(M', N) \longrightarrow$$
$$\longrightarrow \mathrm{Ext}^n(M'', N) \longrightarrow \mathrm{Ext}^n(M, N) \longrightarrow \mathrm{Ext}^n(M', N) \longrightarrow \cdots$$

(4) 连接同态是自然的, 即如果有两个短正合列以及它们之间的态射的交换图:

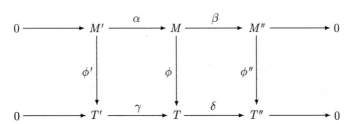

则有相应的交换图:

$$
\begin{array}{ccc}
\mathrm{Ext}^n(M', N) & \xrightarrow{\Delta^n} & \mathrm{Ext}^{n+1}(M'', N) \\
\uparrow{\scriptstyle \mathrm{Ext}^n(\phi', N)} & & \uparrow{\scriptstyle \mathrm{Ext}^{n+1}(\phi'', N)} \\
\mathrm{Ext}^n(T', N) & \xrightarrow{\Delta^n} & \mathrm{Ext}^{n+1}(T'', N)
\end{array}
$$

利用 Ext 可以刻画内射模:

定理 6.1 下列关于 R 模 N 的条件是等价的:

(1) N 是内射模;

(2) 对所有的 $n > 0$ 以及任意的 R 模 M, $\mathrm{Ext}^n(M, N) = 0$;

(3) 对任意的 R 模 M, $\mathrm{Ext}^1(M, N) = 0$.

证明: (1) ⇒ (2): 设 $(C_\bullet, \varepsilon)$ 是 M 的投射分解, 即有正合列

$$\cdots \longrightarrow C_2 \longrightarrow C_1 \longrightarrow C_0 \longrightarrow M \longrightarrow 0.$$

因为 $\mathrm{Hom}(-, N)$ 是正合函子 (第一章定理 6.1), 用这个函子作用后可得正合列

$$0 \longrightarrow \mathrm{Hom}(M, N) \longrightarrow \mathrm{Hom}(C_0, N) \longrightarrow$$
$$\longrightarrow \mathrm{Hom}(C_1, N) \longrightarrow \mathrm{Hom}(C_2, N) \longrightarrow \cdots$$

因此当 $n > 0$ 时, 它的上同调模 $\mathrm{Ext}^n(M, N) = 0$.

(2) ⇒ (3) 是显然的. 最后证明 (3) ⇒ (1): 对于任意的短正合列

$$0 \longrightarrow M' \longrightarrow M \longrightarrow M'' \longrightarrow 0,$$

取函子 $\mathrm{Hom}(-, N)$ 的长正合列, 即得正合列

$$0 \longrightarrow \mathrm{Hom}(M'', N) \longrightarrow \mathrm{Hom}(M, N) \longrightarrow$$
$$\longrightarrow \mathrm{Hom}(M', N) \longrightarrow \mathrm{Ext}^1(M'', N).$$

从 $\mathrm{Ext}^1(M'', N) = 0$ 即可得到短正合列

$$0 \longrightarrow \mathrm{Hom}(M'', N) \longrightarrow \mathrm{Hom}(M, N) \longrightarrow \mathrm{Hom}(M', N) \longrightarrow 0.$$

这说明 $\mathrm{Hom}(-, N)$ 是一个正合函子, 根据第一章定理 6.1, N 是内射模.   □

与 Tor 类似, Ext 关于第二个变量也是一个函子. 为了说明这一点, 设 $\alpha: N \longrightarrow N'$ 是 R 模同态. 取 M 的一个投射分解 $(C_\bullet, \varepsilon)$, 分别用 $\mathrm{Hom}(-, N)$ 和 $\mathrm{Hom}(-, N')$ 作用后可以得到以下交换图:

$$
\begin{array}{ccccccc}
0 & \longrightarrow & \mathrm{Hom}(C_0, N) & \longrightarrow & \mathrm{Hom}(C_1, N) & \longrightarrow & \cdots \\
& & \downarrow{\scriptstyle \mathrm{Hom}(C_0, \alpha)} & & \downarrow{\scriptstyle \mathrm{Hom}(C_1, \alpha)} & & \\
0 & \longrightarrow & \mathrm{Hom}(C_0, N') & \longrightarrow & \mathrm{Hom}(C_1, N') & \longrightarrow & \cdots
\end{array}
$$

根据右导出函子的定义, 顶上的行的第 n 个上同调模是 $\mathrm{Ext}^n(M, N)$, 底下的行的第 n 个上同调模是 $\mathrm{Ext}^n(M, N')$. R 模同态 $\mathrm{Hom}(C_n, \alpha)$ 诱导了上同调模

之间的同态 $\operatorname{Ext}^n(M,\alpha):\operatorname{Ext}^n(M,N)\longrightarrow\operatorname{Ext}^n(M,N')$, 不难验证这样定义的 $\operatorname{Ext}^n(M,-)$ 是从 R 模范畴到自身的一个共变函子.

如果有 R 模的短正合列

$$0\longrightarrow N'\longrightarrow N\longrightarrow N''\longrightarrow 0.$$

仍然设 $(C_\bullet,\varepsilon)$ 是 M 的投射分解. 用 $\operatorname{Hom}(C_\bullet,N)$ 记以下的上链复形:

$$0\longrightarrow \operatorname{Hom}(C_0,N)\longrightarrow\operatorname{Hom}(C_1,N)\longrightarrow\operatorname{Hom}(C_2,N)\longrightarrow\cdots$$

则有上链复形间的一个序列

$$0\longrightarrow\operatorname{Hom}(C_\bullet,N')\longrightarrow\operatorname{Hom}(C_\bullet,N)\longrightarrow\operatorname{Hom}(C_\bullet,N'')\longrightarrow 0.$$

由于 C_n 都是投射模, 因此序列

$$0\longrightarrow\operatorname{Hom}(C_n,N')\longrightarrow\operatorname{Hom}(C_n,N)\longrightarrow\operatorname{Hom}(C_n,N'')\longrightarrow 0$$

都是正合的. 这说明上述上链复形的序列也是一个短正合列. 利用定理 2.1 就可得到关于第二个变量的长正合列 (在 §3.1 已经指出上链复形就是负复形, 因此定理 2.1 的结论应用于上链复形时要把递减的下标改成递增的上标)

$$0\longrightarrow\operatorname{Hom}(M,N')\longrightarrow\operatorname{Hom}(M,N)\longrightarrow\operatorname{Hom}(M,N'')\longrightarrow$$
$$\longrightarrow\operatorname{Ext}^1(M,N')\longrightarrow\cdots\longrightarrow\operatorname{Ext}^{n-1}(M,N'')\longrightarrow$$
$$\longrightarrow\operatorname{Ext}^n(M,N')\longrightarrow\operatorname{Ext}^n(M,N)\longrightarrow\operatorname{Ext}^n(M,N'')\longrightarrow\cdots$$

类似地还可以证明连接同态 $\Delta^n:\operatorname{Ext}^n(M,N'')\to\operatorname{Ext}^{n+1}(M,N')$ 是自然的.

利用这个结果, 我们可以得到利用 Ext 刻画投射模的下述定理.

定理 6.2 下列关于 R 模 M 的条件是等价的:

(1) M 是投射模;

(2) 对所有的 $n>0$ 以及任意的 R 模 N, $\operatorname{Ext}^n(M,N)=0$;

(3) 对任意的 R 模 N, $\operatorname{Ext}^1(M,N)=0$. $\qquad\qquad\square$

其中的 (2) 就是 Ext 的性质 (2). (3) $\Rightarrow$ (1) 则可通过证明 $\operatorname{Hom}(M,-)$ 是正合函子而得到.

对于左正合共变函子 $\mathrm{Hom}(M,-)$ 也可以定义它的右导出函子, 不过这时要先作 N 的内射分解 $(D^\bullet, \eta)$, 即

$$0 \longrightarrow D^0 \xrightarrow{d^0} D^1 \xrightarrow{d^1} D^2 \xrightarrow{d^2} \cdots$$

用函子 $\mathrm{Hom}(M,-)$ 作用后即得上链复形

$$0 \longrightarrow \mathrm{Hom}(M, D^0) \xrightarrow{\mathrm{Hom}(M,d^0)} \mathrm{Hom}(M, D^1) \longrightarrow$$
$$\xrightarrow{\mathrm{Hom}(M,d^1)} \mathrm{Hom}(M, D^2) \longrightarrow \cdots$$

这个上链复形的上同调模就是右导出函子的值:

$$\overline{\mathrm{Ext}}^n(M, N) = H^n(\mathrm{Hom}(M, D^\bullet))$$
$$= \mathrm{Ker}\,\mathrm{Hom}(M, d^n) / \mathrm{Im}\,\mathrm{Hom}(M, d^{n-1}).$$

由导出函子 $\overline{\mathrm{Ext}}^n$ 满足 §3.4 中的性质 (RD′1) — (RD′4):

(1) $\overline{\mathrm{Ext}}_R^0(M, N) \cong \mathrm{Hom}_R(M, N)$;

(2) 当 J 是内射模时, 对所有的 $n > 0$ 有 $\overline{\mathrm{Ext}}^n(M, J) = 0$;

(3) 对任意的短正合列

$$0 \longrightarrow N' \xrightarrow{\alpha} N \xrightarrow{\beta} N'' \longrightarrow 0$$

有以下的长正合列:

$$0 \longrightarrow \mathrm{Hom}(M, N') \longrightarrow \mathrm{Hom}(M, N) \longrightarrow \mathrm{Hom}(M, N'') \longrightarrow$$
$$\longrightarrow \overline{\mathrm{Ext}}^1(M, N') \longrightarrow \cdots \longrightarrow \overline{\mathrm{Ext}}^{n-1}(M, N'') \longrightarrow$$
$$\longrightarrow \overline{\mathrm{Ext}}^n(M, N') \longrightarrow \overline{\mathrm{Ext}}^n(M, N) \longrightarrow \overline{\mathrm{Ext}}^n(M, N'') \longrightarrow \cdots$$

(4) 连接同态是自然的, 即如果有两个短正合列以及它们之间的态射的交换图:

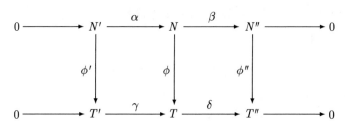

则有相应的交换图:

$$\begin{array}{ccc} \overline{\mathrm{Ext}}^n(M,N'') & \xrightarrow{\ \Delta^n\ } & \overline{\mathrm{Ext}}^{n+1}(M,N') \\[2mm] {\scriptstyle \overline{\mathrm{Ext}}^n(M,\phi'')}\Big\downarrow & & \Big\downarrow{\scriptstyle \overline{\mathrm{Ext}}^{n+1}(M,\phi')} \\[2mm] \overline{\mathrm{Ext}}^n(M,T'') & \xrightarrow{\ \Delta^n\ } & \overline{\mathrm{Ext}}^{n+1}(M,T') \end{array}$$

根据前面的讨论, 函子 Ext^n 也满足上列 4 条性质, 根据右导出函子的唯一性, 可以得到关于任意的 R 模 M 和 N 的同构

$$\mathrm{Ext}^n(M,N) \cong \overline{\mathrm{Ext}}^n(M,N).$$

为了帮助理解 Ext 的含义, 我们现在研究模的扩张问题.

设 M 和 N 是两个 R 模, 如果有如下的短正合列

$$0 \longrightarrow N \xrightarrow{\ \alpha\ } E \xrightarrow{\ \beta\ } M \longrightarrow 0,$$

则称此正合列为 M 通过 N 的**扩张** (*extension*). 在不致混淆的情况下也可把 E 称为扩张. 如果这个短正合列是分裂的, 则称这个扩张是分裂扩张. 因此任意两个模的扩张总是存在的. 两个扩张 E_1 与 E_2 同构是指相应的短正合列同构, 即有如下的交换图:

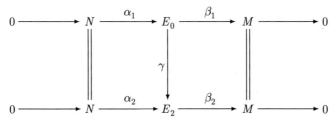

由于短正合列的同构是一个等价关系, 我们把 M 通过 N 扩张的同构类记为 $E(M,N)$. 我们将建立集合 $E(M,N)$ 与 $\mathrm{Ext}_R^1(M,N)$ 之间的对应的关系, 然后证明这个映射是集合的等价, 从而提示了 Ext 来源于 Extension.

设有 M 通过 N 的扩张 E:

$$0 \longrightarrow N \xrightarrow{\ \alpha\ } E \xrightarrow{\ \beta\ } M \longrightarrow 0.$$

用函子 $\mathrm{Hom}(-,N)$ 作用后即可得到长正合列

$$0 \longrightarrow \mathrm{Hom}(M,N) \xrightarrow{\ \tilde{\beta}\ } \mathrm{Hom}(E,N) \longrightarrow$$

$$\xrightarrow{\tilde{\alpha}} \operatorname{Hom}(N,N) \xrightarrow{\Delta^0} \operatorname{Ext}^1(M,N) \longrightarrow \cdots$$

根据 Ext 函子的性质 (4), 两个同构的扩张诱导了相同的连接同态 $\delta_E \overset{\text{def}}{=} \Delta^0$. 因此对于扩张的同构类 $[E] \in E(M,N)$, 可以定义

$$\operatorname{ch}(E) = \delta_E(1_N) \in \operatorname{Ext}^1_R(M,N),$$

称为 $[E]$ 的**示性类** (*characteristic class*).

定理 6.3　示性类 $\operatorname{ch}(E)$ 建立了集合 $E(M,N)$ 与 $\operatorname{Ext}^1_R(M,N)$ 之间的一一对应关系. 特别地, 分裂扩张的示性类等于 0.

证明: 首先取一个投射模 P 使得 M 是它的同态像, 再取这个同态的核为 K, 就可得到一个短正合列

$$0 \longrightarrow K \xrightarrow{\eta} P \xrightarrow{\varepsilon} M \longrightarrow 0.$$

对于 M 通过 N 的一个扩张

$$0 \longrightarrow N \xrightarrow{\alpha} E \xrightarrow{\beta} M \longrightarrow 0,$$

我们要构造以下的交换图:

$$
\begin{array}{ccccccccc}
0 & \longrightarrow & K & \xrightarrow{\eta} & P & \xrightarrow{\varepsilon} & M & \longrightarrow & 0 \\
& & \Big\downarrow{\mu} & & \Big\downarrow{\lambda} & & \Big\| & & \\
0 & \longrightarrow & N & \xrightarrow{\alpha} & E & \xrightarrow{\beta} & M & \longrightarrow & 0
\end{array}
\tag{6.1}
$$

由于 P 是投射模, 因此存在 λ 使图可交换 (即使 $\varepsilon = \beta\lambda$). 这样就有 $\beta(\lambda\eta) = \varepsilon\eta = 0$, 考虑到 α 是 β 的核, 必定存在 μ 使得 $\alpha\mu = \lambda\eta$(参见第二章定义 5.2). 用函子 $\operatorname{Hom}(-,N)$ 作用于上述交换图就可得到

$$
\begin{array}{ccccccc}
\cdots & \longrightarrow & \operatorname{Hom}(N,N) & \xrightarrow{\delta_E} & \operatorname{Ext}^1(M,N) & \longrightarrow & \cdots \\
& & \Big\downarrow{\tilde{\mu}} & & \Big\| & & \\
\operatorname{Hom}(P,N) & \xrightarrow{\tilde{\eta}} & \operatorname{Hom}(K,N) & \xrightarrow{\Delta^0} & \operatorname{Ext}^1(M,N) & \longrightarrow & 0
\end{array}
$$

从这个交换图可以得到

$$\mathrm{ch}(E) = \delta_E(1_N) = \Delta^0 \tilde{\mu}(1_N) = \Delta^0(\mu).$$

(1) 我们先证明 $[E] \mapsto \mathrm{ch}(E)$ 是单射. 即从 $\mathrm{ch}(E) = \mathrm{ch}(E')$ 可以得到 $[E] = [E']$.

在交换图 (6.1) 中对任意的 $e \in E$ 存在 $z \in P$ 使得 $\varepsilon(z) = \beta(e)$. 于是 $e - \lambda(z) \in \mathrm{Ker}\,\beta = \mathrm{Im}\,\alpha$, 从而存在 $y \in N$ 使得 $e - \lambda(z) = \alpha(y)$, 也即

$$e = \alpha(y) + \lambda(z).$$

这个分解不是唯一的, 如果有

$$e = \alpha(y') + \lambda(z'),$$

则 $\lambda(z - z') = \alpha(y' - y)$, 可见 $\varepsilon(z - z') = \beta\lambda(z - z') = 0$. 因此存在 $x \in K$ 使得

$$y' = y + \mu(x), \quad z' = z - \eta(x).$$

现在设对另一个扩张 E':

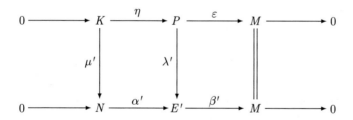

有

$$\mathrm{ch}(E) = \Delta^0(\mu) = \Delta^0(\mu') = \mathrm{ch}(E').$$

则必存在 $\tau \in \mathrm{Hom}(P, N)$ 使得

$$\mu - \mu' = \tilde{\eta}(\tau) = \tau\eta.$$

这时对于

$$e = \alpha(y) + \lambda(z) \in E, \quad y \in N, z \in P$$

可令

$$e' = \alpha'(y + \tau(z)) + \lambda'(z) \in E'.$$

如果

$$e = \alpha(y') + \lambda(z'), \quad y' = y + \mu(x), z' = z - \eta(x), \ x \in K,$$

则有

$$\alpha'(y' + \tau(z')) + \lambda'(z') = e'.$$

因此我们可以定义 R 模同态

$$\phi: \qquad E \longrightarrow E',$$
$$\alpha(y) + \lambda(z) \longmapsto \alpha'(y + \tau(z)) + \lambda'(z).$$

不难验证 $\alpha' = \phi\alpha$, $\beta = \beta'\phi$, 这就证明了 $[E] = [E']$.

(2) $[E] \mapsto \mathrm{ch}(E)$ 是满射.

由于连接同态 Δ^0 是满的, 因此 $\mathrm{Ext}^1(M, N)$ 的元素都可以表示成 $\Delta^0(\mu)$ 的形式, 其中 $\mu \in \mathrm{Hom}(K, N)$. 我们作直和 $N \oplus P$ 并取其中的子模

$$I = \{(-\mu(x), \eta(x)) \in N \oplus P \mid x \in K\},$$

令 $E = N \oplus P/I$, 就可定义映射 α 与 β 得到如下的序列:

$$0 \longrightarrow N \xrightarrow{\alpha} E \xrightarrow{\beta} M \longrightarrow 0$$
$$y \longmapsto (y, 0) + I$$
$$(y, z) + I \longmapsto \varepsilon(z)$$

容易验证 α 和 β 都是同态且满足 $\beta\alpha = 0$. 现在我们来验证这个序列的正合性. 如果 $\alpha(y) = 0$, 则有 $(y, 0) \in I$, 即 $(y, 0) = (-\mu(x), \eta(x))$. 但因 η 是单的, 因而 $x = 0$, $y = 0$. 这说明 α 是单同态. 由 ε 是满同态可得 β 是满同态. 最后设 $(y, z) + I \in \mathrm{Ker}\,\beta$, 即 $z \in \mathrm{Ker}\,\varepsilon = \mathrm{Im}\,\eta$, 从而存在 $x \in K$ 使得 $z = \eta(x)$. 这样就有

$$(y, z) + I = (y + \mu(x), 0) + (-\mu(x), \eta(x)) + I$$
$$= (y + \mu(x), 0) + I \in \mathrm{Im}\,\alpha,$$

即 $\mathrm{Ker}\,\beta \subseteq \mathrm{Im}\,\alpha$. 而 $\mathrm{Ker}\,\beta \supseteq \mathrm{Im}\,\alpha$ 是显然的. 正合性得证.

令 $\lambda(z) = (0, z) + I$ 就可定义一个同态 $\lambda: P \longrightarrow E$, 使得图可交换:

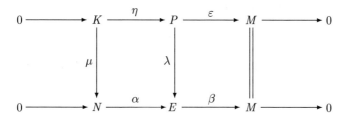

因而扩张 E 在 $\text{Ext}^1(M,N)$ 中的像就是 $\text{ch}(E) = \Delta^0(\mu)$, 这说明 $[E] \mapsto \text{ch}(E)$ 是满的.

(3) 当 E 是分裂扩张时, $\delta_E = 0$, 因此 $\text{ch}(E) = 0$.　　　　□

习题 3.6

6.1　计算 $\text{Ext}^1_{\mathbb{Z}}(\mathbb{Z}, \mathbb{Z})$, $\text{Ext}^1_{\mathbb{Z}}(\mathbb{Z}, \mathbb{Z}_m)$, $\text{Ext}^1_{\mathbb{Z}}(\mathbb{Z}_m, \mathbb{Z})$, $\text{Ext}^1_{\mathbb{Z}}(\mathbb{Z}_m, \mathbb{Z}_n)$.

6.2　设 p 是一个素数, $R = \mathbb{Z}_{p^2}$. 证明以下序列正合:

$$\cdots \longrightarrow \mathbb{Z}_{p^2} \xrightarrow{\ p\ } \cdots \mathbb{Z}_{p^2} \xrightarrow{\ p\ } \mathbb{Z}_{p^2} \xrightarrow{\ \nu\ } \mathbb{Z}_p \longrightarrow 0,$$

其中映射 p 表示取 p 倍, ν 表示取模 p 的剩余类. 因而这是 R 模 $\mathbb{Z}_p$ 的自由分解. 利用这个分解证明 $\text{Ext}^n_R(\mathbb{Z}_p, \mathbb{Z}_p) \cong \mathbb{Z}_p$.

6.3　试构造 $E(\mathbb{Z}_2, \mathbb{Z})$ 的所有不同构的扩张 (作为 $\mathbb{Z}$ 模).

§3.7　同调维数

我们在 §3.3 中讨论了模的分解问题. 任何一个 R 模都有投射分解和内射分解. 现在我们要看看这些分解的长度有什么性质.

定义 7.1　设 M 是一个 R 模.

(1) M 的投射分解的最小长度称为模 M 的**投射维数** (*projective dimension*), 记为 $\text{pd}(M)$. 更精确地说, 设 M 有投射分解:

$$0 \longrightarrow C_n \longrightarrow \cdots \longrightarrow C_1 \longrightarrow C_0 \longrightarrow M \longrightarrow 0,$$

而且 M 的其他投射分解的长度都 $\geqslant n$, 则 $\text{pd}(M) = n$. 如果 M 没有这样的有限长投射分解, 则 $\text{pd}(M) = \infty$.

(2) 类似地, M 的内射分解的最小长度称为模 M 的**内射维数** (*injective dimension*), 记为 $\text{id}(M)$.

例 7.1　M 是投射模的充要条件是 $\mathrm{pd}(M) = 0$, M 是内射模的充要条件是 $\mathrm{id}(M) = 0$.

命题 7.1　设 M 是一个 R 模, d 是正整数, 则下列条件是等价的:

(1) $\mathrm{pd}(M) = d$.

(2) 对所有的 $n > d$ 以及任意 R 模 N 有 $\mathrm{Ext}_R^n(M, N) = 0$, 且存在 R 模 N' 使得 $\mathrm{Ext}_R^d(M, N') \neq 0$;

(3) 对任意 R 模 N 有 $\mathrm{Ext}_R^{d+1}(M, N) = 0$, 且存在 R 模 N' 使得 $\mathrm{Ext}_R^d(M, N') \neq 0$;

(4) 如果

$$0 \longrightarrow C_d \xrightarrow{t_d} C_{d-1} \longrightarrow \cdots \longrightarrow C_1 \longrightarrow C_0 \longrightarrow M \longrightarrow 0 \qquad (7.1)$$

是 M 的分解, 其中 $C_0, \cdots, C_{d-1}$ 都是投射模, 则 C_d 也是投射模, 且 t_d 不是分裂单同态.

证明: (1)$\Rightarrow$(2): 根据假设 $\mathrm{pd}(M) = d$, 存在 M 的投射分解:

$$0 \longrightarrow C_d \xrightarrow{t_d} C_{d-1} \longrightarrow \cdots \longrightarrow C_1 \longrightarrow C_0 \longrightarrow M \longrightarrow 0,$$

因此对任意 R 模 N 以及 $n > d$ 有 $\mathrm{Ext}_R^n(M, N) = 0$. 如果对任意 R 模 N 有 $\mathrm{Ext}_R^d(M, N) = 0$, 则 $\mathrm{Ext}_R^d(M, C_d) = 0$, 即

$$\mathrm{Hom}(C_d, C_d) = \mathrm{Im}(\mathrm{Hom}(C_{d-1}, C_d) \xrightarrow{\tilde{t}_d} \mathrm{Hom}(C_d, C_d)),$$

从而存在 $s \in \mathrm{Hom}(C_{d-1}, C_d)$, 使得 $\tilde{t}_d(s) = st_d = 1_{C_d}$, 即 t_d 是分裂单同态, 于是得到 M 的投射分解

$$0 \longrightarrow C'_{d-1} \longrightarrow \cdots \longrightarrow C_1 \longrightarrow C_0 \longrightarrow M \longrightarrow 0,$$

与 $\mathrm{pd}(M) = d$ 的假设不合. 因此存在 R 模 N' 使得 $\mathrm{Ext}_R^d(M, N') \neq 0$.

(2)$\Rightarrow$(3) 是显然的.

(3)$\Rightarrow$(4): 我们把正合列 (7.1) 分解成一系列短正合列:

$$0 \longrightarrow Z_1 \longrightarrow C_0 \longrightarrow Z_0(= M) \longrightarrow 0,$$

$$0 \longrightarrow Z_2 \longrightarrow C_1 \longrightarrow Z_1 \longrightarrow 0,$$

$$\cdots\cdots\cdots\cdots$$

$$0 \longrightarrow Z_{j+1} \longrightarrow C_j \longrightarrow Z_j \longrightarrow 0,$$

$$\cdots\cdots\cdots\cdots$$

$$0 \longrightarrow Z_d(= C_d) \longrightarrow C_{d-1} \longrightarrow Z_{d-1} \longrightarrow 0,$$

应用导出函子 $\mathrm{Ext}^n(-, N)$ 作用后, 可以导出一系列长正合列:

$$\cdots \longrightarrow \mathrm{Ext}^{n-1}(C_j, N) \longrightarrow \mathrm{Ext}^{n-1}(Z_{j+1}, N) \longrightarrow$$
$$\longrightarrow \mathrm{Ext}^n(Z_j, N) \longrightarrow \mathrm{Ext}^n(C_j, N) \longrightarrow \cdots$$

由于 $C_j(j < d)$ 都是投射模, 当 $n \geqslant 2$ 时有 $\mathrm{Ext}^{n-1}(C_j, N) = \mathrm{Ext}^n(C_j, N)$, 所以

$$\mathrm{Ext}^n(Z_j, N) \cong \mathrm{Ext}^{n-1}(Z_{j+1}, N), \quad \forall n \geqslant 2, \ d-1 \geqslant j \geqslant 0.$$

这样就有

$$\mathrm{Ext}^1(C_d, N) = \mathrm{Ext}^1(Z_d, N) \cong \mathrm{Ext}^2(Z_{d-1}, N) \cong \cdots$$
$$\cdots \cong \mathrm{Ext}^{d+1}(Z_0, N) = \mathrm{Ext}^{d+1}(M, N) = 0.$$

根据定理 6.2(3) 可得 C_d 是投射模.

如果 t_d 是分裂单同态, 那么 M 有投射分解

$$0 \longrightarrow C'_{d-1} \longrightarrow \cdots \longrightarrow C_1 \longrightarrow C_0 \longrightarrow M \longrightarrow 0,$$

从而对任意 R 模 N' 都有 $\mathrm{Ext}^d_R(M, N') = 0$, 与假设不符. 因此 t_d 不是分裂单同态.

(4)$\Rightarrow$(1): 利用投射分解的构造法, 先作出 d 个投射模使以下序列正合:

$$C_{d-1} \longrightarrow \cdots \longrightarrow C_1 \longrightarrow C_0 \longrightarrow M \longrightarrow 0,$$

再取核 $C_d = \mathrm{Ker}(C_{d-1} \longrightarrow C_{d-2})$, 就得到了 M 的分解 (7.1). 根据假设, C_d 也是投射模, 这样就得到了一个长度为 d 的投射分解, 即投射维数 $\mathrm{pd}(M) \leqslant d$. 如果 $\mathrm{pd}(M) \leqslant d-1$, 则由定义得到 M 的一个投射分解

$$0 \longrightarrow C'_{d-1} \longrightarrow C'_{d-2} \longrightarrow \cdots \longrightarrow C'_1 \longrightarrow C'_0 \longrightarrow M \longrightarrow 0,$$

在 M 的这个投射分解中 $C'_d = 0$, 从而 $t'_d = 0$ 是分裂单同态, 与假设不合. $\qquad\square$

类似地可以得到关于内射维数的引理.

命题 7.2 设 N 是一个 R 模, d 是正整数, 则下列条件是等价的:

(1) $\mathrm{id}(N) = d$.

(2) 对所有的 $n > d$ 以及任意 R 模 M 有 $\mathrm{Ext}_R^n(M, N) = 0$, 且存在 R 模 M' 使得 $\mathrm{Ext}_R^d(M', N) \neq 0$;

(3) 对任意 R 模 M 有 $\mathrm{Ext}_R^{d+1}(M, N)=0$, 且存在 R 模 M' 使得 $\mathrm{Ext}_R^d(M', N)\neq 0$;

(4) 如果

$$0 \longrightarrow N \longrightarrow C^0 \longrightarrow C^1 \cdots \longrightarrow C^{d-1} \xrightarrow{t^{d-1}} C^d \longrightarrow 0$$

是 N 的分解, 其中 $C^0, \cdots, C^{d-1}$ 都是内射模, 则 C^d 也是内射模, 且 t^{d-1} 不是分裂满同态. □

定理 7.3 对于一个环 R, 以下数值是相等的:

(1) $\sup\{\mathrm{id}(M) \mid M$ 是 R 模$\}$;

(2) $\sup\{\mathrm{pd}(M) \mid M$ 是 R 模$\}$;

(3) $\sup\{n \mid \mathrm{Ext}_R^n(M, N) \neq 0$ 对 R 模 M 和 $N\}$.

这个数 (可能是 ∞) 称为环 R 的**整体维数** (global dimension) 或**同调维数** (homological dimension), 记作 $\mathrm{gd}(R)$.

证明: 从命题 7.1 和 7.2 立即可得. □

例 7.2 由于域上的模都是向量空间, 也就是自由模, 所以域的整体维数等于 0. 如果 R 是主理想整环, M 是一个模, 我们可作一个正合列:

$$0 \longrightarrow K \longrightarrow F \longrightarrow M \longrightarrow 0,$$

其中 F 是自由模. K 作为自由模的子模, 也是自由的, 这说明 $\mathrm{pd}(M) \leq 1$. 因此 $\mathrm{gd}(R) \leq 1$. 另一方面习题 6.2 的例说明 $\mathrm{gd}(\mathbb{Z}_{p^2}) = \infty$.

说明 7.1 环的整体维数显然是环的一个不变量, 对于环的结构和性质的研究有着重要意义. 小的整体维数说明这个环有比较好的性质.

设 M 是一个 R 模. 如果有以下的分解:

$$0 \longrightarrow S_m \longrightarrow P_m \longrightarrow P_{m-1} \longrightarrow \cdots \longrightarrow P_0 \longrightarrow M \longrightarrow 0,$$

其中 P_i 都是投射模, 则称 S_m 为 M 的第 m 个**合冲** (syzygy). 合冲这个词来自天文学, 原意是指三个天体接近于一直线. 著名的 Hilbert 合冲定理就是说, 当 F 是域时, n 元多项式环的整体维数 $\mathrm{gd}(F[x_1, \cdots, x_n]) = n$.

习题 3.7

7.1 设有 R 模正合列:

$$0 \longrightarrow A \longrightarrow B \longrightarrow C \longrightarrow 0,$$

证明: (1) $\mathrm{pd}(B) \leqslant \max\{\mathrm{pd}(A), \mathrm{pd}(C)\}$;

(2) $\mathrm{pd}(C) \leqslant \max\{\mathrm{pd}(A), \mathrm{pd}(B)\} + 1$.

§3.8 群的同调与上同调

设 G 是一个群, 并把它的运算记为乘法. 把以 G 的元素作为基的自由 Abel 群记为 $\mathbb{Z}[G]$. $\mathbb{Z}[G]$ 的元素具有 $\sum\limits_{g \in G} m_g g$ 的形式, 其中整系数 m_g 只有有限多个不等于 0. 如果把 G 的乘法规定为 $\mathbb{Z}[G]$ 的基元素间的乘法, 再利用线性性质, 就可定义 $\mathbb{Z}[G]$ 的一个乘法:

$$\left(\sum_{s \in G} m_s s \right) \left(\sum_{t \in G} m'_t t \right) = \sum_{g \in G} \left(\sum_{st=g} m_s m'_t \right) g.$$

不难验证 $\mathbb{Z}[G]$ 关于这样定义的乘法构成一个环, 称为群 G 的**群环** (*group ring*). 把群 G 的单位元记为 e, 则 $1e = e$ 就是群环 $\mathbb{Z}[G]$ 的单位元.

例 8.1 设 $G = \langle a \rangle$ 是一个以 a 生成元的 5 阶循环 Abel 群, 即 $a^5 = e$. 于是 $(e + a + a^2 + a^3 + a^4)(e - a) = 0$, 也就是说群环可能有零因子.

群环 $\mathbb{Z}[G]$ 的模也称为 G 模. 设 M 是一个 G 模, 如果对所有的 $g \in G$ 以及 $x \in M$ 有 $gx = x$, 则称 M 是平凡的 G 模. 请注意平凡 G 模并非平凡 $\mathbb{Z}[G]$ 模. 例如在平凡 G 模 M 中有

$$\left(\sum_{g \in G} m_g g \right) x = \left(\sum_{g \in G} m_g \right) x.$$

特别地, 整数加群 $\mathbb{Z}$ 总是被看作平凡 G 模.

定义 8.1 设 G 是一个群, M 是 G 模. 定义群 G 的以 M 为系数的 n 次**上同调模**为

$$H^n(G, M) = \mathrm{Ext}^n_{\mathbb{Z}[G]}(\mathbb{Z}, M), \quad n = 0, 1, 2, \cdots.$$

定义群 G 的以 M 为系数的 n 次**同调模**为

$$H_n(G, M) = \mathrm{Tor}_n^{\mathbb{Z}[G]}(\mathbb{Z}, M), \quad n = 0, 1, 2, \cdots.$$

以后我们分别用 $\otimes_G$、Hom_G、Ext_G、Tor^G 表示 $\otimes_{\mathbb{Z}[G]}$、$\mathrm{Hom}_{\mathbb{Z}[G]}$、$\mathrm{Ext}_{\mathbb{Z}[G]}$、$\mathrm{Tor}^{\mathbb{Z}[G]}$.

根据导出函子 Ext^n 和 Tor_n 的性质, 我们立即可以得到以下命题:

命题 8.1 群 G 的系数在 G 模 M 中的上同调模有以下性质:

(1) $H^0(G, M) = \mathrm{Hom}_G(\mathbb{Z}, M) \cong M^G = \{x \in M \mid gx = x, \ \forall g \in G\}$;

(2) 对于 G 内射模 J, 有 $H^n(G, J) = 0, \forall n > 0$;

(3) 对于 G 模的短正合列:

$$0 \longrightarrow M' \xrightarrow{\ \alpha\ } M \xrightarrow{\ \beta\ } M'' \longrightarrow 0,$$

有以下的长正合列:

$$0 \longrightarrow M'^G \longrightarrow M^G \longrightarrow M''^G \longrightarrow$$
$$\longrightarrow H^1(G, M') \longrightarrow \cdots \longrightarrow H^{n-1}(G, M'') \longrightarrow$$
$$\longrightarrow H^n(G, M') \longrightarrow H^n(G, M) \longrightarrow H^n(G, M'') \longrightarrow \cdots;$$

(4) 连接同态是自然的, 即如果有两个短正合列以及它们之间的态射的交换图:

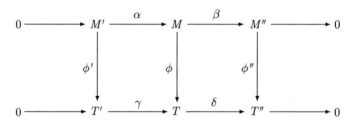

则有相应的交换图:

$$
\begin{array}{ccc}
H^n(G, M'') & \xrightarrow{\ \Delta^n\ } & H^{n+1}(G, M') \\
\downarrow{\scriptstyle H^n(G, \phi'')} & & \downarrow{\scriptstyle H^{n+1}(G, \phi')} \\
H^n(G, T'') & \xrightarrow{\ \Delta^n\ } & H^{n+1}(G, T')
\end{array}
$$

命题 8.2 群 G 的系数在 G 模 M 中的同调模有以下性质:

(1) $H_0(G, M) = M \otimes_G \mathbb{Z} \cong M_G = M/I(M)$, 其中 $I(M)$ 是由 $(g-1)x(x \in M, g \in G)$ 生成的 M 的 G 子模;

(2) 对于 G 平坦模或投射模 P, 有 $H_n(G, P) = 0, \forall n > 0$;

(3) 对于 G 模的短正合列:

$$0 \longrightarrow M' \xrightarrow{\alpha} M \xrightarrow{\beta} M'' \longrightarrow 0,$$

有以下的长正合列:

$$\cdots \longrightarrow H_{n+1}(G, M'') \longrightarrow H_n(G, M') \longrightarrow$$
$$\longrightarrow H_n(G, M) \longrightarrow H_n(G, M'') \longrightarrow \cdots \longrightarrow H_1(G, M'') \longrightarrow$$
$$\longrightarrow M'_G \longrightarrow M_G \longrightarrow M''_G \longrightarrow 0;$$

(4) 连接同态是自然的, 即如果有两个短正合列以及它们之间的态射的交换图:

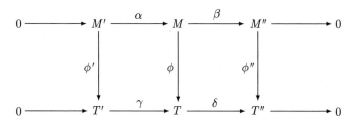

则有相应的交换图:

$$
\begin{array}{ccc}
H_n(G, M'') & \xrightarrow{\Delta_n} & H_{n-1}(G, M') \\
\downarrow{\scriptstyle H_n(G, \phi'')} & & \downarrow{\scriptstyle H_{n-1}(G, \phi')} \\
H_n(G, T'') & \xrightarrow{\Delta_n} & H_{n-1}(G, T')
\end{array}
$$

由 Ext^n 和 Tor_n 的定义也可以知道群的上同调函子 $H^n(G, -)$ 与同调函子 $H_n(G, -)$ 都是导出函子. 因此我们可以用作出 G 模 $\mathbb{Z}$ 的投射分解的方法计算群的上同调或同调模.

把群 G 的元素看作顶点, 我们可以定义一个单纯复形 $K = K(G)$. 为叙述简单起见, 不妨设 G 中有个良序, 并且单位元 e 是排在最前面的元素. 从而

$$K_n = \{(g_0, g_1, \cdots, g_n) \mid g_i \in G, g_0 < g_1 < \cdots < g_n\}.$$

对于 $\{g_0, \cdots, g_n\}$ 的一个置换 σ, 令

$$(\sigma g_0, \cdots, \sigma g_n) = (-1)^\sigma (g_0, \cdots, g_n).$$

再取 C_n 为以 K_n 的单形作为基的自由 Abel 加群. 规定 G 在 K_n 上的作用为

$$g(g_0, \cdots, g_n) = (gg_0, \cdots, gg_n).$$

利用线性关系, 上述作用可以被扩张到 C_n 上, 使得 C_n 成为一个 G 模. 边缘算子 $\partial_n : C_n \longrightarrow C_{n-1}$ 定义为

$$\partial_n(g_0, \cdots, g_n) = \sum_{i=0}^{n} (-1)^i (g_0, \cdots, \hat{g}_i, \cdots, g_n),$$

它不但是 Abel 群的同态, 还是 G 模的同态 (即 $\mathbb{Z}[G]$ 模同态), 并且满足 $\partial_{n-1}\partial_n = 0$. 我们再定义增广同态 $\varepsilon : C_0 \longrightarrow \mathbb{Z}$ 为

$$\varepsilon(g_0) = 1, \quad \forall g_0 \in G.$$

注意, 这也是 G 模同态, 而且有 $\varepsilon\partial_1 = 0$. 这样就有 G 模同态的序列

$$\cdots \longrightarrow C_n \xrightarrow{\partial_n} C_{n-1} \xrightarrow{\partial_{n-1}} \cdots \longrightarrow C_1 \xrightarrow{\partial_1} C_0 \xrightarrow{\varepsilon} \mathbb{Z} \longrightarrow 0. \qquad (8.1)$$

下面我们要证明这个序列正合, 并且 C_n 都是投射 G 模, 从而证明 $C_\bullet$ 是 $\mathbb{Z}$ 的投射分解.

(a) (8.1) 是正合列.

对 $n = 0, 1, 2, \cdots$ 作 Abel 群的同态

$$s_n : C_n \longrightarrow C_{n+1}$$
$$(g_0, \cdots, g_n) \longmapsto (e, g_0, \cdots, g_n)$$

其中 $e \in G$ 是群的单位元. 再规定 $s_{-1} : \mathbb{Z} \longrightarrow C_0$ 为 $s_{-1}(1) = (e)$. 可以验证

$$1_{C_n} = \partial_{n+1}s_n + s_{n-1}\partial_n, \quad \forall n \geqslant 1,$$
$$1_{C_0} = \partial_1 s_0 + s_{-1}\varepsilon,$$
$$1_{\mathbb{Z}} = \varepsilon s_{-1}.$$

这说明 Abel 群的序列 (8.1) 的恒等态射是零伦的, 从而 (8.1) 是正合列.

(b) C_n 是自由 $\mathbb{Z}[G]$ 模, 从而是投射 G 模.

实际上 $\{(e, g_1, \cdots, g_n) \mid g_1 < \cdots < g_n\}$ 构成了 G 模 C_n 的基.

定义 8.2 平凡 G 模 $\mathbb{Z}$ 的投射分解 $C_\bullet = (C_n, \partial_n)$ 称为群 G 的**标准链复形**.

自由 G 模 C_n 的基 $\{(e, g_1, \cdots, g_n) \mid g_1 < \cdots < g_n\}$ 被称为**齐次基**. 如果令

$$[g_1, g_2, \cdots, g_n] = (e, g_1, g_1g_2, \cdots, g_1g_2\cdots g_n),$$

其逆变换为

$$(g_0, g_1, \cdots, g_n) = g_0[g_0^{-1}g_1, g_1^{-1}g_2, \cdots, g_{n-1}^{-1}g_n].$$

显然 $\{[g_1, \cdots, g_n]\}$ 是自由 G 模 C_n $(n \geqslant 1)$ 的基, 称为**非齐次基**. 特别对 C_0, 令 $[\cdot] = (e)$.

边缘算子在非齐次基上的作用形式为

$$
\begin{aligned}
\partial_n[g_1, \cdots, g_n] = {} & g_1[g_2, \cdots, g_n] - [g_1g_2, g_3, \cdots, g_n] \\
& + [g_1, g_2g_3, g_4, \cdots, g_n] + \cdots + (-1)^{n-1}[g_1, \cdots, g_{n-2}, g_{n-1}g_n] \\
& + (-1)^n[g_1, g_2, \cdots, g_{n-1}], \qquad (n = 1, 2, \cdots), \\
\partial_1[g_1] = {} & g_1[\cdot] - [\cdot] = (g_1 - 1)[\cdot], \\
\varepsilon[\cdot] = {} & 1.
\end{aligned}
$$

现在我们利用标准链复形来计算群的同调或上同调模.

例 8.2 证明 $H_0(G, M) \cong M/I(M)$.

由定义, $H_0(G, M) = (C_0 \otimes_G M)/\operatorname{Im}(\partial_1 \otimes 1)$. 已知 $C_0 = \mathbb{Z}[G][\cdot] \cong \mathbb{Z}[G]$, 因此 $C_0 \otimes_G M \cong M$. 另一方面 C_1 有一个 G 基 $\{[g_1] \mid g_1 \in G\}$, 所以 $C_1 \otimes_G M \cong \bigoplus\limits_{g_1 \in G} [g_1] \otimes_G M$. 由于 $(\partial_1 \otimes 1)([g_1] \otimes x) = (\partial_1[g_1]) \otimes x = (g_1 - 1)[\cdot] \otimes x = [\cdot] \otimes (g_1 - 1)x$, 所以 $\operatorname{Im}(\partial_1 \otimes 1)$ 是由 $(g_1 - 1)x$ 生成的 M 的子模, 由 $I(M)$ 的定义知 $\operatorname{Im}(\partial_1 \otimes 1) = I(M)$.

为了计算群的上同调, 用函子 $\operatorname{Hom}_G(-, M)$ 作用于正合列 (8.1) 后得到

$$0 \longrightarrow \operatorname{Hom}_G(C_0, M) \xrightarrow{\tilde{\partial}_1} \operatorname{Hom}_G(C_1, M) \xrightarrow{\tilde{\partial}_2} \cdots.$$

例 8.3 先计算

$$H^0(G, M) = \operatorname{Ker} \tilde{\partial}_1 = \{f \in \operatorname{Hom}_G(C_0, M) \mid f\partial_1 = 0\}.$$

设 $f([\cdot]) = x \in M$. 把 C_1 的基元素 $[g_1]$ 用 $f\partial_1$ 作用可得 $0 = f\partial_1[g_1] = f((g_1 - 1)[\cdot]) = (g_1 - 1)x = g_1x - x$, 也就是说对所有的 $g \in G$ 有 $gx = x$, 即 $f([\cdot]) \in M^G$.

另一方面由于 $C_0 \cong \mathbb{Z}[G]$, 所以 $\operatorname{Hom}_G(C_0, M) \cong M$, 这个同构是通过映射 $f \mapsto f([\cdot])$ 实现的, 在这个同构之下 $\operatorname{Ker} \tilde{\partial}_1$ 同构于 M 的子模 M^G. 所以我们有

$$H^0(G, M) \cong M^G.$$

再看 $H^1(G, M) = \operatorname{Ker} \tilde{\partial}_2 / \operatorname{Im} \tilde{\partial}_1$. 设 $f^1 \in \operatorname{Hom}_G(C_1, M)$. 如果 $f^1 \in \operatorname{Ker} \tilde{\partial}_2$, 则 $f^1 \partial_2 = 0$. 从而对任意的 $g_1, g_2 \in G$ 有 $0 = f^1 \partial_2 [g_1, g_2] = f^1(g_1[g_2] - [g_1 g_2] + [g_1]) = g_1 f^1([g_2]) - f^1([g_1 g_2]) + f^1([g_1])$. 如果 $f^1 \in \operatorname{Im} \tilde{\partial}_1$, 则有 $f^0 \in \operatorname{Hom}_G(C_0, M)$ 使得 $f^1 = f^0 \partial_1$. 从而 $f^1([g]) = f^0 \partial_1 [g] = (g-1) f^0([\cdot]) = (g-1)x$, 这里 $x \in M$. 由于 C_1 是以 $\{[g] \,|\, g \in G\}$ 为基的自由 G 模, 因此 $\operatorname{Hom}_G(C_1, M) \cong \operatorname{Hom}(G, M)$, 注意 $\operatorname{Hom}(G, M)$ 是集合映射的集. 以上计算可归纳为

$$H^1(G, M) = \{f : G \longrightarrow M \,|\, f(g_1 g_2) = g_1 f(g_2) + f(g_1)\}$$
$$/\{f : G \longrightarrow M \,|\, 存在某个 \ x \in M \ 使得 \ f(g) = (g-1)x\}.$$

特别地, 当 M 是平凡 G 模时, 有

$$H^1(G, M) = \{f : G \longrightarrow M \,|\, f(g_1 g_2) = f(g_1) + f(g_2)\}.$$

同样地考察 $H^2(G, M)$ 可以得到

$$
\begin{aligned}
H^2(G, M) = \{f : G \times G \longrightarrow M \,|\, & g_1 f(g_2, g_3) - f(g_1 g_2, g_3) \\
& + f(g_1, g_2 g_3) - f(g_1, g_2) = 0\} \\
/\{f : G \times G \longrightarrow M \,|\, & 存在某个映射 \ h : G \longrightarrow M, \\
& 使得 \ f(g_1, g_2) = g_1 h(g_2) - h(g_1 g_2) + h(g_1)\}.
\end{aligned}
$$

例 8.4 设 $G = \{e, a, \cdots, a^{m-1}\}$, $a^m = e$ 是一个循环群. 我们要计算 $H^n(G, M)$. 不过这里不使用标准链复形, 而是建立一种特殊的投射分解.

对 $n \geqslant 0$ 令 $C_n = \mathbb{Z}[G]$, $\partial_{2n+1} = T = a - 1$, $\partial_{2n} = N = e + a + \cdots + a^{m-1}$. 不难验证 $TN = NT = 0$, $\operatorname{Ker} T = \operatorname{Im} N$, $\operatorname{Ker} N = \operatorname{Im} T$. 再令

$$
\begin{aligned}
\varepsilon : \mathbb{Z}[G] &\longrightarrow \mathbb{Z} \\
\sum_{i=0}^{m-1} m_i a^i &\longmapsto \sum_{i=0}^{m-1} m_i
\end{aligned}
$$

可得 $\varepsilon T = 0$ 以及 $\operatorname{Ker} \varepsilon = \operatorname{Im} T$. 这样就有一个正合列:

$$\cdots \longrightarrow C_{2n+1} \xrightarrow{\ T\ } C_{2n} \xrightarrow{\ N\ } C_{2n-1} \xrightarrow{\ T\ } \cdots \xrightarrow{\ N\ } \overset{NC_1}{} \xrightarrow{\ T\ } C_0 \xrightarrow{\ \varepsilon\ } \mathbb{Z} \longrightarrow 0.$$

记 $C^n = \operatorname{Hom}_G(C_n, M) \cong M$, 可得序列

$$0 \longrightarrow C^0 \xrightarrow{\tilde{T}} C^1 \xrightarrow{\tilde{N}} \cdots \longrightarrow C^{2n-1} \xrightarrow{\tilde{N}} C^{2n} \xrightarrow{\tilde{T}} C^{2n+1} \longrightarrow \cdots,$$

这里 $\operatorname{Ker} \tilde{T} = \{x \in M \mid Tx = 0\} = M^G$, $\operatorname{Ker} \tilde{N} = \{x \in M \mid Nx = 0\} \stackrel{\text{def}}{=} {}_N M$. 这样就有

$$H^{2n}(G, M) \cong M^G/NM,$$
$$H^{2n+1}(G, M) \cong {}_N M/TM, \qquad n = 0, 1, 2, \cdots.$$

特别地, 当 $M = \mathbb{Z}$ 时, 有

$$H^{2n}(G, \mathbb{Z}) \cong \mathbb{Z}/m\mathbb{Z},$$
$$H^{2n+1}(G, \mathbb{Z}) \cong 0, \qquad n = 0, 1, 2, \cdots.$$

这也是整体维数等于无穷大的环的例子.

例 8.5 设 $G = \langle a \rangle$ 是无限循环群, 则有

$$H^0(G, M) \cong M^G, \quad H^1(G, M) \cong M/(a-1)M,$$
$$H^n(G, M) = 0, \qquad n = 2, 3, \cdots.$$

为证明上述公式, 作平凡 G 模 $\mathbb{Z}$ 的投射分解如下:

$$0 \longrightarrow \mathbb{Z}[G](a-1) \xrightarrow{i} \mathbb{Z}[G] \xrightarrow{\varepsilon} \mathbb{Z} \longrightarrow 0,$$

这里 i 是包含映射, $\varepsilon(a^n) = 1$. 从而 $C_0 = \mathbb{Z}[G]$, $C_1 = \mathbb{Z}[G](a-1)$, $C_2 = \cdots = 0$. 立即导出 $H^n(G, M) = 0$ $(n = 2, 3, \cdots)$. $H^0(G, M) \cong M^G$ 已是一般的结论. 现在建立同构

$$C^1 = \operatorname{Hom}_G(C_1, M) \longrightarrow M$$
$$f^1 \longmapsto f^1(a-1).$$

如果 $f^1 \in \operatorname{Im} \tilde{i}$, 则存在 $f^0 \in \operatorname{Hom}_G(G, M) \cong M$, 使得 $f^1 = \tilde{i}(f^0) = f^0 i$. 于是 $f^1(a-1) = f^0(a-1) = (a-1)f^0(1)$. 这就证明了 $H^1(G, M) = C^1/\operatorname{Im} \tilde{i} \cong M/(a-1)M$.

说明 8.1 既然群的上同调函子是通过 Ext 函子定义的, 自然会联想到与群的扩张有关. 如果群 E 有一个 Abel 正规子群 A 使得 $E/A \cong G$, 就称 E 是 G 通过 A 的扩张. 这时 G 的元素可以通过内自同构作用于 A 上, 使得 A 成为一个 G 模. 这三个群之间有一个短正合列关系:

$$1 \longrightarrow A \longrightarrow E \longrightarrow G \longrightarrow 1.$$

类似于模的扩张的情形, 如果两个扩张作为短正合列同构, 就称这两个扩张同构. 可以证明 $H^2(G, A)$ 的元素与 G 通过 A 的扩张的同构类之间有着一一对应的关系.

群的上同调除了在数论和群论中有应用外, 在拓扑中也有应用. 设拓扑变换群 G 作用在拓扑空间 X 上, 而且对于任意的点 $x \in X$ 存在开邻域 U 使得对任意的 $g \neq 1 \in G$ 有 $gU \cap U = \emptyset$. 设商空间为 $G \setminus X$. 如果 X 是连通的, 并且它的 $n \geqslant 1$ 次同调群都等于 0, 则对于 Abel 群 A 有同构 $H^n(G \setminus X, A) \cong H^n(G, A)$, 这里 A 被看作平凡 G 模. 这个结果表明当 $Y = G \setminus X$ 时, 可把 G 看成 Y 的基本群, X 看成 Y 的万有覆叠空间, 这时 Y 的上同调可以由 Y 的基本群 G 纯代数地导出.

习题 3.8

8.1 证明作为 $\mathbb{Z}[G]$ 模, $\mathbb{Z} \cong \mathbb{Z}[G]/I$, 这里 I 是由所有的 $g - 1$, $g \in G$ 生成的 $\mathbb{Z}[G]$ 的理想. 由此证明 $H_0(G, M) = M \otimes_G \mathbb{Z} \cong M/IM$.

8.2 证明例 8.3 中 $H^2(G, M)$ 的表达式.

第四章　层及其上同调理论

层是一个比较新的概念, 1945 年由 J. Leray (Jean Leray, 1906 — 1998, 中译名勒雷) 引入, 又经过 H. Cartan 和 J.-P. Serre 的整理, 1950 年以后才具有现在的形式. 以后, 层的概念在代数几何学、复流形理论和偏微分方程等许多领域得到广泛的应用, 确立了它作为数学研究的一个基础对象的地位. 层的理论也可以被看作 Abel 范畴理论的一个应用, 层的上同调理论在层论中起着核心的作用. 因此我们在这里对层及层上同调的基本概念作一个介绍.

§4.1　预层与层

设 X 是一个取定的拓扑空间, 我们把 X 的开子集族记为 $\mathfrak{O}(X)$, 把 X 的点 x 的开邻域全体记为 $\mathfrak{U}(x)$.

定义 1.1　拓扑空间 X 上 Abel 群的**预层** (*presheaf*) $\mathscr{F}$ 由以下两个要素组成:

(1) 对任意的开子集 $U \in \mathfrak{O}(X)$, 定义有一个 Abel 群 $\mathscr{F}(U)$;

(2) 对任意的包含关系 $V \subseteq U$, 其中 $V, U \in \mathfrak{O}(X)$, 定义有群同态映射

$$\rho_{VU} : \mathscr{F}(U) \longrightarrow \mathscr{F}(V),$$

并且满足下列公理:

(P1) $\mathscr{F}(\emptyset) = \{0\}$;

(P2) ρ_{UU} 是恒等映射 $1_{\mathscr{F}(U)} : \mathscr{F}(U) \longrightarrow \mathscr{F}(U)$;

(P3) 若 $U, V, W \in \mathfrak{O}(X)$, 且 $W \subseteq V \subseteq U$, 则

$$\rho_{WU} = \rho_{WV} \circ \rho_{VU},$$

记为 $\mathscr{F} = (\{\mathscr{F}(U) \,|\, U \in \mathfrak{O}(X)\}, \{\rho_{VU} \,|\, V \subseteq U, U, V \in \mathfrak{O}(X)\})$.

如果把上述定义中的 $\mathscr{F}(U)$ 取成模、环、k 向量空间等, ρ_{VU} 被相应地取成模同态映射、环同态映射、k 线性映射等, 就称 $\mathscr{F}$ 为模、环或 k 向量空间的预层. 以后我们单称预层就是指 Abel 群的预层.

例 1.1 **零预层** (*zero presheaf*): 对任意的 $U \in \mathfrak{O}(X)$, 定义 $\mathscr{F}(U) = \{0\}$.

例 1.2 **常预层** (*constant presheaf*): 设 A 是一个 Abel 群, 对任意的 $\emptyset \neq U \in \mathfrak{O}(X)$, 定义 $\mathscr{F}(U) = A$, 对 $\emptyset \neq V \subseteq U$, 定义 $\rho_{VU} = 1_A$. 对于空集 $\emptyset$, 则令 $\mathscr{F}(\emptyset) = 0$, $\rho_{\emptyset U} = 0$.

例 1.3 连续函数的预层: 对任意的 $\emptyset \neq U \in \mathfrak{O}(X)$, 定义 $\mathscr{C}(U)$ 为 U 上全体实值连续函数所成的加群, 对 $\emptyset \neq V \subseteq U$, 定义 $\rho_{VU}(f) = f|_V$, 这里的 $f \in \mathscr{C}(U)$. 此外, 令 $\mathscr{C}(\emptyset) = 0$, $\rho_{\emptyset U} = 0$. 实际上这也可被看成环的预层.

例 1.4 全纯函数的预层: 设 X 是一个复流形, 对任意的 $\emptyset \neq U \in \mathfrak{O}(X)$, 定义 $\mathscr{O}(U)$ 为 U 上全纯函数所成的加群, 对 $\emptyset \neq V \subseteq U$, 定义 $\rho_{VU}(f) = f|_V$, 这里的 $f \in \mathscr{O}(U)$. 此外, 令 $\mathscr{O}(\emptyset) = 0$, $\rho_{\emptyset U} = 0$. 这也可被看成环的预层.

例 1.5 设 n 是一个非负整数, $\mathscr{F}^n(U)$ 是 $U^{n+1} = U \times \cdots \times U$ ($n+1$ 个 $U \neq \emptyset$ 的直积空间) 上的实值函数的全体. 若 $\emptyset \neq V \subseteq U$, $f \in \mathscr{F}^n(U)$, 则定义 $\rho_{VU}(f) = f|_{V^{n+1}}$. 再令 $\mathscr{F}^n(\emptyset) = 0$, $\rho_{\emptyset U} = 0$. 这样得到的预层称为由 Alexander-Spanier 的 n 维上链作成的预层, 简称 n 次 A. S. 预层.

对于拓扑空间 X 上的预层 $\mathscr{F}$ 以及 X 的一个开子集 U, $\mathscr{F}(U)$ 中的元素 $s \in \mathscr{F}(U)$ 称为预层 $\mathscr{F}$ 在开子集 U 上的**瓣** (*section*). $\mathscr{F}(U)$ 就是由 U 上的瓣所构成的群. 全空间 X 上的瓣被称为**整体瓣** (*global section*). 我们往往把 $\mathscr{F}(U)$ 记为 $\Gamma(U, \mathscr{F})$. ρ_{VU} 也被称为**限制映射** (*restriction*). 如果 $s \in \mathscr{F}(U)$, 常常把 $\rho_{VU}(s)$ 记为 $s|_V$.

说明 1.1 当我们谈及空间 X 上的某个函数, 往往是指定义在这个空间的某个开子集 $U \subseteq X$ 上的函数. 例如在微积分里, 一个实函数 f 通常是定义在某个区间 $(a, b) \subset \mathbb{R}$ 上的. 而这个函数的性质又往往取决于这个函数在每个点的邻近的性质: 例如 f 是连续的 (或可微分的、实解析的) 都取决于 f 在每个点 $P \in (a, b)$ 的局部性质, 也就是 f 在点 P 的某个邻域上的性状. 因此空间 X 上的一个预层或 (将被定义的) 层 $\mathscr{F}$ 实际上就是具有某种局部性质的函数的全体, $\mathscr{F}(U)$ 就是在 U 上定义的此类函数的集合. 限制映射就是对函数定义域的限制. 把瓣看成某种形式的函数对于理解预层或层是有益的.

现在我们准备定义预层的茎. 对于 X 内的一个点 x, x 的开邻域族 $\mathfrak{U}(x)$ 内可以定义一个偏序: 当 $U \supseteq V$ 时规定 $U \preceq V$. $\mathfrak{U}(x)$ 关于这个偏序成为一个正向集 (参见第二章 §2.6 的定义以及例 6.2). $\{\mathscr{F}(U), \rho_{VU}\}$ 则成为一个正向系. 因此可得到以下的定义:

定义 1.2　对任意的 $x \in X$, 称正极限 Abel 群

$$\mathscr{F}_x = \varinjlim_{U \in \mathfrak{U}(x)} \mathscr{F}(U)$$

为预层 $\mathscr{F}$ 在 x 点的**茎** (stalk).

由正极限的定义可以知道, 对于任意的开邻域 $U \in \mathfrak{U}(x)$ 存在一个同态映射

$$\rho_{xU} : \mathscr{F}(U) \longrightarrow \mathscr{F}_x.$$

且对于 $x \in V \subseteq U$ 有

$$\rho_{xV} \circ \rho_{VU} = \rho_{xU}.$$

对于一个瓣 $s \in \mathscr{F}(U)$, 记 $\rho_{xU}(s) = s_x$, 称 s_x 为 $\mathscr{F}$ 的瓣 s 在 x 点的**芽** (germ).

根据正极限的构造, 对于 $\mathscr{F}_x$ 中的任意一个芽 s_x 总可以找到 x 的一个开邻域 U 以及 $\mathscr{F}(U)$ 中的一个瓣 s 使得 $s_x = \rho_{xU}(s)$. 我们可以用这个瓣来代表芽 s_x 参加运算. 又若 $s, t \in \mathscr{F}(U)$ 使得 $s_x = t_x$, 则必存在 x 的一个开邻域 $V \subseteq U$ 使得 $s|_V = t|_V$.

显然对于 $s, t \in \mathscr{F}(U)$, 我们有

$$(s + t)_x = s_x + t_x.$$

在例 1.1 中 $\mathscr{F}_x = 0$, 例 1.2 中 $\mathscr{F}_x = A$. 但要注意不要把例 1.3 中瓣 $s \in \mathscr{F}(U)$ 在 x 点的芽 s_x 与 s 在 x 点的函数值 $s(x)$ 混淆, $s(x)$ 只是描写了瓣 s 在点 x 处的性质, 而芽 s_x 则包含了 s 在 x 邻近的性质. 根据第二章的例 6.2、例 1.4 中的 $\mathscr{F}_x$ 同构于收敛幂级数的加群 $\mathbb{C}\{z\}$, 而全纯函数在 x 的函数值则是复数全体 $\mathbb{C}$, 由此可见两者的差别.

说明 1.2　注意在预层或层的定义中的函数 ("瓣") 都是与某一个开子集联系在一起的. 单独一个点 P 的 "函数值" 是没有意义的, 正如定义在一个孤立点上的全纯函数是没有意义的一样. 因此在 P 点我们只能考虑由函数的芽所构成的茎. 例 1.4 是函数芽的最形象的例子. 函数在 P 点的芽不仅仅包含函数在这个点上的信息, 它还包含了函数在这个点的一个无穷小

邻域里的性状. 在茎的定义中用到了正极限, 看起来很抽象, 而实际含义却很具体: 只要两个瓣在某个充分小的邻域里相等, 就认为它们代表同一个芽. 因而茎的定义反过来也给抽象的正极限提供了具体实例.

设 $\mathscr{F}$ 是 X 上的预层, 则可能有这样的瓣 $s \in \mathscr{F}(U)$, 这个瓣不等于零, 即 $s \neq 0$, 但对于每一个点 $x \in U$ 都有芽 $s_x = 0$. 也就是说从局部来看 s 处处等于零, 但从整体来看 s 又不等于零. 这样的瓣 s 称为局部零瓣. 这说明预层的瓣的局部性质不能确定它的整体性质.

例 1.6 考虑例 1.5 的 n 次 A. S. 预层. 设 $n \geqslant 1$. 对 $U \in \mathfrak{O}(X)$, 定义对角集合 $\Delta = \{(x, \cdots, x) \in U^{n+1} \mid x \in U\}$. 设 $s \in \mathscr{F}^n(U)$ 使得 $s(x_0, \cdots, x_n)$ 在 U^{n+1} 中 Δ 的某个开邻域 V 上恒等于零. 显然 s 是 U 上的局部零瓣 (见图).

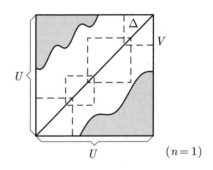

$$(n=1)$$

局部零瓣的存在会带来很多不便, 使得两个局部处处相等的瓣在整体上可能不相等, 这违背了我们引进预层概念的初衷. 我们引进这个概念就是为了建立起函数的局部性质与它的整体性质之间的关系. 另一方面我们还希望局部有定义的函数可以被黏合成更大范围上的函数, 可是这个性质也没有被体现在预层的定义中. 因而有必要强化预层的定义, 使得局部整体的关系能得到充分的体现. 这就导致了层的概念.

定义 1.3 若 $\mathscr{F} = (\{\mathscr{F}(U) \mid U \in \mathfrak{O}(X)\}, \{\rho_{VU} \mid V \subseteq U, U, V \in \mathfrak{O}(X)\})$ 是 X 上 (Abel 群) 的预层, 且满足以下公理 (S1) 及 (S2), 则称 $\mathscr{F}$ 是 X 上 (Abel 群) 的层 (*sheaf*):

(S1) 对于任意的 $U \in \mathfrak{O}(X)$ 以及 U 的一个开覆盖 $\{U_i \mid i \in I\}$, 如果瓣 $s \in \mathscr{F}(U)$ 对于所有的 $i \in I$ 都有 $s|_{U_i} = 0$, 则必有 $s = 0$;

(S2) 对于任意的 $U \in \mathfrak{O}(X)$ 以及 U 的一个开覆盖 $\{U_i \mid i \in I\}$, 如果对于每一个 $i \in I$ 均有一个瓣 $s_i \in \mathscr{F}(U_i)$, 使得对一切的 $i, j \in I$ 都有

$$s_i|_{U_i \cap U_j} = s_j|_{U_i \cap U_j}$$

成立, 则必存在一个瓣 $s \in \mathscr{F}(U)$, 使得对所有的 $i \in I$ 都有

$$s|_{U_i} = s_i.$$

由 (S1) 立即可知 (S2) 中的 s 是唯一的.

我们把层 $\mathscr{F}$ 在某个点 x 的茎 $\mathscr{F}_x$ 定义成它作为预层的茎. 公理 (S1) 也可等价地表述如下:

(S1)′ 对于任意的 $U \in \mathfrak{O}(X)$, 如果瓣 $s \in \mathscr{F}(U)$ 关于所有的 $x \in U$ 都有芽 $s_x = 0$, 则必有 $s = 0$.

事实上, (S1)′ $\Rightarrow$(S1) 是显然的. 反之, 设 (S1) 成立, 则 $s_x = 0$ 蕴含存在 x 的一个开邻域 $U_x \subseteq U$ 使得 s 与 0 限制在 U_x 上是相等的, 即 $s|_{U_x} = 0$. 这样就可得到 U 的一个开覆盖 $\{U_x \,|\, x \in U\}$, 使得对所有的 $x \in U$ 有 $s|_{U_x} = 0$. 根据 (S1) 就可得到 $s = 0$.

因此当 $\mathscr{F}$ 是层时, 如果 $s, t \in \mathscr{F}(U)$ 满足 $s_x = t_x$ 对所有 $x \in U$ 成立, 则必有 $s = t$.

例 1.1、1.3 和 1.4 都是层, 但是例 1.2 不是层, 因为它不满足 (S2). 我们再看几个例子.

例 1.7 若 X 是微分流形, 对于每一个 $U \in \mathfrak{O}(X)$ 令 $\mathscr{F}(U)$ 是 U 上可微函数的环. ρ_{VU} 就是函数的限制映射, 则 $\mathscr{F}$ 是 X 上的环层, 称为可微函数层.

例 1.8 若 X 是复流形, 对于每个 $U \in \mathfrak{O}(X)$, 我们可分别定义

$\mathscr{O}(U) = U$ 上全纯函数环;

$\mathscr{O}^*(U) = U$ 上无零点的全纯函数的群;

$\mathscr{M}(U) = U$ 上半纯函数域;

ρ_{VU} 就是函数的限制映射, 则 $\mathscr{O}$、$\mathscr{O}^*$、$\mathscr{M}$ 都是 X 上的层.

例 1.9 设 X 是拓扑空间, A 是 Abel 群, 我们赋予 A 以离散拓扑. 对任意的 $U \in \mathfrak{O}(X)$, 定义 $\mathscr{A}(U)$ 为所有从 U 到 A 内的连续映射的群. 则 $\mathscr{A}$ 关于通常的限制映射构成一个层, 称为 X 上以离散群 A 为茎的**常层** (*constant sheaf*). 请注意若 U 是连通开集, 则 $\mathscr{A}(U) \cong A$. 若 U 是具有开连通分支的开集, 则 $\mathscr{A}(U)$ 是一些 A 的直积, 直积分量以 U 的连通分支作为指标集. 以后将看到, 这个层实际上就是例 1.2 的常预层的 "层化".

说明 1.3　我们已经在说明 1.1 中指出, 空间 X 上的一个层 $\mathscr{F}$ 实际上就是具有某种局部性质的函数的全体, 但是预层的定义还不足以反映这个特性. 首先, 局部零瓣的存在使得局部性状完全与整体性状脱节, 这是我们不能容忍的. 此外所谓具有某种局部性质的函数就是指 $f \in \mathscr{F}(U)$ 当且仅当 f 在 U 的每个点 P 的一个充分小的邻域都具有这种局部性质. 这样的函数应该是可以被 "黏合" 的, 即当 $f \in \mathscr{F}(U)$, $g \in \mathscr{F}(V)$, 且满足 $f|_{U \cap V} = g|_{U \cap V}$ 时, f 和 g 应能被黏合成一个定义在 $U \cup V$ 上的函数. 层的公理 (S1) 和 (S2) 就是函数应满足的 "黏合条件". 而在例 1.2 定义的常预层里, $\mathscr{F}(U) = A$ 是 U 上的整体常函数, 这并非局部性质, 所以不是层. 由此可见层的定义实际上就是具有某种局部性质的函数类的概念的抽象表述.

现在再来考察预层的态射:

定义 1.4　若 $\mathscr{F}$ 和 $\mathscr{G}$ 是 X 上的两个预层, 并且

(1) 对任意一个 $U \in \mathfrak{O}(X)$ 都定义有 Abel 群的同态映射

$$\varphi_U : \mathscr{F}(U) \longrightarrow \mathscr{G}(U).$$

(2) 这些同态是与限制映射相容的, 即对于任意的 $V, U \in \mathfrak{O}(X)$, $V \subseteq U$, 下图可交换:

$$
\begin{array}{ccc}
\mathscr{F}(U) & \xrightarrow{\ \varphi_U\ } & \mathscr{G}(U) \\
\downarrow{\scriptstyle \rho_{VU}} & & \downarrow{\scriptstyle \rho'_{VU}} \\
\mathscr{F}(V) & \xrightarrow{\ \varphi_V\ } & \mathscr{G}(V)
\end{array}
$$

则称 $\varphi = \{\varphi_U \mid U \in \mathfrak{O}(X)\}$ 为从预层 $\mathscr{F}$ 到预层 $\mathscr{G}$ 的**态射** (*morphism*), 也记为

$$\varphi : \mathscr{F} \longrightarrow \mathscr{G}.$$

如果对所有的 $U \in \mathfrak{O}(X)$, φ_U 都是同构映射, 则称 φ 是**同构** (*isomorphism*), 记为

$$\varphi : \mathscr{F} \xrightarrow{\ \sim\ } \mathscr{G}.$$

两个层之间的态射就是它们作为预层的态射. 层 (或预层) $\mathscr{F}$ 到 $\mathscr{G}$ 的所有态射的集合记为 $\mathrm{Hom}(\mathscr{F}, \mathscr{G})$. 对于态射 $\varphi, \psi \in \mathrm{Hom}(\mathscr{F}, \mathscr{G})$ 可以定义它们之和 $\varphi + \psi : \mathscr{F} \longrightarrow \mathscr{G}$ 为 $(\varphi + \psi)_U(s) = \varphi_U(s) + \psi_U(s)$. 因而 $\mathrm{Hom}(\mathscr{F}, \mathscr{G})$ 是 Abel 群, 其零元就是零态射.

拓扑空间 X 上的 Abel 群预层的全体关于预层的态射构成了 X 上的 Abel 群预层的范畴 $\mathfrak{PGh}(X)$. 类似地, 拓扑空间 X 上的 Abel 群层的全体关于层的态射

构成了 X 上的 Abel 群层的范畴 $\mathfrak{Sh}(X)$. 由于 Abel 群的范畴有零对象, Abel 群 (预) 层的范畴也有零对象. 同样可以得到 X 上环、模或向量空间 (预) 层的范畴.

对于 $s \in \mathscr{F}(U)$, 在不会引起混淆的场合可把 $\varphi_U(s)$ 简记为 $\varphi(s)$.

设 $\varphi : \mathscr{F} \longrightarrow \mathscr{G}$ 是预层的态射, 则对任意的 $x \in X$ 以及芽 $z \in \mathscr{F}_x$, 必存在 x 的开邻域 U 及瓣 $s \in \mathscr{F}(U)$, 使 $z = s_x$. 如果又有开邻域 V 以及 $t \in \mathscr{F}(V)$ 使 $z = t_x$, 则必存在 $W \subseteq U \cap V$ 使得 $s|_W = t|_W$. 根据态射的定义, 我们有 $\varphi_U(s)|_W = \varphi_W(s|_W) = \varphi_W(t|_W) = \varphi_V(t)|_W$, 从而 $\varphi_U(s)_x = \varphi_V(t)_x$. 这样我们就可以定义一个从茎 $\mathscr{F}_x$ 到 $\mathscr{G}_x$ 的映射 $s_x \mapsto \varphi(s)_x$, 把这个映射记为 $\varphi_x : \mathscr{F}_x \longrightarrow \mathscr{G}_x$, 称为 φ 在 x 点的**芽**. 显然 $\varphi_x(s_x) = \varphi(s)_x$, 并且 φ_x 是 Abel 群的同态.

我们将会看到态射的芽 φ_x 在相当大的程度上反映了层态射 φ 的性质, 但对预层却并非如此. 以下命题就是其中之一.

命题 1.1 设 $\varphi : \mathscr{F} \longrightarrow \mathscr{G}$ 是拓扑空间 X 上的层态射, 则 φ 是同构的充要条件是对所有的 $x \in X$, 态射的芽 $\varphi_x : \mathscr{F}_x \longrightarrow \mathscr{G}_x$ 都是同构映射.

证明: $(\Rightarrow)$ 是显然的.

$(\Leftarrow)$ 为证 φ 是同构, 只需证明对于任意的开子集 $U \in \mathfrak{O}(X)$

$$\varphi_U : \mathscr{F}(U) \longrightarrow \mathscr{G}(U)$$

是同构映射即可. 首先我们证 φ_U 是单射. 设 $s \in \mathscr{F}(U)$ 使 $\varphi_U(s) = 0$. 因此对每个 $x \in U$, $\varphi_U(s)$ 在 x 点的芽 $\varphi_U(s)_x = 0$. 由 φ_x 的定义可知 $\varphi_x(s_x) = \varphi_U(s)_x = 0$. 从 φ_x 的单射性可导出 $s_x = 0$ 对所有的 $x \in U$ 成立. 由于 $\mathscr{F}$ 是层, 据等价性质 (S1)$'$ 可得 $s = 0$. 所以 φ_U 是单射.

再证 φ_U 是满射. 假定有 $t \in \mathscr{G}(U)$, 对于每个 $x \in U$, $t_x \in \mathscr{G}_x$ 是 t 在 x 点的芽. 由 φ_x 的满射性可知必存在 $z \in \mathscr{F}_x$, 使 $\varphi_x(z) = t_x$. 于是存在 x 点的开邻域 $U_x \subseteq U$ 及 $s^{(x)} \in \mathscr{F}(U_x)$ 使 $s_x^{(x)} = z$. 但 $t_x = \varphi_x(s_x^{(x)}) = \varphi_{U_x}(s^{(x)})_x$, 把 U_x 适当缩小后, 我们不妨设 $\varphi_{U_x}(s^{(x)}) = t|_{U_x}$. 这样就得到了 U 的一个开覆盖 $\{U_x \,|\, x \in U\}$, 并对每一个 $x \in U$ 都有一个 $s^{(x)} \in \mathscr{F}(U_x)$. 为了利用公理 (S2), 我们再设 x, y 是 U 的两个点, 则 $s^{(x)}|_{U_x \cap U_y}$ 及 $s^{(y)}|_{U_x \cap U_y}$ 是 $\mathscr{F}(U_x \cap U_y)$ 的两个瓣, 它们在 $\varphi_{U_x \cap U_y}$ 之下都被映成 $t|_{U_x \cap U_y}$. 由刚才证明的 φ 的单射性可得 $s^{(x)}|_{U_x \cap U_y} = s^{(y)}|_{U_x \cap U_y}$, 再利用公理 (S2) 就可知道必存在一个 $s \in \mathscr{F}(U)$, 使得对所有的 $x \in U$ 都有 $s|_{U_x} = s^{(x)}$. 但 $\varphi_U(s)|_{U_x} = \varphi_{U_x}(s|_{U_x}) = \varphi_{U_x}(s^{(x)}) = t|_{U_x}$, 即 $(\varphi_U(s) - t)|_{U_x} = 0$. 根据 (S1) 就可得到 $\varphi_U(s) = t$. □

我们也可以用范畴论的观点来定义预层: 设 $\mathfrak{Open}(X)$ 是 X 的开子集族构成的范畴 (参见第二章的习题 1.2), 则 X 上的 Abel 群的预层可以定义为从范畴 $\mathfrak{Open}(X)$ 到 Abel 群范畴 $\mathfrak{Ab}$ 内的一个反变函子 $\mathscr{F}$. 如果把 Abel 群的范畴换成别的范畴, 例如环的范畴、集合的范畴、向量空间的范畴等就可以定义 X 上取值在其他范畴里的预层. 对于 $V \subseteq U$, 限制映射 $\rho_{VU} = \mathscr{F}(i_{VU})$, 而预层间的态射 $\varphi : \mathscr{F} \longrightarrow \mathscr{G}$ 就是函子间的态射 (即自然变换).

对于一个预层 $\mathscr{F}$, 设 $U \in \mathfrak{O}(X)$, 我们可以定义

$$\widetilde{\mathscr{F}}(U) = \left\{ s : U \longrightarrow \coprod_{x \in U} \mathscr{F}_x \,\middle|\, \text{映射 } s \text{ 满足条件 (a) 和 (b)} \right\},$$

其中的条件为

(a) 对每个 $x \in U$ 都有 $s(x) \in \mathscr{F}_x$;

(b) 对每个 $x \in U$ 都存在 x 的开邻域 $W \subseteq U$ 以及瓣 $t \in \mathscr{F}(W)$, 使得对所有的 $y \in W$ 有 $s(y) = t_y$.

$\widetilde{\mathscr{F}}(U)$ 关于 $\mathscr{F}_x$ 的加法所诱导的运算成为一个 Abel 群, 再把限制映射定义为通常映射的限制, 就使 $\widetilde{\mathscr{F}}$ 成为一个预层. 我们现在要研究 $\widetilde{\mathscr{F}}$ 的性质.

对于 $\mathscr{F}$ 一个瓣 $t \in \mathscr{F}(U)$, 可以定义一个映射 $s : U \longrightarrow \coprod_{x \in U} \mathscr{F}_x$ 为 $s(y) = t_y$. 显然 $s \in \widetilde{\mathscr{F}}(U)$. 这样就定义了预层间的态射 $\zeta : \mathscr{F} \longrightarrow \widetilde{\mathscr{F}}$.

命题 1.2 对每一个 $x \in X$, $\zeta_x : \mathscr{F}_x \longrightarrow \widetilde{\mathscr{F}}_x$ 是 Abel 群的同构.

证明: 设 $t \in \mathscr{F}(U)$ 使得 $\zeta_x(t_x) = 0$, 也就是说存在一个开邻域 $x \in W \subseteq U$ 满足 $\zeta_U(t)|_W = 0$, 也即 $t|_W = 0$. 从而 $t_x = 0$, 这证明了 ζ_x 是单射. ζ_x 的满射性可由性质 (b) 推出. □

命题 1.3 $\widetilde{\mathscr{F}}$ 是一个层, 而且当 $\mathscr{F}$ 是层时, $\zeta : \mathscr{F} \longrightarrow \widetilde{\mathscr{F}}$ 是层的同构.

证明: 根据命题 1.2 我们可以把 $\widetilde{\mathscr{F}}_x$ 等同于 $\mathscr{F}_x$, 从而有 $s_x = s(x)$. 再利用映射的性质立即可以看出 $\widetilde{\mathscr{F}}$ 满足 (S1)'. 公理 (S2) 也不难从 $\widetilde{\mathscr{F}}(U)$ 的定义推得. 因此 $\widetilde{\mathscr{F}}$ 是个层. 再次应用命题 1.2 以及 1.1 就可知道 ζ 是同构. □

我们把层 $\widetilde{\mathscr{F}}$ 称为与预层 $\mathscr{F}$ 相伴的层.

设 $\varphi : \mathscr{F} \longrightarrow \mathscr{G}$ 是预层的态射, 对于任意的 $s \in \widetilde{\mathscr{F}}(U)$, 令 $\tilde{\varphi}_U(s)(x) = \varphi_x(s(x))$, 就得到一个映射 $\tilde{\varphi}_U(s) : U \longrightarrow \coprod_{x \in U} \mathscr{G}_x$. 这个映射显然满足性质 (a). 由

于对每一个 $x \in U$ 都存在 x 的开邻域 $W \subseteq U$ 以及瓣 $t \in \mathscr{F}(W)$, 使得对所有的 $y \in W$ 有 $s(y) = t_y$. 因此 $\tilde{\varphi}_U(s)(y) = \varphi_y(s(y)) = (\varphi_W(t))_y$, 其中 $\varphi_W(t) \in \mathscr{G}(W)$. 这说明 $\tilde{\varphi}_U(s) \in \widetilde{\mathscr{G}}(U)$. 所以 $\tilde{\varphi} : \widetilde{\mathscr{F}} \longrightarrow \widetilde{\mathscr{G}}$ 是层的态射, 并且使得下图可交换:

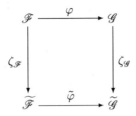

命题 1.4 若 $\mathscr{G}$ 是层, 则存在同构映射

$$h : \mathrm{Hom}(\mathscr{F}, \mathscr{G}) \longrightarrow \mathrm{Hom}(\widetilde{\mathscr{F}}, \mathscr{G}),$$

定义为 $h(\varphi) = \zeta_{\mathscr{G}}^{-1} \circ \tilde{\varphi}$.

证明: 由命题 1.3 知道 $\zeta_{\mathscr{G}}$ 是同构. 此时对任意的态射 $\eta : \widetilde{\mathscr{F}} \longrightarrow \mathscr{G}$ 都可给出 $\varphi = \eta \circ \zeta_{\mathscr{F}} \in \mathrm{Hom}(\mathscr{F}, \mathscr{G})$, 所以 $\eta = \zeta_{\mathscr{G}}^{-1} \circ \tilde{\varphi} = h(\varphi)$. 此外, 若 $\tilde{\varphi} = 0$, 则 $\varphi = 0.\square$

如果我们把 X 上 Abel 群预层的范畴记为 $\mathfrak{PSh}(X)$, 把 X 上 Abel 群层的范畴记为 $\mathfrak{Sh}(X)$. 从 $\mathfrak{Sh}(X)$ 到 $\mathfrak{PSh}(X)$ 的一个共变函子 P 把一个层看成一个预层, 把层态射看成预层态射. 我们还可以定义从 $\mathfrak{PSh}(X)$ 到 $\mathfrak{Sh}(X)$ 的层化函子, 它把预层 $\mathscr{F}$ 映到与它相伴的层 $\widetilde{\mathscr{F}}$, 把预层态射 φ 映到层态射 $\tilde{\varphi}$. 从命题 1.4 即可看出, 层化函子 $\widetilde{(-)}$ 是函子 P 的左伴随函子 (参见第二章的 §2.4):

$$\mathrm{Hom}_{\mathfrak{PSh}}(\mathscr{F}, P\mathscr{G}) \xrightarrow{\sim} \mathrm{Hom}_{\mathfrak{Sh}}(\widetilde{\mathscr{F}}, \mathscr{G}).$$

由左伴随函子的唯一性可知与一个预层相伴的层是唯一的.

说明 1.4 层化 $\widetilde{\mathscr{F}}(U)$ 中的瓣都是 U 上的函数. 对于函数而言, 公理 (S1) 是平凡的. 条件 (b) 保证了 $\widetilde{\mathscr{F}}$ 的芽都是 $\mathscr{F}$ 的芽. 层化 $\widetilde{\mathscr{F}}$ 的实质就是把一个预层 $\mathscr{F}$ 改造成一个具有局部性质的函数类.

习题 4.1

1.1 设 $X = \{P, Q\}$ 是由两个点构成的离散拓扑空间, $A = \mathbb{Z}$. 试对于 X 的所有开子集 U 分别写出常预层 $\mathscr{F}$ 以及常层 $\mathscr{G}$ 的瓣群 $\mathscr{F}(U)$ 与 $\mathscr{G}(U)$.

1.2 设 X 是一个拓扑空间, W 是 X 内一个取定的开子集. A 是带有离散拓扑的 Abel 群. 对于 $U \in \mathfrak{O}(X)$, 当 $U \subseteq W$ 时规定 $\mathscr{F}(U)$ 为从 U 到 A 内的连续映射的群, 当 $U \nsubseteq W$ 时令 $\mathscr{F}(U) = 0$. 证明这样定义的 $\mathscr{F}$ 关于映射的限制构成一个层.

1.3　设 X 是一个拓扑空间, P 是 X 中的一个点, A 是一个 Abel 群. 对于 X 的开子集 U, 规定

$$\mathscr{F}(U) = \begin{cases} A, & \text{若 } P \in U, \\ 0, & \text{若 } P \notin U. \end{cases}$$

试求 X 中各个点的茎 (根据点 x 是否属于闭包 $\overline{\{P\}}$ 分两种情形讨论). 这样的层称为**摩天楼层**.

1.4　设 $\mathscr{F}$ 是一个层, 瓣 $s \in \mathscr{F}(U)$ 的支撑集定义为

$$\operatorname{Supp} s = \{x \in U \mid s_x \neq 0\}.$$

证明 $\operatorname{Supp} s$ 必定是 U 的闭集. 而且对 $s, t \in \mathscr{F}(U)$ 有下列性质:

(1) $\operatorname{Supp}(s + t) \subseteq \operatorname{Supp} s \cup \operatorname{Supp} t$;

(2) 若 $V \subseteq U$, 则有 $\operatorname{Supp}(\rho_{VU}(s)) = V \cap \operatorname{Supp} s$;

(3) 对于态射 $\varphi : \mathscr{F} \longrightarrow \mathscr{G}$, $\operatorname{Supp}(\varphi_U(s)) \subseteq \operatorname{Supp} s$.

类似地可定义 $\mathscr{F}$ 的支撑集为

$$\operatorname{Supp} \mathscr{F} = \{x \in X \mid \mathscr{F}_x \neq 0\}.$$

利用题 1.2 说明 $\operatorname{Supp} \mathscr{F}$ 不一定是闭集.

1.5　设 U 是拓扑空间 X 的开子集, $\mathscr{F}$ 是 X 上的一个预层. 对于 U 的一个开覆盖 $\{U_\alpha\}$, 其中 $U_\alpha \subseteq U$, 把限制映射记为 $\rho_\alpha : \mathscr{F}(U) \longrightarrow \mathscr{F}(U_\alpha)$, $\rho_{\beta\alpha} : \mathscr{F}(U_\alpha) \longrightarrow \mathscr{F}(U_\alpha \cap U_\beta)$. 令

$$r = \{\rho_\alpha\} : \mathscr{F}(U) \longrightarrow \prod_\alpha \mathscr{F}(U_\alpha)$$

以及

$$r' : \prod_\alpha \mathscr{F}(U_\alpha) \longrightarrow \prod_{\alpha,\beta} \mathscr{F}(U_\alpha \cap U_\beta),$$

$$r'' : \prod_\alpha \mathscr{F}(U_\alpha) \longrightarrow \prod_{\alpha,\beta} \mathscr{F}(U_\alpha \cap U_\beta),$$

使得 r' 和 r'' 分别满足以下等式:

$$\operatorname{pr}_{\alpha\beta} \circ r' = \rho_{\beta\alpha} \circ \operatorname{pr}_\alpha,$$

$$\operatorname{pr}_{\alpha\beta} \circ r'' = \rho_{\alpha\beta} \circ \operatorname{pr}_\beta,$$

其中

$$\operatorname{pr}_{\alpha\beta} : \prod_{\alpha,\beta} \mathscr{F}(U_\alpha \cap U_\beta) \longrightarrow \mathscr{F}(U_\alpha \cap U_\beta),$$

$$\operatorname{pr}_\alpha : \prod_\alpha \mathscr{F}(U_\alpha) \longrightarrow \mathscr{F}(U_\alpha)$$

是投影态射. 则层的公理 (S1)、(S2) 相当于对任意的开子集 U 以及 U 的一个开覆盖 $\{U_\alpha\}$, 下图正合:

$$0 \longrightarrow \mathscr{F}(U) \xrightarrow{\ r\ } \prod_\alpha \mathscr{F}(U_\alpha) \underset{r''}{\overset{r'}{\rightrightarrows}} \prod_{\alpha,\beta} \mathscr{F}(U_\alpha \cap U_\beta)$$

也就是说: 态射 r 是态射对 (r', r'') 的差核.

§4.2 层的范畴

定义 2.1 设 $\mathscr{F}$ 和 $\mathscr{G}$ 是拓扑空间 X 上的预层, 如果对所有的 $U \in \mathfrak{O}(X)$, $\mathscr{G}(U)$ 都是 $\mathscr{F}(U)$ 的子群, 并且对开子集对 $V \subseteq U$ 有 $\rho^{\mathscr{G}}_{VU} = \rho^{\mathscr{F}}_{VU}|_{\mathscr{G}(U)}$, 即下图可交换:

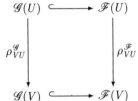

则称 $\mathscr{G}$ 是 $\mathscr{F}$ 的**子预层** (*subpresheaf*). 当 $\mathscr{G}$ 是层时, 称 $\mathscr{G}$ 是 $\mathscr{F}$ 的**子层** (*subsheaf*).

显然此时对任意的 $x \in X$, 有 $\mathscr{G}_x \subseteq \mathscr{F}_x$.

例 2.1 例 1.2 的常预层当取 $A = \mathbb{R}$ 时是例 1.3 的连续函数预层的子预层. 而例 1.3 又是例 1.5 的 0 次 A. S. 预层的子预层. 同样, 例 1.9 的常层当取 $A = \mathbb{R}$ 时是例 1.3 的连续函数层的子层.

定义 2.2 设 $\varphi : \mathscr{F} \longrightarrow \mathscr{G}$ 是预层的态射, 则 φ 的**核层** $\operatorname{Ker}\varphi$ 是 $\mathscr{F}$ 的子预层, 定义为 $(\operatorname{Ker}\varphi)(U) = \operatorname{Ker}\varphi_U$, 这里 $U \in \mathfrak{O}(X)$. 当 $\mathscr{F}$ 和 $\mathscr{G}$ 都是层时, $\operatorname{Ker}\varphi$ 也是一个层.

事实上当 $\mathscr{F}$ 和 $\mathscr{G}$ 都是层时, $\operatorname{Ker}\varphi$ 显然满足公理 (S1). 又若当 $\{U_i \,|\, i \in I\}$ 是 $U \in \mathfrak{O}(X)$ 的开覆盖, $s_i \in (\operatorname{Ker}\varphi)(U_i) = \operatorname{Ker}\varphi_{U_i}$, 使得对任意的 i, j, 有 $s_i|_{U_i \cap U_j} = s_j|_{U_i \cap U_j}$ 时, 则存在 $s \in \mathscr{F}(U)$, 使 $s|_{U_i} = s_i$. 但 $\varphi_U(s)|_{U_i} = \varphi_{U_i}(s|_{U_i}) = \varphi_{U_i}(s_i) = 0$, 从而 $\varphi_U(s) = 0$, $s \in \operatorname{Ker}\varphi_U = (\operatorname{Ker}\varphi)(U)$. 于是 (S2) 也成立.

我们还可以验证对于任意的 $x \in X$, 有 $(\operatorname{Ker}\varphi)_x = \operatorname{Ker}\varphi_x$.

定义 2.3 设 $\varphi : \mathscr{F} \longrightarrow \mathscr{G}$ 是预层的态射, 则 φ 的**像预层** $\operatorname{preim}\varphi$ 是 $\mathscr{G}$ 的子预层, 定义为 $(\operatorname{preim}\varphi)(U) = \operatorname{Im}\varphi_U$, 这里 $U \in \mathfrak{O}(X)$. 当 $\mathscr{G}$ 是层时, 把 $\operatorname{preim}\varphi$

层化后可以得到 $\mathscr{G}$ 的一个子层 $\operatorname{Im}\varphi$, 称为 φ 的**像层**.

请注意, 即使 $\mathscr{F}$ 和 $\mathscr{G}$ 都是层, $\operatorname{preim}\varphi$ 也不一定是层. 因此 $(\operatorname{Im}\varphi)(U)$ 与 $\operatorname{Im}\varphi_U$ 不一定相同. 但对于每一个点 $x \in X$, 却一定有

$$(\operatorname{Im}\varphi)_x = \operatorname{Im}\varphi_x = (\operatorname{preim}\varphi)_x.$$

定义 2.4 设 $\varphi : \mathscr{F} \longrightarrow \mathscr{G}$ 是层的态射. 若 $\operatorname{Ker}\varphi = 0$, 则称 φ 是**单态射**. 若 $\operatorname{Im}\varphi = \mathscr{G}$, 则称 φ 是**满态射**.

由定义可知, φ 是单态射当且仅当对所有的 $U \in \mathfrak{O}(X)$, φ_U 是单射, 当且仅当对所有的 $x \in X$, $\varphi_x : \mathscr{F}_x \longrightarrow \mathscr{G}_x$ 为单射. 类似地, φ 是满态射当且仅当对所有的 $x \in X$, φ_x 为满射. 但是 $\varphi_U : \mathscr{F}(U) \longrightarrow \mathscr{G}(U)$ 却不一定是满射 (参见下面的例 2.2). 另外根据命题 1.1, 如果 φ 既是单态射又是满态射, 则它一定是同构.

例 2.2 设 $X = \{z \in \mathbb{C} \,|\, |z| = 1\} = S^1$. 对于 $U \in \mathfrak{O}(X)$ 定义

$$\mathscr{F}(U) = \{s : U \longrightarrow \mathbb{C} \,|\, s \text{ 是连续函数}\},$$
$$\mathscr{G}(U) = \{s : U \longrightarrow \mathbb{C}^* \,|\, s \text{ 是连续函数}\},$$

关于通常的限制映射, $\mathscr{F}$ 和 $\mathscr{G}$ 都是 X 上的 Abel 群层. 不过 $\mathscr{F}(U)$ 是加法群, $\mathscr{G}(U)$ 是乘法群. 因此尽管 $\mathscr{G}(U) \subseteq \mathscr{F}(U)$ 对所有 $U \in \mathfrak{O}(X)$ 成立, 但 $\mathscr{G}$ 不是 $\mathscr{F}$ 的子层. 我们定义

$$\varphi_U : \mathscr{F}(U) \longrightarrow \mathscr{G}(U)$$
$$s \longmapsto \exp \circ s$$

不难看出 $\varphi : \mathscr{F} \longrightarrow \mathscr{G}$ 是层的态射. 对任意的 $z \in X$, 若 $t_z \in \mathscr{G}_z$, $t \in \mathscr{G}(U)$, $U \in \mathfrak{U}(z)$, 必要时缩小 U, 总可使得整个像集 $t(U)$ 落在对数函数的某个单值区域内. 对 $u \in U$, 定义复数值函数 $s(u) = \ln t(u)$, 则 $\varphi_U(s) = t$, 从而 $\varphi_z(s_z) = t_z$. 这说明 $\varphi_z : \mathscr{F}_z \longrightarrow \mathscr{G}_z$ 是满射, 因此 φ 也是满射, $\operatorname{Im}\varphi = \mathscr{G}$.

但当 $U = X = S^1$ 时, 定义 $t : X \longrightarrow \mathbb{C}^*$ 为 $t(u) = u$. 显然 $t \in \mathscr{G}(X)$, 可是 $t \notin \operatorname{Im}\varphi_X$. 这表明

$$(\operatorname{Im}\varphi)(X) = \mathscr{G}(X) \neq \operatorname{Im}\varphi_X = (\operatorname{preim}\varphi)(X).$$

另一方面, 对任意的 $U \in \mathfrak{O}(X)$,

$$(\operatorname{Ker}\varphi)(U) = \operatorname{Ker}\varphi_U = \{s : U \longrightarrow \mathbb{Z} \cdot 2\pi\mathrm{i} \,|\, s \text{ 是连续函数}\}.$$

显然 $\operatorname{Ker}\varphi$ 是常层.

说明 2.1 从例 2.2 可以看到, 造成 $(\operatorname{Im}\varphi)(X) \neq (\operatorname{preim}\varphi)(X)$ 的原因是有的整体函数局部都有原像, 可是这些局部原像函数却无法黏合成一个整体函数, 于是这个整体函数找不到整体的原像函数. 也就是说其中存在从局部到整体过渡的障碍. 这个障碍可以利用层的上同调理论来刻画.

我们知道群的同态像与它的商群有密切的关系. 因此层的商层也与态射的像层有密切的关系. 设 $\mathscr{G}$ 是预层 $\mathscr{F}$ 的子预层, 则可定义一个预层 $\mathscr{H}$ 为: 对 $U \in \mathfrak{O}(X)$, 令 $\mathscr{H}(U) = \mathscr{F}(U)/\mathscr{G}(U)$. 对开子集 $V \subseteq U$, 限制映射 $\overline{\rho}_{VU} : \mathscr{H}(U) \longrightarrow \mathscr{H}(V)$ 定义为由 $\mathscr{F}$ 的限制映射 $\rho_{VU} : \mathscr{F}(U) \longrightarrow \mathscr{F}(V)$ 所诱导的映射, 则称 $\mathscr{H}$ 为 $\mathscr{F}$ 关于 $\mathscr{G}$ 的商预层, 记为 $\mathscr{F}/\!/\mathscr{G}$.

即使 $\mathscr{F}$ 和 $\mathscr{G}$ 都是层, $\mathscr{F}/\!/\mathscr{G}$ 也不必是层. 譬如在例 2.2 中, 层 $\mathscr{F}$ 关于 $\operatorname{Ker}\varphi$ 的商预层 $\mathscr{F}/\!/\operatorname{Ker}\varphi \cong \operatorname{preim}\varphi$ 不是一个层.

定义 2.5 若 $\mathscr{G}$ 是层 $\mathscr{F}$ 的子层, 则称与商预层 $\mathscr{F}/\!/\mathscr{G}$ 相伴的层为 $\mathscr{F}$ 关于 $\mathscr{G}$ 的**商层**, 记为 $\mathscr{F}/\mathscr{G}$.

显然有 $\mathscr{F}/\operatorname{Ker}\varphi \cong \operatorname{Im}\varphi$, 并且对任意的 $x \in X$, 有 $(\mathscr{F}/\mathscr{G})_x \cong \mathscr{F}_x/\mathscr{G}_x$.

类似地可以定义层态射 $\varphi : \mathscr{F} \longrightarrow \mathscr{G}$ 的**余核层**为商层 $\mathscr{G}/\operatorname{Im}\varphi$, 记为 $\operatorname{Coker}\varphi$.

定义 2.6 设 $\{\mathscr{F}_i \,|\, i \in I\}$ 是一族 Abel 群层, 则预层

$$\left(\left\{ \prod_{i\in I} \mathscr{F}_i(U) \,\middle|\, U \in \mathfrak{O}(X) \right\}, \left\{ \prod_{i\in I} \rho_{VU}^i \,\middle|\, V \subseteq U, V, U \in \mathfrak{O}(X) \right\} \right)$$

是一个层, 并且有自然 Abel 群层结构, 被称为 Abel 群层族 $\{\mathscr{F}_i\}$ 的**直积层**, 记为 $\prod\limits_{i\in I} \mathscr{F}_i$.

显然对 $U \in \mathfrak{O}(X)$ 有

$$\left(\prod_{i\in I} \mathscr{F}_i \right)(U) = \prod_{i\in I} \mathscr{F}_i(U),$$

而且

$$\operatorname{pr}_j : \prod_{i\in I} \mathscr{F}_i \longrightarrow \mathscr{F}_j$$

是层的满态射. 对任意的 $x \in X$, 我们有典范映射 $\left(\prod\limits_{i\in I} \mathscr{F}_i \right)_x \longrightarrow \prod\limits_{i\in I} \mathscr{F}_{i,x}$. 当 I 是无限集时, 它一般不是满射, 也不必是单射. 参见习题.

不难验证直积层是 Abel 群层范畴里的积, 即它满足积的普遍性质 (参见第二章的定义 3.1), 并有以下公式:

$$\mathrm{Hom}\left(\mathscr{M}, \prod_{i \in I} \mathscr{F}_i\right) = \prod_{i \in I} \mathrm{Hom}(\mathscr{M}, \mathscr{F}_i).$$

定义 2.7　设 $\{\mathscr{F}_i \,|\, i \in I\}$ 是一族 Abel 群层, 我们把预层

$$\left(\left\{\bigoplus_{i \in I} \mathscr{F}_i(U) \,\middle|\, U \in \mathfrak{O}(X)\right\}, \left\{\bigoplus_{i \in I} \rho_{VU}^i \,\middle|\, V \subseteq U, V, U \in \mathfrak{O}(X)\right\}\right)$$

相伴的层记为 $\bigoplus\limits_{i \in I} \mathscr{F}_i$, 称为 Abel 群层族 $\{\mathscr{F}_i\}$ 的**直和层**.

直和层是 Abel 群层范畴里的余积, 它有以下的普遍性质:

$$\mathrm{Hom}\left(\bigoplus_{i \in I} \mathscr{F}_i, \mathscr{M}\right) = \prod_{i \in I} \mathrm{Hom}(\mathscr{F}_i, \mathscr{M}).$$

直和层 $\bigoplus\limits_{i \in I} \mathscr{F}_i$ 是直积层 $\prod\limits_{i \in I} \mathscr{F}_i$ 的子层. $(s_i)_{i \in I} \in \left(\bigoplus\limits_{i \in I} \mathscr{F}_i\right)(U)$ 当且仅当对任何充分小的开集 $V \subseteq U$, 非零的 $s_i|_V$ 的个数有限. 因此当 I 是有限集时, 直积层与直和层的概念是一致的.

命题 2.1　对任意的 $x \in X$, 有

$$\left(\bigoplus_{i \in I} \mathscr{F}_i\right)_x = \bigoplus_{i \in I} \mathscr{F}_{i,x}.$$

证明: 因为预层的茎和与它相伴的层的茎相同.　　　　　　　　　　　　　□

从上面的讨论可以看出 Abel 群层的范畴满足第二章定义 5.3 的 5 条公理, 因而是一个 Abel 范畴. 其实只要我们对 Abel 群层稍加观察就可以发现, 层就是由许许多多 Abel 群组合而成的. 由于 Abel 群的范畴是 Abel 范畴, 因此 Abel 群层的范畴也是 Abel 范畴. 类似地, 模层的范畴也是 Abel 范畴. 这样就有可能在层的范畴里建立同调或上同调的理论.

在一般的 Abel 范畴里已经定义了正合列的概念. 也就是说, 如果有层态射的一个序列:

$$\cdots \longrightarrow \mathscr{F}_{i-1} \xrightarrow{\varphi_{i-1}} \mathscr{F}_i \xrightarrow{\varphi_i} \mathscr{F}_{i+1} \longrightarrow \cdots \tag{2.1}$$

使得对每个 i 都有 $\mathrm{Im}\, \varphi_{i-1} = \mathrm{Ker}\, \varphi_i$ 成立, 则称 (2.1) 为层的**正合列**.

命题 2.2 设有层的序列 (2.1), 则要使 (2.1) 为正合列的充要条件是对每个 $x \in X$, 以下序列都是正合列:

$$\cdots \longrightarrow \mathscr{F}_{i-1,x} \xrightarrow{\varphi_{i-1,x}} \mathscr{F}_{i,x} \xrightarrow{\varphi_{i,x}} \mathscr{F}_{i+1,x} \longrightarrow \cdots$$

证明: 因为对层的任意一个态射 $\varphi : \mathscr{F} \longrightarrow \mathscr{G}$, 有 $(\operatorname{Ker}\varphi)_x = \operatorname{Ker}\varphi_x$ 以及 $(\operatorname{Im}\varphi)_x = \operatorname{Im}\varphi_x$. 由命题 1.1 可知, $\operatorname{Im}\varphi_{i-1} = \operatorname{Ker}\varphi_i$ 当且仅当 $(\operatorname{Im}\varphi_{i-1})_x = (\operatorname{Ker}\varphi_i)_x$ 对所有的 $x \in X$ 成立. 而后者又等价于 $\operatorname{Im}\varphi_{i-1,x} = \operatorname{Ker}\varphi_{i,x}$ 对所有的 $x \in X$ 成立. 命题得证. $\qquad\square$

推论 2.3 设 $\varphi : \mathscr{F} \longrightarrow \mathscr{G}$ 是层的态射, 则

(1) φ 为单态射 $\Leftrightarrow 0 \longrightarrow \mathscr{F} \xrightarrow{\varphi} \mathscr{G}$ 是正合列;

(2) φ 为满态射 $\Leftrightarrow \mathscr{F} \xrightarrow{\varphi} \mathscr{G} \longrightarrow 0$ 是正合列. $\qquad\square$

命题 2.4 如果对所有的 $i \in I$ 都有正合列

$$0 \longrightarrow \mathscr{F}_i \longrightarrow \mathscr{G}_i \longrightarrow \mathscr{H}_i \longrightarrow 0,$$

那么

$$0 \longrightarrow \bigoplus_{i \in I} \mathscr{F}_i \longrightarrow \bigoplus_{i \in I} \mathscr{G}_i \longrightarrow \bigoplus_{i \in I} \mathscr{H}_i \longrightarrow 0$$

也是正合列.

证明: 对任意的 $x \in X$ 取它们的茎, 仍可得到 Abel 群的正合列, 再根据命题 2.1 与 2.2, 就可得到层序列的正合性. $\qquad\square$

设 $U \in \mathfrak{O}(X)$ 是任意的开子集, 则 $\Gamma(U, -)$ 是从 X 上 Abel 群层范畴到 Abel 群范畴内的共变函子, 它把一个 Abel 群层 $\mathscr{F}$ 映到瓣的 Abel 群 $\Gamma(U, \mathscr{F}) = \mathscr{F}(U)$, 而层态射 $\varphi : \mathscr{F} \longrightarrow \mathscr{G}$ 则对应到 $\Gamma(U, \varphi) = \varphi_U : \Gamma(U, \mathscr{F}) \longrightarrow \Gamma(U, \mathscr{G})$. 类似地, 对 $x \in X$, $(-)_x$ 也是从 X 上 Abel 群层的范畴到 Abel 群范畴内的共变函子, 它把 $\mathscr{F}$ 对应到 $\mathscr{F}_x$, 把态射 $\varphi : \mathscr{F} \longrightarrow \mathscr{G}$ 对应到 $\varphi_x : \mathscr{F}_x \longrightarrow \mathscr{G}_x$.

由命题 2.2 可知, $(-)_x$ 是正合函子, 但 $\Gamma(U, -)$ 不是正合函子, 而只是左正合函子 (命题 2.5).

命题 2.5 如果层的序列

$$0 \longrightarrow \mathscr{F} \xrightarrow{\theta} \mathscr{G} \xrightarrow{\varphi} \mathscr{H}$$

是正合的, 则对任意的 $U \in \mathfrak{O}(X)$, 以下的序列:

$$0 \longrightarrow \Gamma(U, \mathscr{F}) \xrightarrow{\theta_U} \Gamma(U, \mathscr{G}) \xrightarrow{\varphi_U} \Gamma(U, \mathscr{H})$$

也正合, 即 $\Gamma(U, -)$ 是左正合函子.

证明: 由层的正合列的定义, 可得 $\operatorname{Ker} \theta = 0$, $\operatorname{Im} \theta = \operatorname{Ker} \varphi$. 于是 $\operatorname{Ker} \theta_U =$ $(\operatorname{Ker} \theta)(U) = 0$, 因而 θ_U 是单射. θ 诱导了从预层 $\mathscr{F}$ 到预层 $\operatorname{preim} \theta$ 上的同构. 因 $\mathscr{F}$ 是层, 故 $\operatorname{preim} \theta = \operatorname{Im} \theta = \operatorname{Ker} \varphi$. 所以 $\operatorname{Im} \theta_U = (\operatorname{preim} \theta)(U) = (\operatorname{Ker} \varphi)(U) =$ $\operatorname{Ker} \varphi_U$. $\qquad\qquad\qquad\qquad\qquad\qquad\qquad\qquad\qquad\qquad\qquad\qquad\qquad\qquad\qquad\qquad \square$

但是例 2.2 中给出了一个正合列:

$$0 \longrightarrow \operatorname{Ker} \varphi \longrightarrow \mathscr{F} \xrightarrow{\varphi} \mathscr{G} \longrightarrow 0,$$

用整体瓣函子 $\Gamma(X, -)$ 作用后得到的 Abel 群序列:

$$0 \longrightarrow (\operatorname{Ker} \varphi)(X) \longrightarrow \mathscr{F}(X) \longrightarrow \mathscr{G}(X) \longrightarrow 0$$

在右端不正合. 这说明 $\Gamma(U, -)$ 不是正合函子.

习题 4.2

2.1 设 $\mathscr{F}_i = \mathscr{F}$ 是 $X = [-1, 1]$ 上实连续函数的层, $i \in \mathbb{N}$ 是自然数, 见下图.

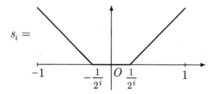

利用这个例子说明典范映射 $\left(\prod\limits_{i \in \mathbb{N}} \mathscr{F}_i\right)_x \longrightarrow \prod\limits_{i \in \mathbb{N}} \mathscr{F}_{i,x}$ 不是单的.

2.2 设 $\mathscr{F}_i = \mathscr{F}$ 是 $X = (-1, 1)$ 上实解析函数的层, $i \in \mathbb{N}$ 是自然数. $s_i(x) = \frac{1}{1 - ix} \in \mathscr{F}_i((-1, \frac{1}{i}))$, 利用这个例子说明典范映射 $\left(\prod\limits_{i \in \mathbb{N}} \mathscr{F}_i\right)_x \longrightarrow \prod\limits_{i \in \mathbb{N}} \mathscr{F}_{i,x}$ 不是满的.

§4.3　底空间的改变

定义 3.1 设 $f : X \longrightarrow Y$ 是拓扑空间的连续映射, $\mathscr{F}$ 是 X 上的层, 则对每个开子集 $U \subseteq Y$ 可以定义 $\mathscr{G}(U) = \mathscr{F}(f^{-1}(U))$, 且对任意的开子集 $V \subseteq U$ 定义限制映射 $\rho_{VU}^{\mathscr{G}} : \mathscr{G}(U) \longrightarrow \mathscr{G}(V)$ 为

$$\rho_{VU}^{\mathscr{G}} = \rho_{f^{-1}(V), f^{-1}(U)}^{\mathscr{F}} : \mathscr{F}(f^{-1}(U)) \longrightarrow \mathscr{F}(f^{-1}(V)).$$

则 $(\{\mathscr{G}(U)\}, \{\rho_{VU}^{\mathscr{G}}\})$ 定义了 Y 上一个层, 称为 $\mathscr{F}$ 在 f 下的**正像层** (direct image), 记为 $f_*\mathscr{F}$.

设 $\varphi : \mathscr{F} \longrightarrow \mathscr{G}$ 是 X 上的层态射, 当 U 取遍 Y 的开集时, 同态映射 $\varphi_{f^{-1}(U)} : \mathscr{F}(f^{-1}(U)) \longrightarrow \mathscr{G}(f^{-1}(U))$ 与限制映射是相容的. 这样就定义了层态射 $f_*\varphi : f_*\mathscr{F} \longrightarrow f_*\mathscr{G}$. 若 $\psi : \mathscr{G} \longrightarrow \mathscr{H}$ 也是 X 上的层态射, 则 $f_*(\psi \circ \varphi) = f_*\psi \circ f_*\varphi$. 所以 $f_*(-)$ 是从 X 上层的范畴到 Y 上层的范畴内的共变函子, 而且是左正合函子.

设 $g : Y \longrightarrow Z$ 是拓扑空间的连续映射. 不难验证

$$(g \circ f)_* = g_* \circ f_*.$$

对任意的点 $x \in X$, 设 $\mathfrak{U}(f(x))$ 是拓扑空间 Y 内点 $f(x)$ 的开邻域族, 则

$$\{\rho_{x, f^{-1}(U)} : \mathscr{F}(f^{-1}(U)) \longrightarrow \mathscr{F}_x \,|\, U \in \mathfrak{U}(f(x))\}$$

是关于限制映射构成一个正向系. 取正极限后可以得到同态映射

$$f_x = \varinjlim_{U \in \mathfrak{U}(f(x))} \rho_{x, f^{-1}(U)} : (f_*\mathscr{F})_{f(x)} \longrightarrow \mathscr{F}_x.$$

一般说来 f_x 既非单射, 亦非满射. 但若 f 是从 X 到 Y 的子空间 $f(X)$ 上的同胚映射时或 f 是 Y 的子集 X 到 Y 内的包含映射时, f_x 是同构映射.

f_x 有以下的函子性质: 设 $g : Y \longrightarrow Z$ 是拓扑空间的连续映射, 则对任意的点 $x \in X$, 有 $(g \circ f)_x = f_x \circ g_{f(x)}$.

说明 3.1 观察映射 f 的两种极端情形: 如果 Y 是只含一个点的拓扑空间, 则 $f : X \longrightarrow Y$ 为常值映射. 此时 $f_*\mathscr{F}$ 实际上就是整体瓣群 $\Gamma(X, \mathscr{F})$. 因此正像层函子 $f_*(-)$ 可以看成是整体瓣函子 $\Gamma(X, -)$ 的推广 (或相对化). 这两个函子都是左正合的, 也是这种联系的反映. 如果 f 是一个单射 (或嵌入映射), 那么正像层函子可以看成是子空间上的层到包含空间内的嵌入.

定义 3.2 设 $f : X \longrightarrow Y$ 是拓扑空间的连续映射, $\mathscr{G}$ 是 Y 上的层, 则对每个开子集 $U \subseteq X$ 定义

$$(Pf^{-1}\mathscr{G})(U) = \varinjlim_{\substack{V \supseteq f(U) \\ V \in \mathfrak{O}(Y)}} \mathscr{G}(V),$$

则 $\{(Pf^{-1}\mathscr{G})(U)\}$ 关于典范的限制映射构成了一个预层, 与 $Pf^{-1}\mathscr{G}$ 相伴的层称为 $\mathscr{G}$ 的**逆像层** (inverse image), 记为 $f^{-1}\mathscr{G}$.

从逆像层的定义不难看出对任意的点 $x \in X$,

$$(f^{-1}\mathscr{G})_x = (Pf^{-1}\mathscr{G})_x \cong \mathscr{G}_{f(x)}.$$

设 $\varphi : \mathscr{F} \longrightarrow \mathscr{G}$ 是 Y 上的层态射. 取正极限后, φ 诱导了预层态射 $Pf^{-1}(\varphi)$: $Pf^{-1}\mathscr{F} \longrightarrow Pf^{-1}\mathscr{G}$. 层化后可以得到层态射 $f^{-1}\varphi = \widetilde{Pf^{-1}(\varphi)} : f^{-1}\mathscr{F} \longrightarrow f^{-1}\mathscr{G}$. 若 $\psi : \mathscr{G} \longrightarrow \mathscr{H}$ 也是 Y 上的层态射, 则 $f^{-1}(\psi \circ \varphi) = f^{-1}\psi \circ f^{-1}\varphi$. 所以 $f^{-1}(-)$ 是从 Y 上层的范畴到 X 上层的范畴的共变函子.

设 $g : Y \longrightarrow Z$ 是拓扑空间的连续映射, $\mathscr{G}$ 是 Z 上的层. 不难验证

$$(g \circ f)^{-1} = f^{-1} \circ g^{-1}.$$

习题 4.3

3.1 证明正像层函子是左正合的.

3.2 设 X 是 Y 的子集, $j : X \longrightarrow Y$ 是包含映射, $\mathscr{F}$ 是 X 上的层. 试描述正像层 $f_*\mathscr{F}$. 当 $x \notin X$ 时, 是否总是有 $(f_*\mathscr{F})_x = 0$? 当 $P \in Y$, $X = \{P\}$ 时, 证明 $j_*\mathscr{F}$ 就是习题 1.3 中的摩天楼层.

3.3 设 $f : X \longrightarrow Y$ 是拓扑空间的连续映射, $\mathscr{F}$ 是 X 上的层. 证明通过预层的态射 $Pf^{-1}(f_*\mathscr{F}) \longrightarrow \mathscr{F}$ 可以得到层的态射 $\rho : f^{-1}f_*\mathscr{F} \longrightarrow \mathscr{F}$. 再设 $X = \{P, Q\}$ 是由两个点构成的离散拓扑空间, $\mathscr{F}$ 是 X 上以 $\mathbb{Z}$ 为茎的常层, Y 是由一个点构成的拓扑空间, $f : X \longrightarrow Y$ 是常映射. 试构造预层 $Pf^{-1}(f_*\mathscr{F})$、层 $f^{-1}f_*\mathscr{F}$ 以及层的态射 $\rho : f^{-1}f_*\mathscr{F} \longrightarrow \mathscr{F}$.

3.4 设 $f : X \longrightarrow Y$ 是拓扑空间的连续映射, $\mathscr{G}$ 是 Y 上的层. 证明存在自然态射 $\zeta : \mathscr{G} \longrightarrow f_*f^{-1}\mathscr{G}$. 对于习题 3.3 的拓扑空间 X、Y 以及常映射 $f : X \longrightarrow Y$, 设 $\mathscr{G}$ 是 Y 上以 $\mathbb{Z}$ 为茎的常层. 试构作层 $f_*f^{-1}\mathscr{G}$ 以及层的态射 $\zeta : \mathscr{G} \longrightarrow f_*f^{-1}\mathscr{G}$.

*3.5 利用习题 3.3 和 3.4 得到的态射证明对于 X 上的层 $\mathscr{F}$ 以及 Y 上的层 $\mathscr{G}$, 存在集合间的一一映射:

$$\mathrm{Hom}_X(f^{-1}\mathscr{G}, \mathscr{F}) \xrightarrow{\sim} \mathrm{Hom}_Y(\mathscr{G}, f_*\mathscr{F}).$$

这说明 (f^{-1}, f_*) 是伴随对 (参见第二章 §2.4 的定义 4.2).

§4.4 软弱层与内射层

定义 4.1 设 $\mathscr{F}$ 是拓扑空间 X 上的 Abel 群层, 并且对任意的开子集 $U \subseteq X$ 限制映射 $\rho_{UX} : \mathscr{F}(X) \longrightarrow \mathscr{F}(U)$ 总是满射, 则称 $\mathscr{F}$ 是**软弱层** (*flabby sheaf, flasque sheaf*).

从这个定义可以看出层的软弱性仅与它的瓣集有关, 与瓣集的代数结构无关.

命题 4.1 (1) 若 $\mathscr{F}$ 是软弱层,

$$0 \longrightarrow \mathscr{F} \xrightarrow{\theta} \mathscr{G} \xrightarrow{\psi} \mathscr{H} \longrightarrow 0$$

是 Abel 群层的正合列, 则对任意的开子集 $U \subseteq X$,

$$0 \longrightarrow \mathscr{F}(U) \xrightarrow{\theta_U} \mathscr{G}(U) \xrightarrow{\psi_U} \mathscr{H}(U) \longrightarrow 0$$

是 Abel 群的正合列;

(2) 若 $\mathscr{F}$ 是软弱层,

$$0 \longrightarrow \mathscr{F} \longrightarrow \mathscr{G} \longrightarrow \mathscr{H} \longrightarrow 0$$

是 Abel 群层的正合列, 则 $\mathscr{G}$ 是软弱的当且仅当 $\mathscr{H}$ 是软弱层;

(3) 若 $f : X \longrightarrow Y$ 是拓扑空间的连续映射, $\mathscr{F}$ 是软弱层, 则 $f_*\mathscr{F}$ 也是软弱层;

(4) 任意的层 $\mathscr{F}$ 都能被嵌入一个软弱层.

证明: (1) 因为 $\Gamma(U, -)$ 是左正合函子, 因此我们只需证明 $\psi_U : \mathscr{G}(U) \longrightarrow \mathscr{H}(U)$ 是满射即可. 对任意的瓣 $s \in \mathscr{H}(U)$, 定义集合

$$E = \{(t, W) \mid W \subseteq U, W \in \mathfrak{O}(X), t \in \mathscr{G}(W), \psi_W(t) = s|_W\}.$$

在 E 中定义偏序 $\preceq$ 为

$$(t, W) \preceq (t', W') \Longleftrightarrow W \subseteq W', t'|_W = t.$$

不难看出 $(E, \preceq)$ 是一个归纳的偏序集. 由 Zorn 引理, 存在 E 的极大元 (s^*, W^*). 如果 $W^* \neq U$, 取 $x \in U - W^*$. 因为 ψ 是满射, 故必存在 $(t, W_x) \in E$, 这里 $W_x \in \mathfrak{U}(x)$. 记 $V = W^* \cap W_x$, 则 $\psi_V(s^*|_V) = s|_V = \psi_V(t|_V)$, 即 $\psi_V(s^*|_V - t|_V) = 0$. 因为 $0 \longrightarrow \mathscr{F}(V) \xrightarrow{\theta_V} \mathscr{G}(V) \xrightarrow{\psi_V} \mathscr{H}(V)$ 是正合列, 故必存在 $u \in \mathscr{F}(V)$, 使 $\theta_V(u) = s^*|_V - t|_V$. 又因为 $\mathscr{F}$ 是软弱的, 故必存在 $u' \in \mathscr{F}(X)$ 使 $u'|_V = u$. 设 $u^* = \theta_X(u')$, 则 $(t + u^*|_{W_x})|_V = s^*|_V$. 根据层的公理 (S2), 令 $W = W^* \cup W_x$, 必存在 $\sigma \in \mathscr{G}(W)$ 使得 $\sigma|_{W_x} = t + u^*|_{W_x}, \sigma|_{W^*} = s^*$. 于是 $\psi_W(\sigma) = s|_W$, 即 $(\sigma, W) \in E$, 而且 $(s^*, W^*) \preceq (\sigma, W)$, 这与 (s^*, W^*) 的极大性矛盾. 于是 $W^* = U$, ψ_U 是满射.

(2) 对任意的开子集 $U \subseteq X$, 观察以下交换图

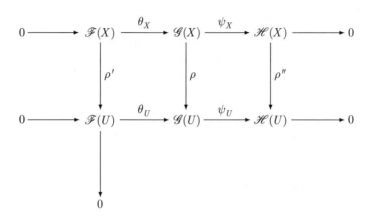

因 $\mathscr{F}$ 是软弱的, 水平两行都是正合列, 竖直的第一列也是正合列. 先设 $\mathscr{G}$ 是软弱层, 则对任意的瓣 $s \in \mathscr{H}(U)$ 存在 $s' \in \mathscr{G}(U)$ 使 $\psi_U(s') = s$. 又由于 $\mathscr{G}$ 是软弱的, 故 s' 可扩张为 $\mathscr{G}(X)$ 的瓣, 仍记为 s', 则 $\psi_X(s') \in \mathscr{H}(X)$, 而且 $\rho''(\psi_X(s')) = \psi_U(\rho(s')) = s$, 从而 ρ'' 也是满射的.

再设 $\mathscr{H}$ 是软弱层, 则 ρ'' 也是满射, 从而 $\operatorname{Coker} \rho' = \operatorname{Coker} \rho'' = 0$. 根据蛇形引理 (第一章引理 2.10), 有正合列

$$0 = \operatorname{Coker} \rho' \longrightarrow \operatorname{Coker} \rho \longrightarrow \operatorname{Coker} \rho'' = 0.$$

可得 $\operatorname{Coker} \rho = 0$, 即 ρ 是满射.

(3) 因为 $f^{-1}(Y) = X$, 故对任意的开子集 $V \subseteq Y$, 由 $\mathscr{F}(X) \longrightarrow \mathscr{F}(f^{-1}(V))$ 的满射性可知 $f_*\mathscr{F}(Y) \longrightarrow f_*\mathscr{F}(V)$ 是满射.

(4) 对每个开子集 $U \subseteq X$ 定义 $\mathscr{G}(U) = \prod\limits_{x \in U} \mathscr{F}_x$. 对于开子集 $V \subseteq U$, 定义限制映射 $\rho^{\mathscr{G}}_{VU} : \mathscr{G}(U) \longrightarrow \mathscr{G}(V)$ 为 $\rho^{\mathscr{G}}_{VU}(\{s_x\}_{x \in U}) = \{s_x\}_{x \in V}$, 则 $\mathscr{G}$ 成为一个层, 称为不连续函数层. 显然限制映射 $\mathscr{G}(X) = \prod\limits_{x \in X} \mathscr{F}_x \longrightarrow \mathscr{G}(U) = \prod\limits_{x \in U} \mathscr{F}_x$ 是满射, 因此 $\mathscr{G}$ 是软弱层. 对于任意的开子集 $U \subseteq X$ 和瓣 $s \in \mathscr{F}(U)$, 令 $\theta_U(s) = \{s_x\}_{x \in U} \in \mathscr{G}(U)$, 则 $\theta = \{\theta_U\}$ 定义了层的态射 $\theta : \mathscr{F} \longrightarrow \mathscr{G}$. θ 的单射性可由层的公理 (S1) 得出. □

如果一个 Abel 范畴中的任意一个对象都可以被嵌入一个内射对象之中, 就称这个 Abel 范畴有足够多的内射对象. 以下的命题说明层的范畴就是有足够多的内射对象的范畴. 在建立这个命题之前, 我们先给出内射层的定义.

定义 4.2 设 $\mathscr{I}$ 是一个 Abel 群层, 使得 $\mathrm{Hom}(-, \mathscr{I})$ 是一个正合函子, 即对层的任何正合列

$$0 \longrightarrow \mathscr{F} \longrightarrow \mathscr{G} \longrightarrow \mathscr{H} \longrightarrow 0$$

必有

$$0 \longrightarrow \mathrm{Hom}(\mathscr{H}, \mathscr{I}) \longrightarrow \mathrm{Hom}(\mathscr{G}, \mathscr{I}) \longrightarrow \mathrm{Hom}(\mathscr{F}, \mathscr{I}) \longrightarrow 0$$

也是正合列, 则称 $\mathscr{I}$ 是**内射层** (injective sheaf).

这个定义实际上就是范畴论中内射对象的定义.

命题 4.2 (1) 内射层一定是软弱层;

(2) 拓扑空间 X 上的任何 Abel 群层 $\mathscr{F}$ 都可被嵌入一个内射层中.

证明: (1) 设 $\mathscr{I}$ 是一个内射层. 由命题 4.1(4), $\mathscr{I}$ 可被嵌入一个软弱层 $\mathscr{G}$ 中. 根据内射层的定义, 存在态射 $\psi: \mathscr{G} \longrightarrow \mathscr{I}$ 使下图可交换:

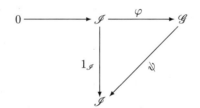

对于任意的开子集 $U \subseteq X$ 以及瓣 $s \in \mathscr{I}(U)$, 有 $s = \psi_U(\varphi_U(s))$. 由于 $\mathscr{G}$ 是软弱层, 存在瓣 $t \in \mathscr{G}(X)$ 使得 $\varphi_U(s) = \rho_{UX}^{\mathscr{G}}(t)$. 于是 $t' = \psi_X(t) \in \mathscr{I}(X)$ 满足 $s = \rho_{UX}^{\mathscr{I}}(t')$, 即 $\mathscr{I}$ 也是软弱层.

(2) 对任意的点 $x \in X$, 茎 $\mathscr{F}_x$ 是一个 Abel 群, 根据第一章的命题 6.6, $\mathscr{F}_x$ 可以被嵌入一个内射 $\mathbb{Z}$ 模 I_x 中, 即 $\mathscr{F}_x \hookrightarrow I_x$. 对于 X 的开子集 U, 定义 $\mathscr{I}(U) = \prod_{x \in U} I_x$, 对于开子集 $V \subset U$, 定义限制映射 $\rho'_{VU}: \mathscr{I}(U) \longrightarrow \mathscr{I}(V)$ 为 $\rho'_{VU}(\{s_x\}_{x \in U}) = \{s_x\}_{x \in V}$. 则 $\mathscr{I} = (\{\mathscr{I}(U)\}, \{\rho'_{VU}\})$ 是一个 Abel 群层, 而且对 $U \in \mathfrak{O}(X)$, $s \in \mathscr{F}(U)$, 令 $i_U(s) = \{s_x\}_{x \in U} \in \mathscr{I}(U)$ 就可自然地定义 Abel 群层的态射 $i: \mathscr{F} \longrightarrow \mathscr{I}$. 由层的公理 (S1) 可知 i 是单射.

现在我们证明 $\mathscr{I}$ 是内射层, 即证明函子 $\mathrm{Hom}(-, \mathscr{I})$ 是正合函子. 设有正合列

$$0 \longrightarrow \mathscr{F} \longrightarrow \mathscr{G} \longrightarrow \mathscr{H} \longrightarrow 0,$$

则对每个 $x \in X$, 以下序列正合:

$$0 \longrightarrow \mathscr{F}_x \longrightarrow \mathscr{G}_x \longrightarrow \mathscr{H}_x \longrightarrow 0.$$

因 I_x 是内射模, 故以下序列也正合:

$$0 \longrightarrow \mathrm{Hom}(\mathscr{H}_x, I_x) \longrightarrow \mathrm{Hom}(\mathscr{G}_x, I_x) \longrightarrow \mathrm{Hom}(\mathscr{F}_x, I_x) \longrightarrow 0.$$

由 x 的任意性, 可以得到下面的正合序列:

$$0 \longrightarrow \prod_{x \in X} \mathrm{Hom}(\mathscr{H}_x, I_x) \longrightarrow \prod_{x \in X} \mathrm{Hom}(\mathscr{G}_x, I_x) \longrightarrow$$
$$\longrightarrow \prod_{x \in X} \mathrm{Hom}(\mathscr{F}_x, I_x) \longrightarrow 0.$$

剩下只需证明对于任意的 Abel 群层 $\mathscr{F}$ 有

$$\mathrm{Hom}(\mathscr{F}, \mathscr{I}) \cong \prod_{x \in X} \mathrm{Hom}(\mathscr{F}_x, I_x).$$

设 U 是 x 的开邻域, 则可定义射影 $p_{xU} : \mathscr{I}(U) \longrightarrow I_x$ 为

$$p_{xU}(\{s_y\}_{y \in U}) = s_x,$$

p_{xU} 与限制映射相容, 取正极限后即可得到 Abel 群的同态映射 $p_x : \mathscr{I}_x \longrightarrow I_x$. 因此对 $\theta \in \mathrm{Hom}(\mathscr{F}, \mathscr{I})$, 有 $p_x \circ \theta_x \in \mathrm{Hom}(\mathscr{F}_x, I_x)$. 我们可定义

$$F(\theta) = \prod_{x \in X} p_x \circ \theta_x \in \prod_{x \in X} \mathrm{Hom}(\mathscr{F}_x, I_x).$$

这样得到的

$$F : \mathrm{Hom}(\mathscr{F}, \mathscr{I}) \longrightarrow \prod_{x \in X} \mathrm{Hom}(\mathscr{F}_x, I_x)$$

是 Abel 群的同态映射. 再证 F 是双射. 若 $\theta \neq 0$, 则必存在某个 $U \in \mathfrak{O}(X)$, $\theta_U \neq 0$, 即有 $s \neq 0 \in \mathscr{F}(U)$, 使 $\prod\limits_{x \in U} p_x(\theta_x(s_x)) = \theta_U(s) \neq 0$, 从而有 $x \in U$, 使 $p_x(\theta_x(s_x)) \neq 0$, 即 $F(\theta) \neq 0$. 反之, 设 $\overline{\theta} = \prod\limits_{x \in X} \overline{\theta}_x \in \prod\limits_{x \in X} \mathrm{Hom}(\mathscr{F}_x, I_x)$. 对任意的 $s \in \mathscr{F}(U)$, 定义 $\theta_U(s) = \prod\limits_{x \in U} \overline{\theta}_x(s_x) \in \mathscr{I}(U)$. 不难验证 $\theta = \{\theta_U\} \in \mathrm{Hom}(\mathscr{F}, \mathscr{I})$, 而且 $F(\theta) = \overline{\theta}$. 因此 F 是 Abel 群的同构映射, 从而

$$0 \longrightarrow \mathrm{Hom}(\mathscr{H}, \mathscr{I}) \longrightarrow \mathrm{Hom}(\mathscr{G}, \mathscr{I}) \longrightarrow \mathrm{Hom}(\mathscr{F}, \mathscr{I}) \longrightarrow 0$$

是正合列, 即 $\mathscr{I}$ 是内射模. $\qquad\qquad\qquad\qquad\qquad\qquad\qquad\qquad\qquad\square$

§4.5 层的上同调

在命题 4.2(2) 中已经证明了 Abel 群层的范畴有足够多的内射对象. 现在我们可以定义从 Abel 群层的范畴到 Abel 群范畴的上同调函子与上同调群.

定义 5.1 设 X 是拓扑空间, $\Gamma(X, -) : \mathfrak{Sh}(X) \longrightarrow \mathfrak{Ab}$ 是整体瓣函子, 定义**上同调函子** $H^n(X, -)$ 为 $\Gamma(X, -)$ 的右导出函子 $R^n\Gamma(X, -) : \mathfrak{Sh}(X) \longrightarrow \mathfrak{Ab}$. 对于 Abel 群层 $\mathscr{F}$, 称 Abel 群 $H^n(X, \mathscr{F})$ 为 $\mathscr{F}$ 的**上同调群**. 也称为 X 的系数在层 $\mathscr{F}$ 内的上同调群.

根据右导出函子的定义, 左正合共变函子 $\Gamma(X, -)$ 的右导出函子可以用下述方式构造: 对于层 $\mathscr{F}$, 先作它的内射分解

$$0 \longrightarrow \mathscr{F} \xrightarrow{\eta} \mathscr{I}^0 \xrightarrow{d^0} \mathscr{I}^1 \xrightarrow{d^1} \mathscr{I}^2 \xrightarrow{d^2} \cdots,$$

用函子 $\Gamma(X, -)$ 作用后得到序列

$$0 \longrightarrow \Gamma(X, \mathscr{I}^0) \xrightarrow{\mathrm{Hom}(X, d^0)} \Gamma(X, \mathscr{I}^1) \xrightarrow{\mathrm{Hom}(X, d^1)} \Gamma(X, \mathscr{I}^2) \longrightarrow \cdots.$$

于是 $\mathscr{F}$ 的上同调群就是

$$\begin{aligned} H^n(X, \mathscr{F}) &= H^n(\Gamma(X, \mathscr{I}^\bullet)) \\ &= \mathrm{Ker}\,\mathrm{Hom}(X, d^n)/\mathrm{Im}\,\mathrm{Hom}(X, d^{n-1}). \end{aligned}$$

根据第三章 §3.4 所列举的导出函子的四条性质, 层的上同调函子有以下四条性质:

(1) $H^0(X, \mathscr{F}) \cong \Gamma(X, \mathscr{F})$;

(2) 对于内射层 $\mathscr{I}$ 以及 $n > 0$, 有 $H^n(X, \mathscr{I}) = 0$;

(3) 对于任意的短正合列

$$0 \longrightarrow \mathscr{F} \longrightarrow \mathscr{G} \longrightarrow \mathscr{H} \longrightarrow 0$$

存在连接态射 $\Delta^n : H^n(X, \mathscr{H}) \longrightarrow H^{n+1}(X, \mathscr{F})$, $n \geqslant 0$, 使得有以下长正合列

$$0 \longrightarrow H^0(X, \mathscr{F}) \longrightarrow H^0(X, \mathscr{G}) \longrightarrow H^0(X, \mathscr{H}) \longrightarrow$$
$$\xrightarrow{\Delta^0} H^1(X, \mathscr{F}) \longrightarrow \cdots \longrightarrow H^{n-1}(X, \mathscr{H}) \xrightarrow{\Delta^{n-1}} H^n(X, \mathscr{F}) \longrightarrow$$

$$\longrightarrow H^n(X, \mathscr{G}) \longrightarrow H^n(X, \mathscr{H}) \xrightarrow{\Delta^n} H^{n+1}(X, \mathscr{F}) \longrightarrow \cdots.$$

(4) 连接态射是自然的, 即如果有两个短正合列以及它们之间的态射的交换图:

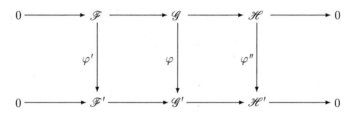

则有相应的交换图

$$\begin{array}{ccc} H^n(X, \mathscr{H}) & \xrightarrow{\Delta^n} & H^{n+1}(X, \mathscr{F}) \\ \\ H^n(X, \varphi'') \uparrow & & \uparrow H^{n+1}(X, \varphi') \\ \\ H^n(X, \mathscr{H}') & \xrightarrow{\Delta^n} & H^{n+1}(X, \mathscr{F}') \end{array}$$

而且上同调函子由这四条性质唯一确定.

说明 5.1 利用导出函子理论来定义层的上同调函子的优点是简洁明了, 而且立即可以得到上同调函子须满足的四条性质. 其缺点就是不够直观, 且难以计算. 所以我们要在下一节引入 Čech 上同调的理论, 并证明在一定条件下两者是相同的.

软弱层在层的上同调理论中起着重要的作用. 在本节的最后部分要给出软弱层的几个上同调性质.

命题 5.1 设 $\mathscr{F}$ 是拓扑空间 X 上的软弱层, 则

$$H^n(X, \mathscr{F}) = 0, \quad \forall n > 0.$$

证明: 根据命题 4.2(2), $\mathscr{F}$ 可以被嵌入一个内射层 $\mathscr{I}$, 设 $\mathscr{Q}$ 是它们的商, 则有正合列

$$0 \longrightarrow \mathscr{F} \longrightarrow \mathscr{I} \longrightarrow \mathscr{Q} \longrightarrow 0.$$

这个短正合列关于上同调函子的长正合列是

$$\cdots \longrightarrow H^{n-1}(X, \mathscr{I}) \longrightarrow H^{n-1}(X, \mathscr{Q}) \longrightarrow$$
$$\longrightarrow H^n(X, \mathscr{F}) \longrightarrow H^n(X, \mathscr{I}) \longrightarrow \cdots.$$

由 $\mathscr{I}$ 的内射性可以得到 (性质 (2))

$$H^n(X, \mathscr{I}) = 0, \quad \forall n > 0.$$

因此有

$$H^n(X, \mathscr{F}) \cong H^{n-1}(X, \mathscr{Q}), \qquad \forall n \geqslant 2 \tag{5.1}$$

以及下面的正合列

$$0 \longrightarrow \Gamma(X, \mathscr{F}) \longrightarrow \Gamma(X, \mathscr{I}) \longrightarrow \Gamma(X, \mathscr{Q}) \longrightarrow H^1(X, \mathscr{F}) \longrightarrow 0.$$

而由 $\mathscr{F}$ 的软弱性可以得到正合列 (命题 4.1(1))

$$0 \longrightarrow \Gamma(X, \mathscr{F}) \longrightarrow \Gamma(X, \mathscr{I}) \longrightarrow \Gamma(X, \mathscr{Q}) \longrightarrow 0.$$

从而对任意的软弱层 $\mathscr{F}$ 都有 $H^1(X, \mathscr{F}) = 0$.

由于内射层一定是软弱的 (命题 4.2(1)), 两个软弱层的商也是软弱的 (命题 4.1(2)), 因此 $\mathscr{Q}$ 是软弱层, 即 $H^1(X, \mathscr{Q}) = 0$. 利用 (5.1) 式提供的同构关系, 就可递推地证得命题的结论. □

说明 5.2 请注意在这个命题的证明中是如何利用导出函子的长正合列进行递推的. 先构造一个短正合列

$$0 \longrightarrow \mathscr{F} \longrightarrow \mathscr{G} \longrightarrow \mathscr{H} \longrightarrow 0,$$

使得中间的层 $\mathscr{G}$ 关于右导出函子 $R^n F(-)$ 是零调的, 即有

$$R^n F(\mathscr{G}) = 0, \quad \forall n \geqslant 1.$$

这样就可以使得长正合列分裂成许多片断:

$$0 = H^{n-1}(X, \mathscr{G}) \longrightarrow H^{n-1}(X, \mathscr{H}) \longrightarrow$$
$$\longrightarrow H^n(X, \mathscr{F}) \longrightarrow H^n(X, \mathscr{G}) = 0.$$

从而得到同构

$$H^n(X, \mathscr{F}) \cong H^{n-1}(X, \mathscr{H}), \quad \forall n \geqslant 2.$$

只要使得 $\mathscr{H}$ 与 $\mathscr{F}$ 具有相同的上同调性质, 就能使递推过程从某个起点开始进行下去, 相当于我们沿着楼梯拾级而上一样. 这是同调代数中的一种有效的递推手法, 请读者注意学习.

定义 5.2 设 M 是范畴中的一个对象, F 是一个函子. 如果对所有的 $n > 0$ 有 $R^n F(M) = 0$, 则称 M 是 F **零调的** (acyclic). 又设

$$0 \longrightarrow M \xrightarrow{\eta} D^0 \xrightarrow{d^0} D^1 \xrightarrow{d^1} \cdots$$

是对象 M 的一个分解, 并且 $D^n (n \geqslant 0)$ 都是零调的, 则称 $(D^\bullet, \eta)$ 是 M 的 F **零调分解** (acyclic resolution).

根据命题 5.1, 软弱层关于整体瓣函子 $\Gamma(X, -)$ 是零调的.

命题 5.2 设 F 是一个左正合函子, 对象 M 有一个 F 零调分解

$$0 \longrightarrow M \xrightarrow{\eta} D^0 \xrightarrow{d^0} D^1 \xrightarrow{d^1} \cdots,$$

则有同构

$$R^n F(M) \cong H^n(F(D^\bullet)), \quad \forall n \geqslant 0.$$

证明: 我们把命题中给出的正合列分解成一系列短正合列:

$$0 \longrightarrow Z^0(= M) \longrightarrow D^0 \longrightarrow Z^1 \longrightarrow 0$$

$$0 \longrightarrow Z^1 \longrightarrow D^1 \longrightarrow Z^2 \longrightarrow 0$$

$$\cdots\cdots\cdots\cdots$$

$$0 \longrightarrow Z^j \longrightarrow D^j \longrightarrow Z^{j+1} \longrightarrow 0$$

$$\cdots\cdots\cdots\cdots$$

应用导出函子 $R^n F$ 作用后, 可以导出一系列长正合列:

$$\cdots \longrightarrow R^{n-1}F(D^j) \longrightarrow R^{n-1}F(Z^{j+1}) \longrightarrow$$

$$\longrightarrow R^n F(Z^j) \longrightarrow R^n F(D^j) \longrightarrow \cdots,$$

由于 $D^j (j \geqslant 0)$ 都是 F 零调的, 当 $n \geqslant 2$ 时有 $R^{n-1}F(D^j) = R^n F(D^j) = 0$, 所以

$$R^n F(Z^j) \cong R^{n-1}F(Z^{j+1}), \quad \forall n \geqslant 2, j \geqslant 0.$$

这样就有

$$R^n F(M) = R^n F(Z^0) \cong R^{n-1}F(Z^1) \cong \cdots \cong R^1 F(Z^{n-1}), \quad \forall n > 0.$$

从正合列

$$F(D^{n-1}) \xrightarrow{\ \tau\ } F(Z^n) \longrightarrow R^1 F(Z^{n-1}) \longrightarrow R^1 F(D^{n-1}) = 0$$

可以得出

$$R^1 F(Z^{n-1}) = \operatorname{Coker} \tau \cong F(Z^n)/\operatorname{Im} \tau.$$

再考察下面的交换图

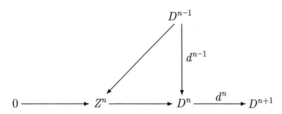

它的行是一个正合序列, 应用左正合函子 F 于这个交换图后, 可以得到一个新的交换图, 它的行仍是正合的:

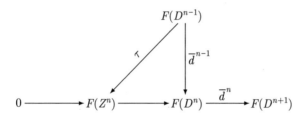

注意到 $Z^n \cong \operatorname{Im} d^{n-1}$, 于是

$$\operatorname{Im} \tau \cong \operatorname{Im} \overline{d}^{n-1},$$
$$F(Z^n) \cong \operatorname{Ker} \overline{d}^{n},$$

这样就可得到

$$R^n F(M) \cong R^1 F(Z^{n-1}) \cong F(Z^n)/\operatorname{Im} \tau$$
$$\cong \operatorname{Ker} \overline{d}^{n}/\operatorname{Im} \overline{d}^{n-1} \cong H^n(F(D^\bullet)).$$

这个同构的自然性可由读者自己补出. □

说明 5.3 这个命题对于计算右导出函子是十分有用的. 因为内射分解有一个缺点, 即内射对象往往太大, 不易计算. 并且没有软弱层所具有的易于递推的性质 (如命题 4.1 所示). 而当要讨论的函子 F 已经取定时, 我们就可以用 F 零调对象代替内射对象构造 F 零调分解, 这样的分解往往易于计算, 而且适于递推. 我们在确定层的上同调时, 就是这样做的. 例如我们可以用软弱分解代替内射分解计算层的上同调群.

§4.6　Čech 上同调

设 $\mathfrak{U} = \{U_i\}_{i \in I}$ 是拓扑空间 X 的一个开覆盖.

我们取定指标集 I 的一个良序. 对于任意的 $n+1$ 个指标 $i_0, \cdots, i_n \in I$, 设有 $i_0 < \cdots < i_n$, 则可以把 $s = [i_0, \cdots, i_n]$ 看成一个抽象的 n 单形, 所有这些单形的全体可以构成一个 (不一定有限的) 单纯复形 $K(I)$. $K(I)$ 可以诱导出一个链复形 (参见第三章 §3.1):

$$\cdots \longrightarrow C_n(K) \xrightarrow{\partial_n} C_{n-1}(K) \xrightarrow{\partial_{n-1}} \cdots \xrightarrow{\partial_1} C_0(K) \longrightarrow 0.$$

这里的 $C_n(K)$ 是以 $K_n(I)$ 中的单形作为基的自由 Abel 群. 边缘算子 ∂_n 定义为

$$\partial_n([i_0, \cdots, i_n]) = \sum_{j=0}^{n} (-1)^j [i_0, \cdots, \hat{i}_j, \cdots, i_n],$$

$$\partial_0([i_0]) = 0.$$

对于 n 单形 $s = [i_0, \cdots, i_n]$, 记开子集

$$U_s = U_{i_0, \cdots, i_n} = U_{i_0} \cap \cdots \cap U_{i_n}.$$

设 $\mathscr{F}$ 是 X 上的 Abel 群层, 我们可以定义 Abel 群的复形 $C^\bullet(\mathfrak{U}, \mathscr{F})$ 作为上述链复形的对偶复形: 对每一个 $n \geqslant 0$, 令

$$C^n(\mathfrak{U}, \mathscr{F}) = \prod_{s \in K_n(I)} \mathscr{F}(U_s) = \prod_{i_0 < \cdots < i_n} \mathscr{F}(U_{i_0, \cdots, i_n}),$$

因此 $C^n(\mathfrak{U}, \mathscr{F})$ 中一个元素 f 是形如 $\{f_s\}_{s \in K_n(I)} = \{f_{i_0, \cdots, i_n}\}_{i_0 < \cdots < i_n}$ 的, 其中

$$f_s = f_{i_0, \cdots, i_n} \in \mathscr{F}(U_s) = \mathscr{F}(U_{i_0, \cdots, i_n}).$$

对于 $c_n = \sum\limits_{s \in K_n(I)} m_s s \in C_n(K)$ $(m_s \in \mathbb{Z})$, 定义 c_n 与 f 的对偶积为

$$(f, c_n) = \{m_s f_s\}_{s \in K_n(I)} \in C^n(\mathfrak{U}, \mathscr{F}).$$

利用这个对偶积, 我们可以定义上边缘映射 $d^n : C^n \longrightarrow C^{n+1}$ 使得

$$(d^n f, c_{n+1}) = (f, \partial_{n+1} c_{n+1})|_{C^{n+1}(\mathfrak{U}, \mathscr{F})}.$$

这样就得到

$$(d^n f)_{i_0,\cdots,i_{n+1}} = \sum_{j=0}^{n+1} (-1)^j f_{i_0,\cdots,\hat{i}_j,\cdots,i_{n+1}} \Big|_{U_{i_0,\cdots,i_{n+1}}}, \qquad (6.1)$$

这里的记号 $\hat{i}_j$ 意为略去 i_j. 由于 $f_{i_0,\cdots,\hat{i}_j,\cdots,i_{n+1}} \in \mathscr{F}(U_{i_0,\cdots,\hat{i}_j,\cdots,i_{n+1}})$, 它限制于 $U_{i_0,\cdots,i_{n+1}}$ 即给出 $\mathscr{F}(U_{i_0,\cdots,i_{n+1}})$ 的一个元素. 由 $\partial_n \partial_{n+1} = 0$ 即可导出 $d^{n+1} d^n = 0$, 所以我们定义了 Abel 群的一个上链复形 $C^\bullet(\mathfrak{U},\mathscr{F})$:

$$0 \longrightarrow C^0(\mathfrak{U},\mathscr{F}) \xrightarrow{d^0} \cdots \longrightarrow C^{n-1}(\mathfrak{U},\mathscr{F}) \xrightarrow{d^{n-1}} C^n(\mathfrak{U},\mathscr{F}) \xrightarrow{d^n} \cdots.$$

为了方便起见, 我们可对任意 $n+1$ 个下标 $i_0,\cdots,i_n \in I$ 定义 $f_{i_0,\cdots,i_n}$. 当序列 $i_0,\cdots,i_n$ 中有某个下标重复出现时, 令 $f_{i_0,\cdots,i_n} = 0$, 否则令 $f_{i_0,\cdots,i_n} = (-1)^\sigma f_{\sigma i_0,\cdots,\sigma i_n}$, 这里 $\sigma i_0 < \cdots < \sigma i_n$, σ 是相应的置换. 采用这样的记号后, 上述定义 $d^n f$ 的公式对任意的 $n+2$ 个下标 $i_0,\cdots,i_{n+1} \in I$ 仍然正确.

定义 6.1 设 X 是拓扑空间, $\mathfrak{U}$ 是 X 的一个开覆盖. 对于 X 上任意一个 Abel 群层 $\mathscr{F}$, 我们定义 $\mathscr{F}$ 关于覆盖 $\mathfrak{U}$ 的第 n 个 Čech **上同调群**为

$$\check{H}^n(\mathfrak{U},\mathscr{F}) = H^n(C^\bullet(\mathfrak{U},\mathscr{F})) = \operatorname{Ker} d^n / \operatorname{Im} d^{n-1}.$$

说明 6.1 Eduard Čech (1893—1960) 的中译名是切赫.

引理 6.1 设 X 是一个拓扑空间, $\mathfrak{U}$ 是一个开覆盖, $\mathscr{F}$ 是 X 上的 Abel 群层, 则

$$\check{H}^0(\mathfrak{U},\mathscr{F}) \cong \Gamma(X,\mathscr{F}).$$

证明: $\check{H}^0(\mathfrak{U},\mathscr{F}) = \operatorname{Ker} d^0$. 设 $f = \{f_i\}_{i\in I} \in C^0$, 则对 $i < j$ 有 $0 = (d^0 f)_{ij} = f_j - f_i$, 也就是说

$$f_j|_{U_i \cap U_j} = f_i|_{U_i \cap U_j}, \quad \forall i,j \in I.$$

根据层的公理 (S2), 存在 $s \in \Gamma(X,\mathscr{F})$ 使得 $s|_{U_i} = f_i$. 因此 $\operatorname{Ker} d^0 \cong \Gamma(X,\mathscr{F})$. □

说明 6.2 请注意覆盖 $\mathfrak{U}$ 的 Čech 上同调群与由导出函子得到的上同调函子不同, 它没有长正合列的性质, 即对于 X 上 Abel 群层的短正合列

$$0 \longrightarrow \mathscr{F}' \longrightarrow \mathscr{F} \longrightarrow \mathscr{F}'' \longrightarrow 0,$$

不能得到覆盖 $\mathfrak{U}$ 的 Čech 上同调群的长正合列. 例如当 $\mathfrak{U} = \{X\}$ 时, $C^1(\mathfrak{U},\mathscr{F}) = 0$, 从而 $\check{H}^1(\mathfrak{U},\mathscr{F}) = 0$, $\check{H}^0(\mathfrak{U},\mathscr{F}) = \Gamma(X,\mathscr{F})$. 但一般说来

$$0 \longrightarrow \Gamma(X,\mathscr{F}') \longrightarrow \Gamma(X,\mathscr{F}) \longrightarrow$$

$$\longrightarrow \Gamma(X, \mathscr{F}'') \longrightarrow \check{H}^1(\mathfrak{U}, \mathscr{F}') = 0$$

不一定正合. 我们当然会想到覆盖 $\mathfrak{U}$ 的 Čech 上同调群没有长正合列性质的原因就在于开覆盖选得不好. 如果选取 "好" 的开覆盖, 或者把开覆盖无限加细 (如同计算 Riemann 积分一样), 能不能使得覆盖 $\mathfrak{U}$ 的 Čech 上同调群也具有长正合列性质, 甚至与由导出函子得到的上同调函子一致呢? 这就是我们下面要研究的问题.

为了下面证明的需要, 我们定义取值在层内的 Čech 上链复形. 设 $X, \mathfrak{U}, \mathscr{F}$ 同前面所作的假设. 对于开子集 $U_s \subseteq X$, 把包含映射记为 $j_s : U_s \longrightarrow X$. 我们可构造 X 上 Abel 群层的上链复形 $\mathscr{C}^\bullet(\mathfrak{U}, \mathscr{F})$: 对 $n \geqslant 0$, 令

$$\mathscr{C}^n(\mathfrak{U}, \mathscr{F}) = \prod_{s \in K_n(I)} j_{s*}(\mathscr{F}|_{U_s}),$$

上边缘映射则按照公式 (6.1) 定义. 注意 $\Gamma(X, \mathscr{C}^n(\mathfrak{U}, \mathscr{F})) = C^n(\mathfrak{U}, \mathscr{F})$.

引理 6.2　设 $\mathscr{F}$ 是 X 上的 Abel 群层, 则复形 $\mathscr{C}^\bullet(\mathfrak{U}, \mathscr{F})$ 是 $\mathscr{F}$ 的一个分解, 即存在自然态射 $\eta : \mathscr{F} \longrightarrow \mathscr{C}^0(\mathfrak{U}, \mathscr{F})$, 使得以下的层的序列是正合的:

$$0 \longrightarrow \mathscr{F} \xrightarrow{\eta} \mathscr{C}^0(\mathfrak{U}, \mathscr{F}) \xrightarrow{d^0} \mathscr{C}^1(\mathfrak{U}, \mathscr{F}) \xrightarrow{d^1} \cdots.$$

证明: 对每个 $i \in I$ 都有自然态射 $\mathscr{F} \longrightarrow j_{i*}(\mathscr{F}|_{U_i})$, 它们诱导了态射

$$\eta : \mathscr{F} \longrightarrow \prod_{i \in I} j_{i*}(\mathscr{F}|_{U_i}) = \mathscr{C}^0(\mathfrak{U}, \mathscr{F}).$$

从层的公理 (S1) 和 (S2) 可知此序列在 $\mathscr{C}^0(\mathfrak{U}, \mathscr{F})$ 处正合.

为了对 $n \geqslant 1$ 证明复形 $\mathscr{C}^\bullet$ 的正合性, 只需要在茎上加以验证即可. 设点 $x \in U_k \subseteq X$, $k \in I$. 对 $n \geqslant 1$, 我们要定义映射

$$\varphi^n : \mathscr{C}^n(\mathfrak{U}, \mathscr{F})_x \longrightarrow \mathscr{C}^{n-1}(\mathfrak{U}, \mathscr{F})_x.$$

设 $f_x \in \mathscr{C}^n(\mathfrak{U}, \mathscr{F})_x$ 是一个芽, 则一定存在 x 的一个小邻域 $x \in V \subseteq U_k$ 以及瓣 $f \in \Gamma(V, \mathscr{C}^n(\mathfrak{U}, \mathscr{F}))$ 使得 f 在 x 点的茎就是 f_x. 对于 $i_0 < \cdots < i_{n-1}$ 令

$$(\varphi^n f)_{i_0, \cdots, i_{n-1}} = f_{k, i_0, \cdots, i_{n-1}},$$

由于 $V \cap U_{i_0, \cdots, i_{n-1}} = V \cap U_{k, i_0, \cdots, i_{n-1}}$, 在 x 点取芽就可得到映射的像 $\varphi^n(f_x) = (\varphi^n f)_x$. 可以验证对 $n \geqslant 1$ 以及 $f_x \in \mathscr{C}^n_x$ 有

$$(d^{n-1}\varphi^n + \varphi^{n+1}d^n)(f_x) = f_x,$$

因此 φ 是复形 $\mathscr{C}^\bullet(\mathfrak{U}, \mathscr{F})_x$ 的同伦算子, 使得恒等态射与零态射同伦. 从而上同调群 $H^n(\mathscr{C}^\bullet(\mathfrak{U}, \mathscr{F})_x) = 0$ 对 $n \geqslant 1$. 即层的序列正合. $\square$

命题 6.3 设 X 是一个拓扑空间, $\mathfrak{U}$ 是一个开覆盖, $\mathscr{F}$ 是 Abel 群的软弱层, 则对所有的 $n > 0$ 有 $\check{H}^n(\mathfrak{U}, \mathscr{F}) = 0$.

证明: 考察引理 6.2 中的分解

$$0 \longrightarrow \mathscr{F} \overset{\eta}{\longrightarrow} \mathscr{C}^0(\mathfrak{U}, \mathscr{F}) \overset{d^0}{\longrightarrow} \mathscr{C}^1(\mathfrak{U}, \mathscr{F}) \overset{d^1}{\longrightarrow} \cdots . \tag{6.2}$$

由于 $\mathscr{F}$ 是软弱层, 它在开子集上的限制 $\mathscr{F}|_{U_s}$ 也是软弱层. 根据命题 4.1(3), 正像层 $j_{s*}(\mathscr{F}|_{U_s})$ 也是软弱的. 不难证明软弱层的直积层也是软弱的, 因此 $\mathscr{C}^n(\mathfrak{U}, \mathscr{F})$ 都是软弱层. 也就是说 (6.2) 是软弱分解. 由命题 5.1 知软弱层是 $\Gamma(X, -)$ 零调的, 因此 (6.2) 关于 $\Gamma(X, -)$ 是零调分解. 根据命题 5.2, 可以利用分解 (6.2) 来计算 $\mathscr{F}$ 的上同调. 用函子 $\Gamma(X, -)$ 作用于 (6.2) 后得到下面的上链:

$$0 \longrightarrow \Gamma(X, \mathscr{C}^0(\mathfrak{U}, \mathscr{F})) = C^0(\mathfrak{U}, \mathscr{F}) \longrightarrow$$
$$\longrightarrow \Gamma(X, \mathscr{C}^1(\mathfrak{U}, \mathscr{F})) = C^1(\mathfrak{U}, \mathscr{F}) \longrightarrow \cdots ,$$

也就是说

$$H^n(X, \mathscr{F}) \cong H^n(C^\bullet(\mathfrak{U}, \mathscr{F})) = \check{H}^n(\mathfrak{U}, \mathscr{F}).$$

由 $H^n(X, \mathscr{F}) = 0$ 对 $n > 0$ 成立即可得到命题欲证的结论. $\square$

引理 6.4 设 X 是一个拓扑空间, $\mathfrak{U}$ 是一个开覆盖, 则对每个 $n \geqslant 0$ 存在自然同态

$$\check{H}^n(\mathfrak{U}, \mathscr{F}) \longrightarrow H^n(X, \mathscr{F}),$$

并且这个同态具有函子性质, 即对任意的 Abel 群层态射 $\mathscr{F} \longrightarrow \mathscr{G}$, 下图可交换

$$
\begin{array}{ccc}
\check{H}^n(\mathfrak{U}, \mathscr{F}) & \longrightarrow & H^n(X, \mathscr{F}) \\
\downarrow & & \downarrow \\
\check{H}^n(\mathfrak{U}, \mathscr{G}) & \longrightarrow & H^n(X, \mathscr{G})
\end{array}
$$

证明: 设 $0 \longrightarrow \mathscr{F} \longrightarrow \mathscr{I}^\bullet$ 是 $\mathscr{F}$ 的一个内射分解, 根据引理 6.2, $0 \longrightarrow \mathscr{F} \longrightarrow \mathscr{C}^\bullet(\mathfrak{U}, \mathscr{F})$ 是 $\mathscr{F}$ 的一个分解. 于是恒等态射 $\mathscr{F} \longrightarrow \mathscr{F}$ 诱导了复形间的态射

$\mathscr{C}^{\bullet}(\mathfrak{U}, \mathscr{F}) \longrightarrow \mathscr{I}^{\bullet}$ (见第三章定理 3.3), 而且这个态射在同伦意义下唯一. 用整体瓣函子 $\Gamma(X, -)$ 作用于这个态射并取上同调, 注意到 $\Gamma(X, \mathscr{C}^n(\mathfrak{U}, \mathscr{F})) = C^n(\mathfrak{U}, \mathscr{F})$, 就可得到所需的同态. $\square$

设 $\mathfrak{U} = \{U_i\}_{i \in I}$ 和 $\mathfrak{V} = \{V_j\}_{j \in J}$ 是拓扑空间 X 的两个开覆盖. 如果存在一个映射 $\tau : J \longrightarrow I$ 使得对于每个 $j \in J$ 有 $V_j \subseteq U_{\tau j}$, 就称开覆盖 $\mathfrak{V}$ 是开覆盖 $\mathfrak{U}$ 的 **加细** (*refinement*), 记为 $\mathfrak{U} \preceq \mathfrak{V}$. 加细关系是开覆盖集合的一个偏序关系. 由 $\mathfrak{U} \preceq \mathfrak{V}$ 可以诱导映射 $\tau_n : K_n(J) \longrightarrow K_n(I)$, 定义为 $[j_0, \cdots, j_n] \mapsto [\tau j_0, \cdots, \tau j_n]$. 利用对偶积可以诱导出上链复形间的对偶态射 ${}^t\tau^n : C^n(\mathfrak{U}, \mathscr{F}) \longrightarrow C^n(\mathfrak{V}, \mathscr{F})$, 定义为

$$({}^t\tau^n f^n, c_n) = (f^n, \tau_n c_n), \quad \text{其中 } f^n \in C^n(\mathfrak{U}, \mathscr{F}), c_n \in C_n(K(J)).$$

从而得到开覆盖的 Čech 上同调群间的同态:

$$ {}^t\tilde{\tau}^n : \check{H}^n(\mathfrak{U}, \mathscr{F}) \longrightarrow \check{H}^n(\mathfrak{V}, \mathscr{F}). $$

可以证明 (相当复杂), 同态 ${}^t\tilde{\tau}^n$ 与映射 τ 的选取无关, 而且开覆盖的 Čech 上同调群 $\check{H}^n(\mathfrak{U}, \mathscr{F})$ 关于同态 ${}^t\tilde{\tau}^n$ 构成一个正向系.

定义 6.2 设 X 是一个拓扑空间, $\mathscr{F}$ 是 X 上的 Abel 群层, 则定义 X 的取值在层 $\mathscr{F}$ 内的 Čech 上同调群为正极限

$$ \check{H}^n(X, \mathscr{F}) = \varinjlim_{\mathfrak{U}} \check{H}^n(\mathfrak{U}, \mathscr{F}). $$

此外还可以证明同态 ${}^t\tilde{\tau}^n$ 与引理 6.4 中的自然同态

$$ \check{H}^n(\mathfrak{U}, \mathscr{F}) \longrightarrow H^n(X, \mathscr{F}) $$

是相容的, 取正极限后又可得到 Čech 上同调群与导出函子上同调群间的同态:

$$ \check{H}^n(X, \mathscr{F}) \longrightarrow H^n(X, \mathscr{F}). $$

设 $\mathfrak{U} = \{U_i\}_{i \in I}$ 是拓扑空间 X 的一个开覆盖. 如果对每个点 $x \in X$ 都存在一个开邻域 V, 使得 $V \cap U_i \neq \emptyset$ 的下标 $i \in I$ 只有有限个, 则称 $\mathfrak{U}$ 是局部有限的开覆盖. 如果 X 是 Hausdorff 拓扑空间, 并且 X 的每个开覆盖都允许有一个局部有限的加细, 就称 X 是一个 **仿紧的** (*paracompact*) 拓扑空间. 如果一个局部紧空间又是可数多个紧子集的并, 那么这个空间是仿紧的. 特别地, 具有可数基的局部紧空间都是仿紧的. 因此流形都是仿紧的. 对于仿紧的拓扑空间, Čech 上同调群与导出函子上同调群间的同态一定是同构. 这个结论可表述成下面的定理.

定理 6.5 设 X 是一个仿紧拓扑空间, $\mathscr{F}$ 是 X 上的 Abel 群层, 则 Čech 上同调群同构于导出函子的上同调群:

$$\check{H}^n(X, \mathscr{F}) \cong H^n(X, \mathscr{F}). \qquad \qquad \square$$

说明 6.3 许多关于层以及层上同调理论的书籍都是采用 Čech 上同调群作为层的上同调群的定义, 这可能与 Čech 上同调群的几何意义比较明显以及易于定义与计算有关. 可是证明 Čech 上同调群的长正合列性质就会遇到很大的困难. 我们这里用抽象的导出函子理论定义层的上同调群, 为了证明它与 Čech 上同调群互相等价也需要花很大的力气, 并且不得不跳过一些太复杂的论证. 总之这点代价是免不了的. 当然我们完全可以在初学时跳过这些烦琐的论证, 直接承认这两者的等价性, 在这个理论平台上继续前进, 也是一种学习的好方法. 其实下面要证明的定理 6.6 更加有用, 它把层的上同构群的计算归结为特殊的开覆盖 (往往能取成有限覆盖) 上的 Čech 上同调群的计算, 把问题大大地简化了. 可以说这个定理就是本节的核心.

定理 6.6 设 $\mathfrak{U} = \{U_i\}_{i \in I}$ 是拓扑空间 X 的一个开覆盖, $\mathscr{F}$ 是 X 上的 Abel 群层. 如果 $\mathscr{F}$ 关于这个开覆盖是零调的, 即对所有的下标 $i_0 < \cdots < i_p$ 有

$$H^n(U_{i_0, \cdots, i_p}, \mathscr{F}|_{U_{i_0, \cdots, i_p}}) = 0, \quad \forall n > 0,$$

则有自然同构

$$\check{H}^n(\mathfrak{U}, \mathscr{F}) \cong H^n(X, \mathscr{F}), \quad \forall n \geqslant 0.$$

证明: $n = 0$ 时的同构就是引理 6.1 的结论. 现在把 $\mathscr{F}$ 嵌入一个内射层 $\mathscr{I}$, 并把它们的商层记为 $\mathscr{Q}$. 于是得到一个短正合列:

$$0 \longrightarrow \mathscr{F} \longrightarrow \mathscr{I} \longrightarrow \mathscr{Q} \longrightarrow 0. \tag{6.3}$$

对任意的下标集 $i_0 < \cdots < i_n$, 令 $s = [i_0, \cdots, i_n]$. 用函子 $\Gamma(U_s, -)$ 作用可以得到长正合列:

$$0 \longrightarrow \mathscr{F}(U_s) \longrightarrow \mathscr{I}(U_s) \longrightarrow \mathscr{Q}(U_s) \longrightarrow H^1(U_s, \mathscr{F}) = 0 \tag{6.4}$$

以及同构

$$H^n(U_s, \mathscr{Q}) \cong H^{n+1}(U_s, \mathscr{F}) = 0, \quad \forall n \geqslant 1. \tag{6.5}$$

对正合列 (6.4) 取直积后即可得到上链复形的短正合列:

$$0 \longrightarrow C^\bullet(\mathfrak{U}, \mathscr{F}) \longrightarrow C^\bullet(\mathfrak{U}, \mathscr{I}) \longrightarrow C^\bullet(\mathfrak{U}, \mathscr{Q}) \longrightarrow 0.$$

关于这个上链复形取上同调的长正合列, 注意到内射层 $\mathscr{I}$ 是软弱的, 根据命题 6.3, 对 $n > 0$ 有 $\check{H}^n(\mathfrak{U}, \mathscr{I}) = 0$. 这样就有正合列

$$0 \longrightarrow \check{H}^0(\mathfrak{U}, \mathscr{F}) \longrightarrow \check{H}^0(\mathfrak{U}, \mathscr{I}) \longrightarrow$$
$$\longrightarrow \check{H}^0(\mathfrak{U}, \mathscr{Q}) \longrightarrow \check{H}^1(\mathfrak{U}, \mathscr{F}) \longrightarrow 0$$

以及同构

$$\check{H}^n(\mathfrak{U}, \mathscr{Q}) \cong \check{H}^{n+1}(\mathfrak{U}, \mathscr{F}), \quad \forall n \geqslant 1. \tag{6.6}$$

另一方面, 对短正合列 (6.3) 关于整体瓣函子的导出函子取长正合列同样可以得到正合列

$$0 \longrightarrow H^0(X, \mathscr{F}) \longrightarrow H^0(X, \mathscr{I}) \longrightarrow$$
$$\longrightarrow H^0(X, \mathscr{Q}) \longrightarrow H^1(X, \mathscr{F}) \longrightarrow 0$$

以及同构

$$H^n(X, \mathscr{Q}) \cong H^{n+1}(X, \mathscr{F}), \quad \forall n \geqslant 1. \tag{6.7}$$

利用引理 6.4 所提供的开覆盖的 Čech 上同调群与导出函子上同调群间的同态映射, 即可证得同构

$$\check{H}^1(\mathfrak{U}, \mathscr{F}) \cong H^1(X, \mathscr{F}).$$

由公式 (6.5) 可知 $\mathscr{Q}$ 具有与 $\mathscr{F}$ 相同的零调性质, 这样就可利用同构关系 (6.6) 与 (6.7) 递推地得到定理的结论.   □

例 6.1　设 S^1 是圆周, $\mathscr{Z}$ 是关于 Abel 群 $\mathbb{Z}$ 的常层. $\mathfrak{U} = \{U, V\}$, 这里 U 和 V 是两个连通的半圆周, 它们在两端互相重叠, 使得 $U \cap V$ 由两个小的区间构成, 则

$$C^0 = \Gamma(U, \mathscr{Z}) \times \Gamma(V, \mathscr{Z}) = \mathbb{Z} \times \mathbb{Z},$$
$$C^1 = \Gamma(U \cap V, \mathscr{Z}) = \mathbb{Z} \times \mathbb{Z},$$

上边缘映射 $d^0 : C^0 \longrightarrow C^1$ 把 (a, b) 映成 $(b - a, b - a)$. 于是

$$\check{H}^0(\mathfrak{U}, \mathscr{Z}) \cong \mathbb{Z}, \quad \check{H}^1(\mathfrak{U}, \mathscr{Z}) \cong \mathbb{Z}.$$

这里的开覆盖实际上满足定理 6.6 的假设, 因此开覆盖的 Čech 上同调群与导出函子的上同调群是一致的, 也同构于单纯复形的上同调群.

习题 4.6

*6.1   对于实二维射影空间 $\mathbb{PR}^2$, 构造一个符合定理 6.6 条件的开覆盖 $\mathfrak{U}$, 计算其关于 Abel 群 $\mathbb{Z}$ 的常层 $\mathscr{Z}$ 的 Čech 上同调群, 验证 $\check{H}^1(\mathfrak{U}, \mathscr{Z}) \cong H^1(\mathbb{PR}^2, \mathbb{Z}) = 0$, $\check{H}^2(\mathfrak{U}, \mathscr{Z}) \cong H^2(\mathbb{PR}^2, \mathbb{Z}) \cong \mathbb{Z}_2$.

§4.7   谱序列概要

谱序列是同调代数中的一个重要工具, 但是谱序列理论的建立又是十分复杂难懂的. 因此许多学生看到谱序列就望而生畏, 好像遇到了拦路虎, 再也无法前进. 实际上对大多数人来说, 谱序列只是一个工具. 这就像电脑用户使用电脑的应用软件一样, 他们只需知道如何去使用这些软件, 而没有必要去弄清这些软件的生成原理. 我们这一节也把谱序列看成一个应用软件, 告诉大家什么叫谱序列, 如何理解由谱序列导出的结果, 以及最常用的谱序列应用定理. 看完本节后, 读者可以像大多数电脑用户一样能运用谱序列解决一般常用的问题. 如果想成为高级用户或开发者, 则请进一步阅读有关专著.

定义 7.1   设 $\mathscr{A}$ 是一个 Abel 范畴, 则 $\mathscr{A}$ 中的一个**谱序列** (*spectral sequence*) $E_2^{p,q} \Rightarrow E^n$ 由以下诸要素构成:

(SP1) $\mathscr{A}$ 中的一族对象 $(E_r^{p,q})$, 其中 p, q, r 是整数, 且 $p, q \geqslant 0$, $r \geqslant 2$;

(SP2) 对 $r \geqslant 2$ 有一族态射

$$d_r^{p,q} : E_r^{p,q} \longrightarrow E_r^{p+r,q-r+1},$$

满足 $d_r^{p+r,q-r+1} d_r^{p,q} = 0$, 且当 $p, q, p+r, q-r+1$ 中有一个小于 0 时就有 $d_r^{p,q} = 0$;

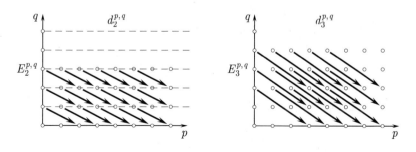

(SP3) 第 $r+1$ 级的对象 $E_{r+1}^{p,q}$ 是由第 r 级对象推导出来的:

$$E_{r+1}^{p,q} \stackrel{\text{def}}{=} \frac{\operatorname{Ker} d_r^{p,q}}{\operatorname{Im} d_r^{p-r,q+r-1}}.$$

而且对于每对 (p,q) 存在与 (p,q) 有关的 r_0, 使得对所有的 $r \geqslant r_0$, $d_r^{p,q} = 0 = d_r^{p-r,q+r-1}$, 从而

$$E_{r_0}^{p,q} = E_{r_0+1}^{p,q} = \cdots \overset{\text{def}}{=\!=} E_\infty^{p,q};$$

(SP4) 存在一族对象 (E^n), $n \geqslant 0$, 以及对每个 E^n 存在一个滤过

$$E^n = E_0^n \supseteq E_1^n \supseteq E_2^n \supseteq \cdots \supseteq E_n^n \supseteq 0,$$

使得

$$E_p^n / E_{p+1}^n = E_\infty^{p,n-p}.$$

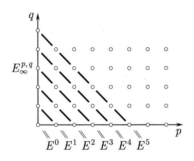

这样的谱序列通常被记为 $E_2^{p,q} \Rightarrow E^n$, 也称谱序列 $(E_2^{p,q})$ 收敛于 (E^n).

对于小的 n, 可以把 E^n 与 $E_2^{p,q}$ 的关系用公式明显地表示出来. 例如

$$E_2^{0,0} = E_\infty^{0,0} = E^0.$$

又有 $E^1 \supseteq E_1^1 \supseteq 0$, 其中 $E_1^1 = E_\infty^{1,0} = E_2^{1,0}$ 以及 $E^1/E_1^1 = E_\infty^{0,1} = \operatorname{Ker} d_2^{0,1}$. 于是 $0 \longrightarrow E_1^1 \longrightarrow E^1 \longrightarrow E^1/E_1^1 \longrightarrow 0$ 可导出一个正合列

$$0 \longrightarrow E_2^{1,0} \longrightarrow E^1 \longrightarrow E_2^{0,1} \xrightarrow{d_2^{0,1}} E_2^{2,0}.$$

再花点力气又可得到更长的正合列

$$0 \longrightarrow E_2^{1,0} \longrightarrow E^1 \longrightarrow E_2^{0,1} \xrightarrow{d_2^{0,1}} E_2^{2,0} \longrightarrow E_1^2 \longrightarrow E_2^{1,1} \longrightarrow E_2^{3,0}, \tag{7.1}$$

其中 $E_1^2 = \operatorname{Ker}(E^2 \longrightarrow E_2^{0,2})$.

以下两个定理是最重要的谱序列存在性定理.

定理 7.1 (Grothendieck 谱序列) 设 $\mathscr{A}, \mathscr{B}, \mathscr{C}$ 是三个 Abel 范畴, $\mathscr{A}$、$\mathscr{B}$ 都有足够多的内射对象. 设 $F: \mathscr{A} \longrightarrow \mathscr{B}$ 和 $G: \mathscr{B} \longrightarrow \mathscr{C}$ 都是左正合函子. 并且对 $\mathscr{A}$ 中的内射对象 I, $F(I)$ 是 $\mathscr{B}$ 中的 G 零调对象 (即 $R^n G(F(I)) = 0, \forall n > 0$). 则对 $\mathscr{A}$ 中的任意对象 A 有以下的谱序列:

$$(R^p G)(R^q F)(A) \Rightarrow R^{p+q}(GF)(A).$$

从而有如下的正合列:

$$0 \longrightarrow R^1 G(F(A)) \longrightarrow R^1(GF)(A) \longrightarrow$$
$$\longrightarrow G(R^1 F)(A) \longrightarrow R^2 G(F(A)) \longrightarrow \cdots . \qquad \Box$$

推论 7.2 如果上述定理中的 F 是正合函子, 则有同构:

$$R^p(GF)(A) \cong R^p G(F(A)). \qquad \Box$$

定理 7.3 (Leray 谱序列) 设 $f: X \longrightarrow Y$ 是拓扑空间的连续映射, $\mathscr{F}$ 是 X 上的 Abel 群层, 则有以下的谱序列:

$$H^p(Y, R^q f_* \mathscr{F}) \Rightarrow H^{p+q}(X, \mathscr{F}).$$

证明: 本定理中涉及的 3 个范畴分别是: X 上 Abel 群层的范畴 $\mathfrak{Sh}(X)$、Y 上 Abel 群层的范畴 $\mathfrak{Sh}(Y)$ 以及 Abel 群的范畴 $\mathfrak{Ab}$. 函子 $F = f_*(-)$, $G = \Gamma(Y, -)$. 由于内射层是软弱的 (命题 4.2(1)), 正像层函子把软弱层映成软弱层 (命题 4.1(3)), 而软弱层关于整体瓣函子又是零调的 (命题 5.1), 所以函子 F、G 满足定理 7.1 的条件, 把 F、G 的表达式代入 Grothendieck 谱序列就得到了 Leray 谱序列. $\qquad \Box$

由 Leray 谱序列可以得到一个正合列:

$$0 \longrightarrow H^1(Y, f_* \mathscr{F}) \longrightarrow H^1(X, \mathscr{F}) \longrightarrow$$
$$\longrightarrow H^0(Y, R^1 f_* \mathscr{F}) \longrightarrow H^2(Y, f_* \mathscr{F}) \longrightarrow \cdots .$$

说明 7.1 单从谱序列的定义来看, 除了我们可以立即得到一个 5 项或 8 项的正合列外, 其他的信息都是不易解读的. 从 $(E_2^{p,q})$ 出发我们并不能完全确定 (E^n) 的结构, 而只是得到了 E^n 的一个滤过的各个因子 (即各个滤过商群). 但当我们所讨论的群都是某个基域上的向量空间时, E^n 的维数就等于各个滤过商的维数之和. 此外常常会遇到的情形是当 $p > p_0$ 或 $q > q_0$ 时有 $E_2^{p,q} = 0$, 也就是所谓谱序列 "退化" 的情形. 这时不等于 0 的 $E_\infty^{p,q}$ 很容易计算.

例如设 Y 是一个 n 维流形, $f : X \longrightarrow Y$ 是 Y 上的线丛, 即点 $y \in Y$ 的纤维 $f^{-1}(y)$ 是 1 维的向量空间. 因为正像层函子可以看成是广义的整体瓣函子, $R^q f_* \mathscr{F}$ 与 $H^q(f^{-1}(y), \mathscr{F})$ 之间有着内在的联系. 由于纤维 $f^{-1}(y)$ 是 1 维的, 那么很可能会有 $R^q f_* \mathscr{F} = 0$ 对 $q > 1$ 成立. 另一方面对 $p > n$ 很可能会有 $H^p(Y, -) = 0$. 这样就得到了退化的谱序列. 事实上谱序列的产生与纤维丛有很大的关系. 运用谱序列可从纤维的上同调以及底空间的上同调信息得到纤维丛空间的上同调信息.

习题 4.7

7.1　证明正合列 (7.1).

7.2　设在谱序列 $E_2^{p,q} \Rightarrow E^n$ 中对每个 n 都有

$$E_2^{n-q,q} = 0, \quad \forall q \neq \left[\frac{n}{2} \right],$$

其中 $\left[\dfrac{n}{2} \right]$ 是 $\dfrac{n}{2}$ 的整数部分. 证明:

$$E^n = E_2^{n-\left[\frac{n}{2}\right], \left[\frac{n}{2}\right]}.$$

7.3　设在谱序列 $E_2^{p,q} \Rightarrow E^n$ 中存在某个 $n \geqslant 2$ 使得

$$E_2^{p,q} = 0, \quad \forall p \neq 0, n.$$

证明有正合列:

$$\cdots \longrightarrow E_2^{n,i-n} \longrightarrow E^i \longrightarrow E_2^{0,i} \longrightarrow E_2^{n,i+1-n} \longrightarrow E^{i+1} \longrightarrow \cdots.$$

7.4　设在谱序列 $E_2^{p,q} \Rightarrow E^n$ 中存在某个 $n \geqslant 2$ 使得

$$E_2^{p,q} = 0, \quad \forall q \neq 0, n.$$

证明有正合列:

$$\cdots \longrightarrow E_2^{i,0} \longrightarrow E^i \longrightarrow E_2^{i-n,n} \longrightarrow E_2^{i+1,0} \longrightarrow E^{i+1} \longrightarrow \cdots.$$

部分习题答案与提示

注意: 有的题目答案不唯一, 我们只给出其中一个.

第一章　模

习题 1.1

1.1　(1) $\lambda x = (0, x_1, \cdots, x_{n-1})$.

(2) $(\lambda^2 + 2)x = (2x_1, 2x_2, x_1 + 2x_3, \cdots, x_{n-2} + 2x_n)$.

(3) $(\lambda^{n-1} + \lambda^{n-2} + \cdots + 1)x = (x_1, x_1 + x_2, x_1 + x_2 + x_3, \cdots, x_1 + x_2 + \cdots + x_n)$.

满足 $\lambda^2 x = 0$ 的 $x = (0, \cdots, 0, x_{n-1}, x_n)$.

1.2　例如设 $R = \mathbb{Z}[x]$, 子环 $S = \mathbb{Z} \subset \mathbb{Z}[x] = R$, 而 $x.1 = x \notin S$.

1.3　在习题 1.1 中取 $n = 2$, $N = \{(x_1, 0)\} \subset M = V = \mathbb{R}^2$ 是一个子群, 但 $\lambda(1, 0) = (0, 1) \notin N$.

1.6　$\mathrm{Ann}(V) = (\lambda^n)$.

1.7　反例: 取 $R = M = \mathbb{Z}_6$, 考察 $T(M)$.

1.8　M 不能成为 $\mathbb{Q}$ 模. 反证: 若 M 成为 $\mathbb{Q}$ 模, 设 $|M| = n \geqslant 2$, 则任给 $y \in M$, 有 $ny = 0$. 于是 $y = 1 \cdot y = \left(n \cdot \dfrac{1}{n}\right) y = n\left(\dfrac{1}{n}y\right) = 0$, 矛盾.

1.9　$(a_0 + a_1\lambda + \cdots + a_{n-1}\lambda^{n-1})e_1 = (a_0, a_1, \cdots, a_{n-1})$.

1.11　不是单模. 这是因为 $\mathbb{R}[\lambda]e_n = \mathbb{R}e_n$ 是 V 的非零真子模.

1.12　取 $R = M = \mathbb{Z}[x]$, 则 M 是有限生成 R 模 (它由 1 生成), 但 M 不是有限生成 Abel 群.

习题 1.2

2.1　为证 (2)$\Rightarrow$(1), 可设 $M \neq 0$, 取 $N = M$, 考察 $1_M : M \longrightarrow N$ 与 $0 : M \longrightarrow N$.

2.2　为证 (2)$\Rightarrow$(1), 若 M 不是单模, 则 M 有非零真子模 K, 考虑自然同态 $\pi : M \longrightarrow$

M/K. 同理对 (3)$\Rightarrow$(1) 可考虑嵌入同态 $K \longrightarrow M$.

2.6 考虑映射 $\varphi : \mathrm{Hom}_R(R, M) \longrightarrow M$, $f \mapsto f(1)$.

2.7 考虑映射 $\varphi : \mathrm{Hom}_{\mathbb{Z}}(\mathbb{Z}_m, A) \longrightarrow A[m]$, $f \mapsto f(\overline{1})$, 以证明 $\mathrm{Hom}_{\mathbb{Z}}(\mathbb{Z}_m, A) \cong A[m]$. 利用上述结果, 有 $\mathrm{Hom}_{\mathbb{Z}}(\mathbb{Z}_m, \mathbb{Z}_n) \cong \mathbb{Z}_n[m]$. 而 $\mathbb{Z}_n[m] = \{\overline{a} \in \mathbb{Z}_n \mid m\overline{a} = \overline{0}\}$. 设 $d = (m, n)$, $m = m_1 d$, $n = n_1 d$, 可证 $\mathbb{Z}_n[m] = \{\overline{0}, \overline{n_1}, \overline{2n_1}, \cdots, \overline{(d-1)n_1}\} \cong \mathbb{Z}_d$.

2.8 $\mathrm{Hom}_{\mathbb{Z}}(\mathbb{Z}, \mathbb{Z}_n) \cong \mathbb{Z}_n$, $\mathrm{Hom}_{\mathbb{Z}}(\mathbb{Z}_n, \mathbb{Z}) = \{0\}$, $\mathrm{Hom}_{\mathbb{Z}}(\mathbb{Q}, \mathbb{Z}) = \{0\}$, $\mathrm{Hom}_{\mathbb{Z}}(\mathbb{Z}, \mathbb{Q}) \cong \mathbb{Q}$, $\mathrm{Hom}_{\mathbb{Z}}(\mathbb{Q}, \mathbb{Q}) \cong \mathbb{Q}$.

2.9 存在整数 a, b, 使 $(m, n) = am + bn$. 任给 $f \in \mathrm{Hom}_{\mathbb{Z}}(M, N)$, 可证 $(m, n)f = 0$, 因此 $(m, n) \in \mathrm{Ann}(\mathrm{Hom}_{\mathbb{Z}}(M, N)) = d\mathbb{Z}$.

2.10 (3) 设 $R = \mathbb{Z}$. 显然, $\mathbb{Z} \xrightarrow{g} \mathbb{Z}_6 \longrightarrow 0$ 是正合列, 其中 g 是自然同态, 而 $T(\mathbb{Z}) = \{0\}$, $T(\mathbb{Z}_6) = \mathbb{Z}_6$, 故 $T(\mathbb{Z}) \xrightarrow{g_T} T(\mathbb{Z}_6) \longrightarrow 0$ 显然不是正合列.

2.13 (1) 定义 $f(a) = an$ 以及 $g(a) = \overline{a}$ (即自然同态) 即可.

(2) 定义 $f : \mathbb{Z}_2 \longrightarrow \mathbb{Z}_4$, $a + (2) \longmapsto 2a + (4)$, $g : \mathbb{Z}_4 \longrightarrow \mathbb{Z}_4$, $a + (4) \longmapsto 2a + (4)$, $h : \mathbb{Z}_4 \longrightarrow \mathbb{Z}_2$, $a + (4) \longmapsto a + (2)$.

2.14 (1) 取 $A = A' = B = B' = \mathbb{Z}$, $C = \mathbb{Z}_n$, $C' = \mathbb{Z}_m$, $m \neq n$. 再利用习题 2.13(1).

(2) 取 $A = A' = C = C' = \mathbb{Z}_2$, $B = \mathbb{Z}_2 \oplus \mathbb{Z}_2$, $B' = \mathbb{Z}_4$. 令 $\iota_1 : A \longrightarrow B$, $\iota_1(a) = (a, 0)$, $\pi_2 : B \longrightarrow C$, $\pi_2(a, b) = b$. $f : A' \longrightarrow B'$, $f(a + (2)) = 2a + (4)$. $g : B' \longrightarrow C'$, $g(b + (4)) = b + (2)$.

(3) 取 $A = \mathbb{Z}_4$, $A' = \mathbb{Z}_2 \oplus \mathbb{Z}_2$, $B = B' = \mathbb{Z}_4 \oplus \mathbb{Z}_2$, $C = C' = \mathbb{Z}_2$. 其中 $\iota_1 : A \longrightarrow B$, $\iota_1(a) = (a, 0)$, $\pi_2 : B \longrightarrow C$, $\pi_2(a, b) = b$, $f : A' \longrightarrow B'$, $f(a + (2), b + (2)) = (2a + (4), b + (2))$, $g : B' \longrightarrow C'$, $g(a + (4), b + (2)) = a + (2)$.

2.15 (2) 由于 $V = \mathbb{R}(v_1 + v_2) \oplus \mathbb{R}(v_1 - v_2) \oplus \mathbb{R}v_3$, 即 $v_1 + v_2$, $v_1 - v_2$, v_3 为 V 的基, 定义 $g' : V \longrightarrow W$, $g'(\alpha_1(v_1 + v_2) + \alpha_2(v_1 - v_2) + \alpha_3 v_3) = \alpha_2 w_1 + \alpha_3 w_2$, 可证序列为正合列.

(3) 定义 $f' : U \longrightarrow V$, $f'(\alpha u) = \alpha v_2$, 则序列正合.

习题 1.3

3.4 若 m 与 n 互素, 定义 $f : \mathbb{Z}_{mn} \longrightarrow \mathbb{Z}_m \oplus \mathbb{Z}_n$, $f(a + (mn)) = (a + (m), a + (n))$, 证明 f 是同构.

反之, 若 $(m, n) = d > 1$, 可证 $\mathbb{Z}_m \oplus \mathbb{Z}_n$ 中的任意元素的周期均为 $\dfrac{mn}{d}$ 的因数以证明两者不可能同构.

3.5 先证 $\mathbb{Z}/(p^e)$ 的任一子模 M 均有形式 $p^k \mathbb{Z}/(p^e)$, 其中 $0 \leqslant k \leqslant e$. 再证 $\mathbb{Z}/(p^e)$ 的任两个非零子模交集非零. 对 $\mathbb{Z}$ 模 $\mathbb{Z}$, 也证明它的任意两个非零子模交集非零.

习题 1.4

4.1 令 $f : \mathbb{Z} \longrightarrow \mathbb{Z}$, $f(n) = 2n$, 则 f 是单自同态, 但显然 f 不是满的.

4.3 设 A_{ik} 是方阵 A 的代数余子式, 那么对于 $1 \leqslant k \leqslant n$, 有 $\sum_i A_{ik} f_i = \sum_i \sum_j A_{ik} a_{ij} e_j = |\det A| e_k$.

4.4 可证 $\mathbb{Q}$ 中任意 2 个元素均 $\mathbb{Z}$ 线性相关, 而 $\mathbb{Q}$ 又不是循环 $\mathbb{Z}$ 模.

4.5 设 I 是 R 的理想, 则任意的非零元 $a \neq b \in I$ 都有 $ba + (-a)b = 0$, 因此自由模 I 的秩等于 1, 即 R 的理想都是秩 1 自由模, 从而是主理想, 并且 R 是整环.

习题 1.5

5.1 注意 $\operatorname{Hom}_{\mathbb{Z}}(\mathbb{Z}_2, \mathbb{Z}) = 0$, $\operatorname{Hom}_{\mathbb{Z}}(\mathbb{Z}_2, \mathbb{Z}_2) \cong \mathbb{Z}_2$, 因此 $\bar{f} = \bar{g} = 0$. $\operatorname{Hom}_{\mathbb{Z}}(\mathbb{Z}, \mathbb{Z}_2) \cong \mathbb{Z}_2$, $\tilde{g}(1_{\mathbb{Z}_2}) = g$, $\tilde{g}(0) = 0$. $\tilde{f} = 0$.

5.3 $\mathbb{Z}$ 是主理想整环, 因此投射 $\mathbb{Z}$ 模都是自由 $\mathbb{Z}$ 模, 而 $\mathbb{Z}_2, \mathbb{Z}_3$ 都不是自由模.

5.4 由习题 3.4 知, 作为 $\mathbb{Z}$ 模有 $\mathbb{Z}_{mn} \cong \mathbb{Z}_m \oplus \mathbb{Z}_n$. 但由本题前一部分知 $\mathbb{Z}_m, \mathbb{Z}_n$ 都是 $\mathbb{Z}_{mn}$ 模. 容易验证上述同构也是 $\mathbb{Z}_{mn}$ 模的同构. 于是 $\mathbb{Z}_n$ 是自由 $\mathbb{Z}_{mn}$ 模 $\mathbb{Z}_{mn}$ 的直和项. 再利用定理 5.6 得, $\mathbb{Z}_n$ 是投射 $\mathbb{Z}_{mn}$ 模.

习题 1.6

6.3 由引理 6.3, 只要证明对 $R = \mathbb{Z}_m$ 的任意非零理想 $S = (\bar{a})$ 及任意 R 模同态 $h : S \longrightarrow \mathbb{Z}_m$ 均可扩张为同态 $\bar{h} : R \longrightarrow \mathbb{Z}_m$. 设 $h(\bar{a}) = \bar{b}$, 则 $\bar{b}$ 的阶 $\dfrac{m}{(b, m)}$ 必整除 $\bar{a}$ 的阶 $\dfrac{m}{(a, m)}$, 即 $(a, m) \mid (b, m)$, 故 $(a, m) \mid b$. 从而 $ax \equiv b \pmod{m}$ 有解, 设为 $x \equiv c \pmod{m}$. 令 $\bar{h} : R \longrightarrow \mathbb{Z}_m$ 为 $\bar{h}(\bar{k}) = k\bar{c}$, 即为所求.

如果 $d \mid m$ 并且 d 与 m/d 有公共素因子. 我们取 $\mathbb{Z}_m$ 的理想 $S = (\bar{a})$, 其中 $a = m/d$, 则 $\bar{a}$ 的阶为 d. 所以存在 R 模同态 $h : S \longrightarrow \mathbb{Z}_d$, 使得 $h(\bar{a}) = \bar{\bar{1}}$. 若 $\mathbb{Z}_d$ 是内射 R 模, 则存在 R 模同态 $\bar{h} : \mathbb{Z}_m \longrightarrow \mathbb{Z}_d$, 使得 $\bar{h}|_S = h$. 故 $a\bar{h}(\bar{1}) = \bar{\bar{1}}$, 也即 $ax \equiv 1 \pmod{d}$ 有解. 与已知条件 $(a, d) > 1$ 相矛盾.

6.4 若取 $r = 2 \in \mathbb{Z}$, $y = 1 \in \mathbb{Z}$, 则不存在 $x \in \mathbb{Z}$, 使 $2x = y$.

6.7 ($\Leftarrow$) 可定义 $\bar{h} : R \longrightarrow M$, $\bar{h}(r) = ra$, 再证 $\bar{h}$ 是 h 的扩张;

($\Rightarrow$) h 可扩张为 R 模同态 $\bar{h} : R \longrightarrow M$. 令 $a = \bar{h}(1) \in M$, 即为所求.

习题 1.7

7.1 (1) 可通过建立互逆的同态 $\phi : A \otimes_{\mathbb{Z}} \mathbb{Z}_m \longrightarrow A/mA$ 与 $A/mA \longrightarrow A \otimes_{\mathbb{Z}} \mathbb{Z}_m$ 证明它们同构.

(2) 利用 (1) 的结论.

7.2 可通过建立互逆的同态证明它们同构.

7.4 可利用习题 7.2 的结论.

7.5 根据平坦模的定义直接验证.

7.6 对任何 R 模同态的短正合列 $0 \longrightarrow A \longrightarrow B \longrightarrow C \longrightarrow 0$, 证明

$$0 \longrightarrow \mathrm{Hom}_R(C, \mathrm{Hom}_R(M, I)) \longrightarrow \mathrm{Hom}_R(B, \mathrm{Hom}_R(M, I)) \longrightarrow$$
$$\longrightarrow \mathrm{Hom}_R(A, \mathrm{Hom}_R(M, I)) \longrightarrow 0$$

正合. 这里要利用伴随结合性 (命题 7.6).

习题 1.8

8.1 $T^1(V)$, $S^1(V)$, $\wedge^1(V)$ 的基都可取为 e_1, e_2, e_3; $T^2(V)$ 的一个基可取为: $e_i \otimes e_j$, $i, j = 1, 2, 3$; $S^2(V)$ 的一个基可取为: e_1^2, e_2^2, e_3^2, e_1e_2, e_1e_3, e_2e_3; $\wedge^2(V)$ 的一个基可取为: $e_1 \wedge e_2, e_1 \wedge e_3, e_2 \wedge e_3$; $T^3(V)$ 的一个基可取为: $e_i \otimes e_j \otimes e_k$, $i, j, k = 1, 2, 3$; $S^3(V)$ 的一个基可取为: e_i^3, $e_i^2 e_j$, $e_1e_2e_3$, 其中 $i, j = 1, 2, 3$; $\wedge^3(V)$ 的一个基可取为: $e_1 \wedge e_2 \wedge e_3$.

8.3 令矩阵 $A = (a_{ij})$, 它的代数余子式记为 A_{ij}. 则 $v_1 \wedge v_2 = A_{31}e_2 \wedge e_3 + A_{32}e_3 \wedge e_1 + A_{33}e_1 \wedge e_2$; $v_1 \wedge v_2 \wedge v_3 = \det(A)e_1 \wedge e_2 \wedge e_3$.

8.5 可定义 $[(e'_{i_1} \wedge \cdots \wedge e'_{i_r}) \otimes (e''_{j_1} \wedge \cdots \wedge e''_{j_s})] \wedge [(e'_{k_1} \wedge \cdots \wedge e'_{k_p}) \otimes (e''_{l_1} \wedge \cdots \wedge e''_{l_q})] = (-1)^{sp}(e'_{i_1} \wedge \cdots \wedge e'_{i_r} \wedge e'_{k_1} \wedge \cdots \wedge e'_{k_p}) \otimes (e''_{j_1} \wedge \cdots \wedge e''_{j_s} \wedge e''_{l_1} \wedge \cdots \wedge e''_{l_q})$.

第二章 范畴

习题 2.1

1.5 $\mathfrak{C}$ 的子范畴 $\mathfrak{D}$ 对应 G 的子群 H, 即取 $\mathrm{hom}_{\mathfrak{D}}(A, A) = H$. 而满子范畴即 $\mathfrak{C}$ 本身.

1.6 对 $\mathfrak{G}$ 中每个对象 G, 定义 $\varphi: \mathrm{hom}(\mathbb{Z}, G) \longrightarrow G$, $\varphi(f) = f(1)$. 证明这是一个一一对应.

1.7 无限循环群 $\mathbb{Z}$ 是群的范畴 $\mathfrak{G}$ 的一个生成子.

1.8 在带基点的集合的范畴中取对象 (X, x), 使得 $|X| = 2$, 则 (X, x) 是它的生成子. 在例 1.1 中, 单点集为生成子. 在例 1.3 中, $\mathbb{Z}$ 为生成子. 在例 1.4 中, 整系数一元多项式环 $\mathbb{Z}[x]$ 中的主理想 $\langle x \rangle$ 为生成子. 在例 1.5 中, $\mathbb{Z}[x]$ 为生成子. 在例 1.6 中, $\mathbb{Z}[x]$ 为生成子. 在例 1.7 中, F 为生成子. 在例 1.8 中, R 为生成子. 在例 1.9 中, 单点集为生成子.

习题 2.2

2.5 (4) 取 V 为以 x 为基的 1 维复向量空间, e 为其对偶基, $f : V \longrightarrow V$ 为 V 的自同构, 使 $f(x) = 2x$, 则 $[D(f)\alpha_V](x) = D(f)(e) = \overline{f}^{-1}(e)$. 而 $[\overline{f}^{-1}(e)](x) = \frac{1}{2}$. 所以, $\overline{f}^{-1}(e) = \frac{1}{2}e$. 另一方面, $(\alpha_V f)(x) = 2e$, 所以, $D(f)\alpha_V \neq \alpha_V f$. α 不是自然的.

习题 2.3

3.2 假设 $\mathbb{Q}$ 是 X 上的自由对象. $i : X \longrightarrow \mathbb{Q}$ 是相应的映射. 取群 $\mathbb{Z}$ 及映射 $f : X \longrightarrow \mathbb{Z}$, 使 $f(X) = \{1\}$. 则按定义, 存在群同态 $\overline{f} : \mathbb{Q} \longrightarrow \mathbb{Z}$, 使 $\overline{f}i = f$. 从而 $\overline{f}$ 不是零同态. 但是由第一章题 2.8 知, $\mathbb{Q}$ 到 $\mathbb{Z}$ 的同态只有零同态.

3.4 令 $\mathrm{ob}(\mathfrak{D}) = \{(X, f_1, f_2) \mid X \in \mathrm{ob}(\mathfrak{C}), f_i \in \hom(A_i, X), i = 1, 2\}$,

$$\hom_{\mathfrak{D}}((X, f_1, f_2), (Y, g_1, g_2)) = \{h \in_{\mathfrak{C}} (X, Y) \mid hf_i = g_i, i = 1, 2\}.$$

习题 2.4

4.1 定义函子 $F : \mathfrak{C} \longrightarrow \mathfrak{S}$ 如下: 对 $B \in \mathrm{ob}(\mathfrak{C})$, 令

$$F(B) = \hom_{\mathfrak{C}}(A_1, B) \prod \hom_{\mathfrak{C}}(A_2, B)$$
$$= \{(f_1, f_2) \mid f_i \in \hom_{\mathfrak{C}}(A_i, B), i = 1, 2\}$$

(见例 3.2). $\hom_{\mathfrak{C}}(B, C) \longrightarrow \hom_{\mathfrak{S}}(F(B), F(C))$, $h \longmapsto F(h) : (f_1, f_2) \mapsto (hf_1, hf_2)$.

4.2 这两个函子可分别由 R 及 $\mathbb{Z}$ 表示.

习题 2.5

5.2 设 R 是一个环, u, v 为 $\mathbb{Q} \longrightarrow R$ 的态射. 若 $uf = vf$, 则由 $u(n) = v(n)$, $\forall n \in \mathbb{Z}$ 得 $u\left(\frac{1}{n}\right) = u\left(\frac{1}{n}\right)v(n)v\left(\frac{1}{n}\right) = u\left(\frac{1}{n}\right)u(n)v\left(\frac{1}{n}\right) = v\left(\frac{1}{n}\right)$, 从而 $u\left(\frac{m}{n}\right) = v\left(\frac{m}{n}\right)$. 故 $v = u$.

5.3 设 $g, h : A \longrightarrow \mathbb{Q}$ 是可除 Abel 群范畴的态射, 使 $\nu g = \nu h$, 则对任何 $x \in A$, $g(x) - h(x) \in \mathbb{Z}$. 若 $g \neq h$, 则存在 $x \in A$, 使 $g(x) - h(x) = n$, 且 $n \neq 0$. 由于 A 是可除的, 故存在 $y \in A$, 使 $x = 2ny$. 从而 $2(g(y) - h(y)) = 1$, 这是不可能的.

5.7 对于态射对 $f, g \in \hom_{\mathfrak{C}}(C, D)$, 定义

$$\mathrm{ob}(\mathfrak{D}) = \{(A, i) \mid A \in \mathrm{ob}(\mathfrak{C}), i \in \hom(A, C), \ \text{使} \ fi = gi\}.$$
$$\hom_{\mathfrak{D}}((A, i), (B, i')) = \{h \in \hom(A, B) \mid i'h = i\}.$$

态射的复合为 $\mathfrak{C}$ 中的复合, 则易证 $\mathfrak{D}$ 是一个范畴. 其余泛对象 (若存在) 即为 (f, g) 的差核.

类似地, 若令 $\mathrm{ob}(\mathfrak{E}) = \{(A, j) \mid A \in \mathrm{ob}(\mathfrak{D}), j \in \hom(C, A),$ 使 $jf = jg\}$.

$$\hom_{\mathfrak{E}}((A, j), (B, j')) = \{h \in \hom(A, B) \mid hj = j'\}.$$

态射的复合为 $\mathfrak{C}$ 中的复合, 则易证 $\mathfrak{E}$ 是一个范畴, 其泛对象 (若存在) 即为 (f, g) 的差余核.

第三章　同调代数

习题 3.1

1.2　$H_1(C_\bullet) \cong \mathbb{Z}_4$, $H_n(C_\bullet) \cong \begin{cases} \mathbb{Z}_2, & n > 1, \\ 0, & n \leqslant 0. \end{cases}$

1.3　$H_1(K) \cong R^3$, $H_0(K) \cong R$, 其余 $H_n(K) = 0$.

1.5　$H_0(K, \mathbb{Z}) \cong H_0(K', \mathbb{Z}) \cong \mathbb{Z}$, $H_1(K, \mathbb{Z}) \cong H_1(K', \mathbb{Z}) \cong \mathbb{Z} \oplus \mathbb{Z}$, $H_2(K, \mathbb{Z}) \cong H_2(K', \mathbb{Z}) \cong \mathbb{Z}$, 其余均为 0.

1.7　$H_n(C_\bullet) \cong M$, $n \in \mathbb{Z}$.

1.8　$H_n(C_\bullet) = 0$, $n \in \mathbb{Z}$.

习题 3.2

2.7　若 α 与 0 同伦, 则存在态射 $q_0 : C_0 \longrightarrow C_1'$, 使得 $\alpha_1 = q_0 d_1$, 从而 $t_1 = 2q_0(s_0)$. 显然这样的 $q_0(s_0) \in C_1'$ 不可能存在.

*2.9　($\Rightarrow$) 归纳地定义满足 $d_{n+1}s_n'd_{n+1} = d_{n+1}$ 的同态 $s_n' : C_n \longrightarrow C_{n+1}$: 令 $s_0' = s_0$. 设 $s_0', \cdots, s_{n-1}'$ 已被定义, 对任意的 $c_n \in C_n$ 有 $c_n - s_{n-1}'d_n(c_n) \in \operatorname{Ker} d_n = \operatorname{Im} d_{n+1}$, 因此存在 $c_{n+1} \in C_{n+1}$ 使得 $c_n - s_{n-1}'d_n(c_n) = d_{n+1}(c_{n+1}) = d_{n+1}s_nd_{n+1}(c_{n+1}) = d_{n+1}s_n(c_n - s_{n-1}'d_n(c_n))$. 定义 $s_n'(c_n) = s_n(c_n - s_{n-1}'d_n(c_n))$. 可以验证 $d_{n+1}s_n'd_{n+1} = d_{n+1}$. 从而 $1_{C_n} = s_{n-1}'d_n + d_{n+1}s_n'$.

*2.11　记 $\gamma = \alpha - \beta$, 则 $\tilde{\gamma}$ 在同调模上诱导零同态:

$$\tilde{\gamma}_n = 0 : H_n(C_\bullet) \longrightarrow H_n(C_\bullet').$$

(i) 定义一个集合映射 $t_n : C_{n-1} \longrightarrow C_n$ 使得:

$$\begin{cases} d_n t_n(c_{n-1}) = c_{n-1}, & c_{n-1} \in \operatorname{Im} d_n, \\ t_n(c_{n-1}) = 0, & c_{n-1} \notin \operatorname{Im} d_n. \end{cases}$$

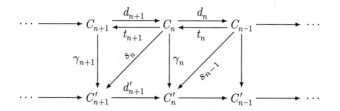

(ii) 不难验证 $c_n - t_n d_n(c_n) \in Z_n(C_\bullet)$, 由 $\tilde{\gamma}_n = 0$ 可得 $\gamma_n(c_n - t_n d_n(c_n)) \in B_n(C_\bullet) =$ $\operatorname{Im} d'_{n+1}$.

(iii) 存在集合映射 $s_n : C_n \longrightarrow C'_{n+1}$, 使得

$$\begin{cases} d'_{n+1} s_n(c_n) = (\gamma_n - \gamma_n t_n d_n)(c_n), & c_n \notin \operatorname{Im} d_{n+1}, \\ s_n(c_n) = \gamma_{n+1} t_{n+1}(c_n), & c_n \in \operatorname{Im} d_{n+1}. \end{cases}$$

(iv) 验证 $\gamma_n = d'_{n+1} s_n + s_{n-1} d_n$.

*2.12 例如取 $s_0(\bar{0}) = 0, s_0(\bar{1}) = 1, s_1(2m) = s_1(2m+1) = m$.

习题 3.3

3.1 作复形 $C_\bullet = (C_n, d_n)$ 如下: 令 $C_1 = R$, $C_0 = R^2$, 对其余 n, $C_n = 0$. $d_1 : h \longmapsto$ $(hg, -hf)$, $\varepsilon : (f_1, f_2) \longmapsto f_1 f + f_2 g$. 证明这是 M 的自由分解.

3.3 定义复形 $C_\bullet = (C_n, d_n)$ 如下: $C_0 = \mathbb{Z}$, 而 $C_n = 0$, $n > 0$. $\varepsilon : C_0 \longrightarrow M$ 为 $\varepsilon(x) = 3x$. 定义复形 $C'_\bullet = (C'_n, d'_n)$ 如下: $C'_0 = \mathbb{Z}^2$, $C'_1 = \mathbb{Z}$, $C'_n = 0$, $n > 1$. $d'_1 : C'_1 \longrightarrow C'_0$ 为 $d'_1(z) = (3z, -2z)$, $\varepsilon' : C'_0 \longrightarrow M$ 为 $\varepsilon'(x, y) = 6x + 9y$. 证明它们都是 M 的自由分解.

习题 3.5

5.1 $\operatorname{Tor}_0^{\mathbb{Z}}(\mathbb{Z}, \mathbb{Z}) \cong \mathbb{Z}$, $\operatorname{Tor}_0^{\mathbb{Z}}(\mathbb{Z}, \mathbb{Z}_s) \cong \mathbb{Z}_s$, $\operatorname{Tor}_0^{\mathbb{Z}}(\mathbb{Z}_s, \mathbb{Z}_t) \cong \operatorname{Tor}_1^{\mathbb{Z}}(\mathbb{Z}_s, \mathbb{Z}_t) \cong \mathbb{Z}_{(s,t)}$, 其余均为 0.

习题 3.6

6.1 $\operatorname{Ext}_{\mathbb{Z}}^1(\mathbb{Z}, \mathbb{Z}) = \operatorname{Ext}_{\mathbb{Z}}^1(\mathbb{Z}, \mathbb{Z}_m) = 0$, $\operatorname{Ext}_{\mathbb{Z}}^1(\mathbb{Z}_m, \mathbb{Z}) \cong \mathbb{Z}_m$, $\operatorname{Ext}_{\mathbb{Z}}^1(\mathbb{Z}_m, \mathbb{Z}_n) \cong \mathbb{Z}_{(m,n)}$.

6.3 分裂扩张: $0 \longrightarrow \mathbb{Z} \longrightarrow \mathbb{Z} \oplus \mathbb{Z}_2 \longrightarrow \mathbb{Z}_2 \longrightarrow 0$, 以及扩张: $0 \longrightarrow \mathbb{Z} \xrightarrow{f} \mathbb{Z} \xrightarrow{g} \mathbb{Z}_2 \longrightarrow 0$, 其中, $f(x) = 2x$, 而 g 为自然同态.

第四章 层及其上同调理论

习题 4.1

1.1 X 有 4 个开子集: X, $\{P\}$, $\{Q\}$, $\varnothing$. 预层 $\mathscr{F}$ 与层 $\mathscr{G}$ 的瓣群如下: $\mathscr{F}(\varnothing) = \mathscr{G}(\varnothing) = 0$,

$\mathscr{F}(X) = \mathscr{F}(\{P\}) = \mathscr{F}(\{Q\}) = \mathscr{G}(\{P\}) = \mathscr{G}(\{Q\}) = \mathbb{Z},\ \mathscr{G}(X) = \mathbb{Z} \oplus \mathbb{Z}.$

1.3 $\mathscr{F}_x = \begin{cases} A, & x \in \overline{\{P\}}, \\ 0, & \text{其他情形}. \end{cases}$

1.5   对于任意一个 $\{s_\alpha\} \in \prod\limits_{\alpha} \mathscr{F}(U_\alpha)$, 由已知条件可得 $\mathrm{pr}_{\alpha\beta}(r'(\{s_\alpha\})) = s_\alpha|_{U_\alpha \cup U_\beta}$, $\mathrm{pr}_{\alpha\beta}(r''(\{s_\alpha\})) = s_\beta|_{U_\alpha \cup U_\beta}$. 公理 (S1) $\Longleftrightarrow$ r 是单态射. 由预层定义的公理 (P3) 可得 $r'r = r''r$. 设有层 $\mathscr{G}$ 以及同态 $f : \mathscr{G}(U) \longrightarrow \prod\limits_{\alpha} \mathscr{F}(U_\alpha)$, f 满足 $r'f = r''f$ $\Longrightarrow$ 对任意的 $t \in \mathscr{G}(U)$ 有 $f(t)_\alpha|_{U_\alpha \cup U_\beta} = f(t)_\beta|_{U_\alpha \cup U_\beta}$, 这里 $f(t)_\alpha = \mathrm{pr}_\alpha(f(t))$. 公理 (S1) (S2) $\Longrightarrow$ 存在唯一的 $s \in \mathscr{F}(U)$ 使得 $s|_{U_\alpha} = f(t)_\alpha$. 因而可定义同态 $\overline{f} : \mathscr{G}(U) \longrightarrow \mathscr{F}(U)$ 为 $\overline{f}(t) = s$, 它满足 $f = r\overline{f}$. 这证明 r 是 (r', r'') 的差核. 类似地可从差核的性质推出 (S2).

习题 4.2

2.1 $(s_i)_0 = 0$, 而 $\{s_i\}_0 \neq 0$.

2.2 $\{(s_i)_0\} \in \prod\limits_{i \in \mathbb{N}} \mathscr{F}_{i,0}$, 而 $\{s_i\}$ 在 0 的邻域无意义.

习题 4.3

3.2 $f_* \mathscr{F}(U) = \mathscr{F}(U \cup X)$. 当 $x \notin \overline{X}$ 时, $(f_* \mathscr{F})_x = 0$, 当 $x \in \overline{X} \setminus X$ 时, 可能有 $(f_* \mathscr{F})_x \neq 0$. 例如当 P 不是闭点时, 摩天楼层在 $\overline{\{P\}} \setminus \{P\}$ 的点上的茎不等于 0.

3.3   对于 $X = \{P, Q\}$, $Pf^{-1}(f_* \mathscr{F})$ 是以 $\mathbb{Z} \oplus \mathbb{Z}$ 为茎的常预层, $f^{-1} f_* \mathscr{F}$ 是相应的常层, 即 $f^{-1} f_* \mathscr{F}(X) \cong \mathbb{Z} \oplus \mathbb{Z} \oplus \mathbb{Z} \oplus \mathbb{Z}$, $f^{-1} f_* \mathscr{F}(\{P\}) \cong f^{-1} f_* \mathscr{F}(\{Q\}) \cong \mathbb{Z} \oplus \mathbb{Z}$.

$$\rho_X : f^{-1} f_* \mathscr{F}(X) = \mathbb{Z}^{\oplus 4} \longrightarrow \mathscr{F}(X) = \mathbb{Z}^{\oplus 2},$$
$$(a, b, c, d) \longmapsto (a, d),$$
$$\rho_{\{P\}} : f^{-1} f_* \mathscr{F}(\{P\}) = \mathbb{Z} \oplus \mathbb{Z} \longrightarrow \mathscr{F}(\{P\}) = \mathbb{Z},$$
$$(a, b) \longmapsto a,$$
$$\rho_{\{Q\}} : f^{-1} f_* \mathscr{F}(\{Q\}) = \mathbb{Z} \oplus \mathbb{Z} \longrightarrow \mathscr{F}(\{Q\}) = \mathbb{Z},$$
$$(c, d) \longmapsto d.$$

3.4   对于 $X = \{P, Q\}$, $f_* f^{-1} \mathscr{G}(Y) = \mathbb{Z} \oplus \mathbb{Z}$.

$$\zeta_Y : \mathscr{G}(Y) = \mathbb{Z} \longrightarrow f_* f^{-1} \mathscr{G}(Y) = \mathbb{Z} \oplus \mathbb{Z},$$
$$a \longmapsto (a, a).$$

3.5   利用题 3.3 及 3.4 定义的态射 ρ, ζ, 可定义映射

$$\phi : \mathrm{Hom}_X(f^{-1} \mathscr{G}, \mathscr{F}) \longrightarrow \mathrm{Hom}_Y(\mathscr{G}, f_* \mathscr{F}),$$
$$\alpha \longmapsto f_*(\alpha) \circ \zeta,$$
$$\psi : \mathrm{Hom}_Y(\mathscr{G}, f_* \mathscr{F}) \longrightarrow \mathrm{Hom}_X(f^{-1} \mathscr{G}, \mathscr{F}),$$
$$\beta \longmapsto \rho \circ f^{-1}(\beta),$$

再验证 φ 与 ψ 互为逆映射 (并不容易).

习题 4.6

6.1 取 $\mathbb{PR}^2$ 的齐次坐标系 (x_0, x_1, x_2), 定义开集 $U_i = \{(x_0, x_1, x_2) \in \mathbb{PR}^2 | x_i \neq 0\} \cong \mathbb{R}^2$, $i = 0, 1, 2$, 则 $\mathfrak{U} = \{U_0, U_1, U_2\}$ 是符合定理 6.6 条件的开覆盖. 注意 U_{01}, U_{02}, U_{12} 各有 2 个单连通分支, U_{012} 有 4 个单连通分支.

习题 4.7

7.1 我们有: $E_3^{2,0} = E_2^{2,0} / \operatorname{Im} d_2^{0,1} = E_\infty^{2,0}$, $E_3^{1,1} = \operatorname{Ker} d_2^{1,1} = E_\infty^{1,1}$. E^2 有一个滤过 $E_2 \supseteq E_1^2 \supseteq E_2^2 \supseteq 0$. 根据谱序列收敛的定义, 有 $E_2^2 \cong E_\infty^{2,0} \cong E_2^{2,0} / \operatorname{Im} d_2^{0,1}$ 以及 $E_1^2 / E_2^2 \cong E_\infty^{1,1} \cong \operatorname{Ker} d_2^{1,1}$. 写成短正合列即有

$$0 \longrightarrow \operatorname{Im} d_2^{0,1} \longrightarrow E_2^{2,0} \longrightarrow E_2^2 \longrightarrow 0,$$
$$0 \longrightarrow E_2^2 \longrightarrow E_1^2 \longrightarrow \operatorname{Ker} d_2^{1,1} \longrightarrow 0,$$
$$0 \longrightarrow \operatorname{Ker} d_2^{1,1} \longrightarrow E_2^{1,1} \longrightarrow E_2^{3,0}.$$

把这 3 个正合列与正文中已经导出的正合列:

$$0 \longrightarrow E_2^{1,0} \longrightarrow E^1 \longrightarrow E_2^{0,1} \longrightarrow \operatorname{Im} d_2^{0,1} \longrightarrow 0.$$

连接起来, 就可得到正合列 (7.1).

7.2 由假设可知 $E_r^{p,q} = 0 \ \forall q \neq \left[\frac{p+q}{2}\right], r \geqslant 2$. 考虑 $d_r^{p,q} : E_r^{p,q} \longrightarrow E_r^{p+r,q-r+1}$. 如果 $d_r^{p,q} \neq 0$, 必须有 $q = \left[\frac{p+q}{2}\right]$ 以及 $q - r + 1 = \left[\frac{p+q+1}{2}\right]$. 因此 $1 - r = \left[\frac{p+q+1}{2}\right] - \left[\frac{p+q}{2}\right] \geqslant 0$, 与 $r \geqslant 2$ 矛盾. 这证明 $E_2^{p,q} = E_\infty^{p,q}$. 从而每个给定的整数 $n \geqslant 0$, E^n 的滤过 $E^n \supseteq E_1^n \supseteq \cdots \supseteq E_n^n \supseteq 0$ 满足 $E_{n-[\frac{n}{2}]+1}^n = \cdots = E_n^n = 0$, $E^n = E_1^n = \cdots = E_{n-[\frac{n}{2}]}^n = E_2^{n-[\frac{n}{2}], [\frac{n}{2}]}$.

7.3 设 $i \geqslant n$, 则有 $E_2^{0,i} = E_3^{0,i} = \cdots = E_n^{0,i}$, $E_2^{n,i+1-n} = E_3^{n,i+1-n} = \cdots = E_n^{n,i+1-n}$, $E_{n+1}^{0,i} = \operatorname{Ker}(E_n^{0,i} \to E_n^{n,i+1-n}) = \operatorname{Ker}(E_2^{0,i} \to E_2^{n,i+1-n}) = E_\infty^{0,i}$, $E_{n+1}^{n,i+1-n} = E_2^{n,i+1-n} / \operatorname{Im}(E_2^{0,i} \to E_2^{n,i+1-n}) = E_\infty^{n,i+1-n}$. 又因 $E_\infty^{p,q} = E_2^{p,q} = 0 \ \forall p \neq 0, n$, 在 E^i 的滤过 $E^i \supseteq E_1^i \supseteq \cdots \supseteq E_i^i \supseteq 0$ 中, $E_1^i = \cdots = E_n^i$, $E_{n+1}^i = \cdots = E_i^i = 0$. 从 $E^i / E_1^i \cong E_\infty^{0,i} \cong \operatorname{Ker}(E_2^{0,i} \to E_2^{n,i+1-n})$ 以及 $E_n^i / E_{n+1}^i \cong E_1^{i+1} \cong E_\infty^{n,i+1-n} \cong E_2^{n,i+1-n} / \operatorname{Im}(E_2^{0,i} \to E_2^{n,i+1-n})$, 可得正合列

$$0 \longrightarrow \operatorname{Im}(E_2^{0,i-1} \to E_2^{n,i-n}) \longrightarrow E_2^{n,i-n} \longrightarrow E_1^i \longrightarrow 0,$$
$$0 \longrightarrow E_1^i \longrightarrow E^i \longrightarrow \operatorname{Ker}(E_2^{0,i} \to E_2^{n,i+1-n}) \longrightarrow 0,$$
$$0 \longrightarrow \operatorname{Im}(E_2^{0,i} \to E_2^{n,i+1-n}) \longrightarrow E_2^{n,i+1-n} \longrightarrow E_1^{i+1} \longrightarrow 0.$$

把这 3 个正合列连接起来, 就能得到欲证的长正合列. 当 $i < n$ 时, 也可类似证明, 此时 $E_2^{0,i-n} = 0$.

7.4 当 $i \geqslant n$ 时, 通过建立以下 3 个正合列得到:

$$0 \longrightarrow \mathrm{Im}(E_2^{i-1-n,n} \to E_2^{i,0}) \longrightarrow E_2^{i,0} \longrightarrow E_i^i \longrightarrow 0,$$

$$0 \longrightarrow E_i^i \longrightarrow E^i \longrightarrow \mathrm{Ker}(E_2^{i-n,n} \to E_2^{i+1,0}) \longrightarrow 0,$$

$$0 \longrightarrow \mathrm{Im}(E_2^{i-n,n} \to E_2^{i+1,0}) \longrightarrow E_2^{i+1,0} \longrightarrow E_{i+1}^{i+1} \longrightarrow 0.$$

当 $i < n$ 时, 也可类似证明, 此时 $E_2^{i-n,n} = 0$.

名 词 索 引

说明: 中间一栏是该名词的英文名称; 右边一栏是在书中出现的章节, 前一数字表示章号, 后一数字表示节号.

现代数学基础图书清单

序号	书号	书名	作者
1	9787040217179	代数和编码（第三版）	万哲先 编著
2	9787040221749	应用偏微分方程讲义	姜礼尚、孔德兴、陈志浩
3	9787040235975	实分析（第二版）	程民德、邓东皋、龙瑞麟 编著
4	9787040226171	高等概率论及其应用	胡迪鹤 著
5	9787040243079	线性代数与矩阵论（第二版）	许以超 编著
6	9787040244656	矩阵论	詹兴致
7	9787040244618	可靠性统计	茆诗松、汤银才、王玲玲 编著
8	9787040247503	泛函分析第二教程（第二版）	夏道行 等编著
9	9787040253177	无限维空间上的测度和积分 —— 抽象调和分析（第二版）	夏道行 著
10	9787040257724	奇异摄动问题中的渐近理论	倪明康、林武忠
11	9787040272611	整体微分几何初步（第三版）	沈一兵 编著
12	9787040263602	数论 I —— Fermat 的梦想和类域论	[日] 加藤和也、黑川信重、斋藤毅 著
13	9787040263619	数论 II —— 岩泽理论和自守形式	[日] 黑川信重、栗原将人、斋藤毅 著
14	9787040380408	微分方程与数学物理问题（中文校订版）	[瑞典] 纳伊尔·伊布拉基莫夫 著
15	9787040274868	有限群表示论（第二版）	曹锡华、时俭益
16	9787040274318	实变函数论与泛函分析（上册，第二版修订本）	夏道行 等编著
17	9787040272482	实变函数论与泛函分析（下册，第二版修订本）	夏道行 等编著
18	9787040287073	现代极限理论及其在随机结构中的应用	苏淳、冯群强、刘杰 著
19	9787040304480	偏微分方程	孔德兴
20	9787040310696	几何与拓扑的概念导引	古志鸣 编著
21	9787040316117	控制论中的矩阵计算	徐树方 著
22	9787040316988	多项式代数	王东明 等编著
23	9787040319668	矩阵计算六讲	徐树方、钱江 著
24	9787040319583	变分学讲义	张恭庆 编著
25	9787040322811	现代极小曲面讲义	[巴西] F. Xavier、潮小李 编著
26	9787040327113	群表示论	丘维声 编著
27	9787040346756	可靠性数学引论（修订版）	曹晋华、程侃 著
28	9787040343113	复变函数专题选讲	余家荣、路见可 主编
29	9787040357387	次正常算子解析理论	夏道行
30	9787040348347	数论 —— 从同余的观点出发	蔡天新

序号	书号	书名	作者
31	9787040362688	多复变函数论	萧荫堂、陈志华、钟家庆
32	9787040361681	工程数学的新方法	蒋耀林
33	9787040345254	现代芬斯勒几何初步	沈一兵、沈忠民
34	9787040364729	数论基础	潘承洞 著
35	9787040369502	Toeplitz 系统预处理方法	金小庆 著
36	9787040370379	索伯列夫空间	王明新
37	9787040372526	伽罗瓦理论 —— 天才的激情	章璞 著
38	9787040372663	李代数（第二版）	万哲先 编著
39	9787040386516	实分析中的反例	汪林
40	9787040388909	泛函分析中的反例	汪林
41	9787040373783	拓扑线性空间与算子谱理论	刘培德
42	9787040318456	旋量代数与李群、李代数	戴建生 著
43	9787040332605	格论导引	方捷
44	9787040395037	李群讲义	项武义、侯自新、孟道骥
45	9787040395020	古典几何学	项武义、王申怀、潘养廉
46	9787040404586	黎曼几何初步	伍鸿熙、沈纯理、虞言林
47	9787040410570	高等线性代数学	黎景辉、白正简、周国晖
48	9787040413052	实分析与泛函分析（续论）（上册）	匡继昌
49	9787040412857	实分析与泛函分析（续论）（下册）	匡继昌
50	9787040412239	微分动力系统	文兰
51	9787040413502	阶的估计基础	潘承洞、于秀源
52	9787040415131	非线性泛函分析（第三版）	郭大钧
53	9787040414080	代数学（上）（第二版）	莫宗坚、蓝以中、赵春来
54	9787040414202	代数学（下）（修订版）	莫宗坚、蓝以中、赵春来
55	9787040418736	代数编码与密码	许以超、马松雅 编著
56	9787040439137	数学分析中的问题和反例	汪林
57	9787040440485	椭圆型偏微分方程	刘宪高
58	9787040464832	代数数论	黎景辉
59	9787040456134	调和分析	林钦诚
60	9787040468625	紧黎曼曲面引论	伍鸿熙、吕以辇、陈志华
61	9787040476743	拟线性椭圆型方程的现代变分方法	沈尧天、王友军、李周欣
62	9787040479263	非线性泛函分析	袁荣

序号	书号	书名	作者
63	9787040496369	现代调和分析及其应用讲义	苗长兴
64	9787040497595	拓扑空间与线性拓扑空间中的反例	汪林
65	9787040505498	Hilbert 空间上的广义逆算子与 Fredholm 算子	海国君、阿拉坦仓
66	9787040507249	基础代数学讲义	章璞、吴泉水
67.1	9787040507256	代数学方法（第一卷）基础架构	李文威
68	9787040522631	科学计算中的偏微分方程数值解法	张文生
69	9787040534597	非线性分析方法	张恭庆
70	9787040544893	旋量代数与李群、李代数（修订版）	戴建生
71	9787040548846	黎曼几何选讲	伍鸿熙、陈维桓
72	9787040550726	从三角形内角和谈起	虞言林
73	9787040563665	流形上的几何与分析	张伟平、冯惠涛
74	9787040562101	代数几何讲义	胥鸣伟
75	9787040580457	分形和现代分析引论	马力
76	9787040583915	微分动力系统（修订版）	文兰
77	9787040586534	无穷维 Hamilton 算子谱分析	阿拉坦仓、吴德玉、黄俊杰、侯国林
78	9787040587456	p 进数	冯克勤
79	9787040592269	调和映照讲义	丘成桐、孙理察
80	9787040603392	有限域上的代数曲线：理论和通信应用	冯克勤、刘凤梅、廖群英
81	9787040603568	代数几何（第二版）	扶磊
82	9787040621068	代数基础：模、范畴、同调代数与层（修订版）	陈志杰
83		微分方程和代数	黎景辉

购书网站：高教书城（www.hepmall.com.cn），高教天猫（gdjycbs.tmall.com），京东，当当，微店

其他订购办法：

各使用单位可向高等教育出版社电子商务部汇款订购。书款通过银行转账，支付成功后请将购买信息发邮件或传真，以便及时发货。购书免邮费，发票随书寄出（大批量订购图书，发票随后寄出）。

单位地址：北京西城区德外大街 4 号
电　话：010-58581118
传　真：010-58581113
电子邮箱：gjdzfwb@pub.hep.cn

通过银行转账：

户　名：高等教育出版社有限公司
开 户 行：交通银行北京马甸支行
银行账号：110060437018010037603